Für alle Wasserwesen
auf diesem Wasserplaneten

... und für meine Mutter

KARIN HOCHEGGER

die Gaben des Wassers

Naturerfahrungen zwischen Quelle, See und Wildfluss

VERLAG ANTON PUSTET

Impressum

Bibliografische Information der Deutschen Nationalbibliothek
Die Deutsche Nationalbibliothek verzeichnet diese Publikation in der Deutschen Nationalbibliografie; detaillierte bibliografische Daten sind im Internet über http://dnb.d-nb.de abrufbar.

Herausgeber: Verlag Anton Pustet
Lektorat: Martina Schneider
Layout, Grafik: Hochthron – Michael Punz
Coversujet: Druckgrafik von Wolfgang Richter
Druck: florjancic.si
gedruckt in der EU

ISBN 978-3-7025-1122-7
Auch als eBook erhältlich: eISBN 978-3-7025-8113-8

Wir vom Verlag Anton Pustet bemühen uns bei jedem unserer Bücher um eine ressourcenschonende Produktion. Alle unsere Titel werden in Österreich und seinen Nachbarländern gedruckt.
Es ist uns ein Anliegen, einen nachhaltigen Beitrag zum Klima- und Umweltschutz zu leisten.

Inhalt

Thousands have lived without love, not one without water.

W. H. Auden

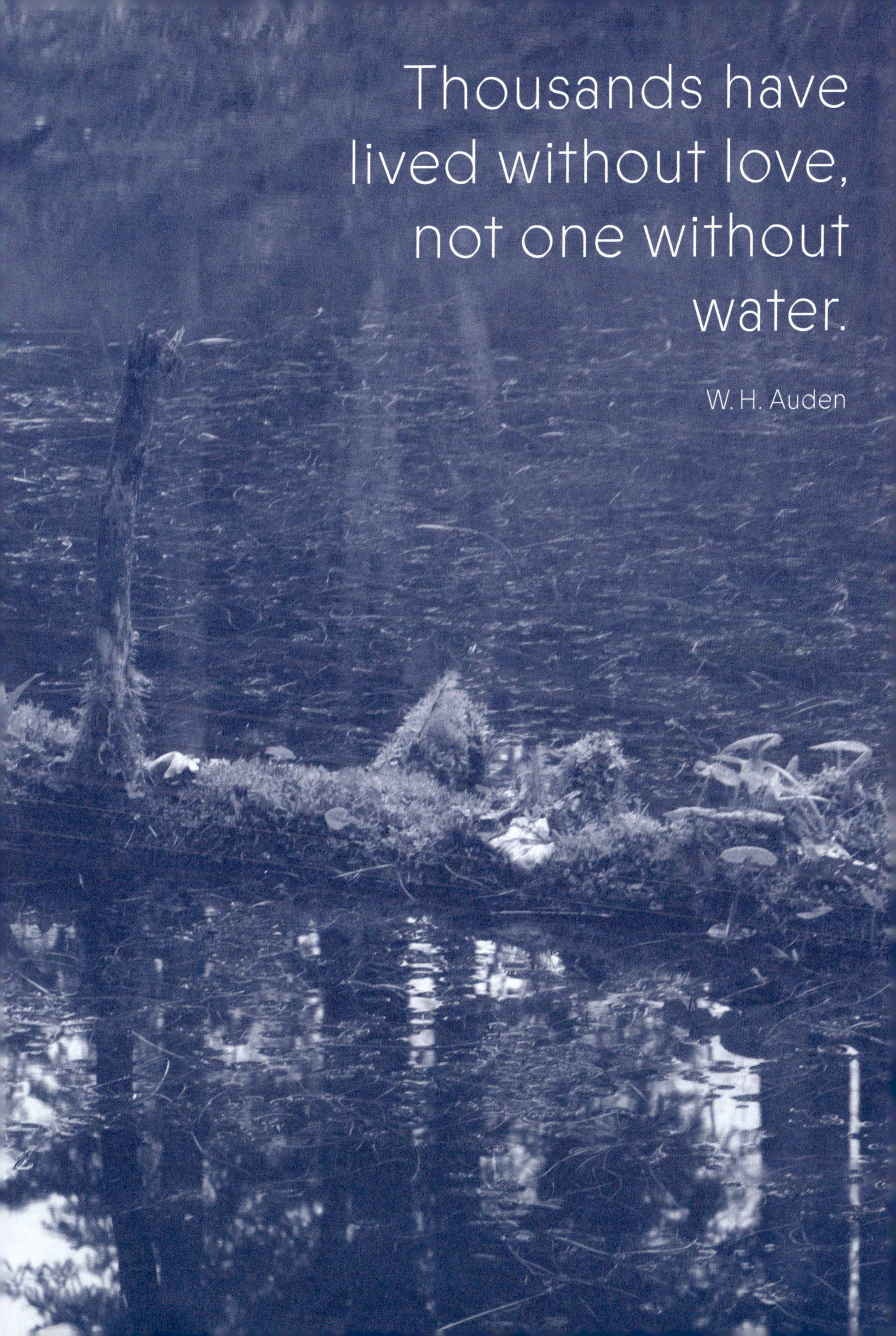

Wasser – Bedingung allen Lebens

1

Die letzten Tage hat es durchdringend geregnet, das ganze Land hat sich mit Wasser vollgesogen, alles atmet Feuchtigkeit, die Vögel jubilieren und die Bäche treten aus den Ufern. Das Wasser hat mich mit aller Macht erfasst. Es rüttelt mich wach und ich beginne nachzudenken.
Seither durchstreife ich die Landschaft auf seinen Spuren. Das ist zutiefst erfüllend und erschreckend zugleich, denn das Wasser ist ein Mysterium. Es spricht zu mir in Wellen, Strömen und Rhythmen, die mir vertraut sind wie der Atem, und dennoch kann ich mir nicht anmaßen, es zu verstehen. Es füllt tiefe Becken und entflieht durch die kleinste Spalte. Während es ein welkes Moos aufrichtet, stürzt es den Baum, auf dem das Moos wächst. Jeder Atemzug trägt seine Spuren, jeder Schluck löscht unseren Durst. Es teilt alles mit uns und kann uns alles nehmen.

Auf seinen Wegen ist so viel Schönheit zu finden: Der Regenbogen, der das Tal überspannt oder die Tauperlen auf einem Spinnennetz, schäumende Gischt oder der silbrige Strom eines großen Flusses — das Wasser sammelt das Licht und schenkt uns seinen Glanz und seine Farben. In den fließenden Strukturen der Bäche und Flüsse, in den ruhenden Tiefen der Seen erschafft es Muster und Musik, sein Klang so vielfältig wie seine Formen.
Die Wege des Wassers bleiben rätselhaft. Es entzieht sich der Kontrolle, verflüchtigt sich oder wird fest. Scheinbar substanzlos und sanft, formt es sogar das undurchdringliche, harte Gestein. So haben sich die Flüsse den Weg gebahnt, so werden die

Höhlen im Kalkstein geformt, so das Geröll zu Sand zermahlen. Dynamik und ständige Veränderung, Erneuerung und fortwährende Vergänglichkeit bestimmen seine Wesensart. Das Wasser lehrt uns seit jeher: Alles fließt und verwandelt sich und alles, was nachgiebig und scheinbar ohne Widerstand ist, kann eine enorme Kraft entfalten. Im Tao-Te-King, dem chinesischen Weisheitsbuch aus dem 4. Jahrhundert vor Christus, gilt das Wasser als Gleichnis für eine naturgemäße Lebensführung. Obwohl es weich und sanft ist, kann es den harten Stein besiegen. Auch Bertolt Brecht nimmt dieses Thema 1938 auf. In seinem berühmten Gedicht, Legende von der Entstehung des Buches Taoteking auf dem Weg des Laotse in die Emigration, gelingt es ihm, die ganze Tragweite dieser Weisheit auszudrücken: „Du verstehst, das Harte unterliegt."

Und damit sollte er Recht behalten.

Wir bewohnen einen blauen Planeten, 71 Prozent der Erdoberfläche sind mit Wasser bedeckt, es tritt in fester, in flüssiger und in gasförmiger Gestalt in Erscheinung. Es prägt unser Leben im ständigen Übergang und Wechsel seiner Beschaffenheit: vom Wasserdampf, der aus dem Meer aufsteigt zum Regen, von den Regentropfen zu den Kristallen im Schnee, vom Schnee, der sich verfestigt, zum Eis, von der Schneeschmelze über die sprudelnden Bäche und stetigen Ströme wieder zum Meer. Im Lauf der langen Geschichte der Erde haben diese unterschiedlichen Aggregatzustände die Erdoberfläche geprägt und andauernd verändert. Diese Dynamik und die dabei freigesetzten Energien bestimmen das Leben und das Klima auf der Erde, die ein Planet des Wassers ist.

Die dynamischen Kräfte des Wassers nutzen wir in vielfacher Weise, seine Gewalt und Zerstörungskraft hingegen versuchen wir zu bändigen. Überschwemmungen und Flutkatastrophen — die zerstörerischen Auswirkungen von starken Niederschlägen häufen sich in den letzten Jahren mit den ansteigenden Temperaturen. Auch Trockenheit und Dürre, der sichtbare und spürbare Mangel an Wasser, prägen immer größere Regionen der Erde. Mehr denn je sollten wir daher seine Eigenschaften und seine Wirkung verstehen, denn es reagiert und antwortet auf jede Veränderung im Gefüge der Landschaft und Atmosphäre. Seine Antworten sind nicht immer vorhersehbar und stellen uns mit ihrer Wucht und Dynamik vor enorme Herausforderungen.

Im Wasser offenbart sich unser Umgang mit der Natur. Wir hören es täglich in den Nachrichten und können es mit eigenen Augen wahrnehmen: Wir betreiben Raubbau. Im Gegensatz dazu baut das Wasser Leben auf. Es ermöglicht Erneuerung, wo immer wir es einladen, seine Wirkung zu entfalten. Eine Pfütze wird innerhalb von Stunden besiedelt. Ein Fluss verwandelt seine Uferzone in eine artenreiche Landschaft, wenn ihm der Platz dafür geboten wird. In einem frisch angelegten Teich erscheinen die ersten Wasserläufer, kaum dass der Bagger seine Arbeit beendet hat. Ein Moor fängt an, sich zu regenerieren, sobald die Stauwirkung einsetzt. Wo das Wasser sich ausbreitet, beginnt etwas, sich zu entfalten.

Eine rätselhafte Substanz

*Its substance reaches everywhere;
it touches the past and prepares the future;
it moves under the poles and wanders
thinly in the heights of air.
It can assume forms of exquisite perfection
in a snowflake, or strip the living to a single
shining bone cast up by the sea.*

Loren Eiseley (1907–1977)

Das Wasser begegnet uns als Rätsel. Es hat keine Form, kann aber jede Form annehmen. Es lässt sich berühren, aber nicht halten. Es rinnt durch die Finger, als wäre es ohne Substanz, und dennoch gilt es als Grundlage des Lebens auf diesem Planeten. Wissenschaftlich ausgedrückt: Es besteht aus Sauerstoff und Wasserstoff. Das Molekül H_2O, eine im Prinzip simpel erscheinende chemische Verbindung, die aber enorme Komplexität aufweist und alle klimatischen und biologischen Prozesse auf der Erde prägt.
Wasser ist nicht einfach nur Wasser. Seine Wirklichkeit und seine physikalischen und chemischen Eigenschaften wirken viel außergewöhnlicher und umfassender, als wir es uns vorstellen. Jede einzelne seiner Gaben beeinflusst das Leben der Pflanzen und Tiere und auch die Prozesse des menschlichen Körpers, denn wir bestehen zu einem Großteil aus Wasser. Sein Anteil an unserem Gehirn beträgt 75 Prozent und an unserem Blut bis zu 95 Prozent. Wenn es nur um diese Prozentsätze ginge, könnten wir uns als fühlende, denkende und sprechende Wasserkörper beschreiben.
Die außergewöhnlichen Eigenschaften des Wassers resultieren aus dem Aufbau seiner Moleküle. Diese haben die Neigung, durch die Bildung von Wasserstoffbrücken vernetzte größere Gruppen, sogenannte Cluster, zu formen. Solche Makromoleküle verhalten sich anders als einzelne, kleine Moleküle. Diesem Umstand verdanken wir die Welt, wie wir sie kennen. Denn die zusätzlichen Bindungen müssen bei jedem Phasenübergang aufgelöst werden und dafür wird Energie benötigt. Wasser siedet daher erst bei 100 Grad Celsius und Eis schmilzt bei 0 Grad.
Ohne diese besondere Verbindungsfreude würde flüssiges Wasser bereits bei Zimmertemperatur verdampfen.

Nicht alle Verhaltensweisen des Wassers können einfach erklärt werden. Wenn etwa Tiere im Winter getränkt werden sollen, müssen sie mit kaltem Wasser versorgt werden, da heißes Wasser schneller frieren würde. Es klingt verkehrt und rätselhaft, entspricht aber der praktischen Erfahrung. Dieses Phänomen wurde erst 1969 wissenschaftlich beschrieben. Auf der Suche nach einer Erklärung stößt man auf komplizierte Thesen und auf ein nicht ganz gelöstes Rätsel. Wasser verhält sich nicht immer so, wie es zu erwarten wäre. Insgesamt weist es 70 Anomalien auf, die sich nur teilweise naturwissenschaftlich erklären lassen. „Selbst der modernen Physik und Chemie fehlt ein

umfassendes Verständnis aller Eigenschaften des Wassers", schreibt Franziska Torma in ihrem Buch *Wasser* (2020).
Auch in seiner festen Form weist es Besonderheiten auf, denn anders als die meisten Stoffe dehnt es sich aus, wenn es friert. Ein Phänomen, das wir selbst beobachten können, wenn wir im Winter bei Minusgraden eine volle Wasserflasche auf dem Balkon vergessen. Das Eis sprengt das Glas. Die Moleküle im Eiskristall bilden sechseckige Strukturen, die einen großen Hohlraum umschließen. Das Eis hat dadurch eine geringere Dichte und steigt in Gewässern an die Oberfläche. Damit isoliert es das wärmere Wasser in der Tiefe und verhindert eine Durchmischung. Die größte Dichte hat Wasser bei 4 Grad Celsius, eine Zahl, die für uns scheinbar wenig Bedeutung hat. Doch ohne diese besondere Eigenschaft des Wassers würde im Winter alles Leben in den Gewässern erlöschen. Die kalten Wasserschichten würden absinken und die wärmeren an die Oberfläche steigen. Damit käme es zu einer raschen Abkühlung des Gewässers bis zum vollständigen Durchfrieren von unten nach oben.

Die schottische Dichterin Nan Shepherd (1893–1981) meint, dass wir es uns zu einfach machen, wenn wir glauben, das Wasser sei leicht zu verstehen. Bei der Beobachtung von Quellen und Flüssen erkannte sie: Das Geheimnis des Wassers liegt in seiner Bewegung. Diese Einsicht teilt sie mit Menschen, die ihr Leben mit dem Studium des Wassers verbrachten. Leonardo da Vinci (1452–1519) beschäftigte sich zeit seines Lebens mit diesem Element. Er fertigte unzählige Skizzen von den Bewegungen des

Wassers an, von Strudeln, Tautropfen, Wasserfällen und Wellen sowie eindrucksvolle Zeichnungen von Flusslandschaften und verstörende Bilder der Flut. Viktor Schauberger (1885–1958), ein österreichischer Förster und Erfinder, sah in den Fließformen des Wassers mit seinen Verwirbelungen, Strudeln, Mäandern, Spiralen und Wellenbewegungen ein zentrales lebensaufbauendes Prinzip.

Diese Sichtweisen von Künstlerinnen und Universalgenies enthalten Denkansätze, um Wasser tiefgreifender zu verstehen. Wir dürfen es nicht unabhängig von seiner Bewegung, von seinen Kreisläufen und den damit verbundenen Prozessen betrachten. Das Wasser ergreift jede Gelegenheit, es zögert nicht, die kleinsten Ritzen und Vertiefungen zu nutzen, es sickert durch das Erdreich, es steigt mit den Sonnenstrahlen auf, es zieht mit den Wolken über den Himmel, es stürzt mit dem Regen ins Tal und es strebt mit den Flüssen wieder dem Meer zu. Es scheint so simpel und einfach zu sein und stellt dennoch ein Rätsel dar. „Wenn auf diesem Planeten Magie existiert, dann ist sie im Wasser enthalten", schreibt Loren Eiseley (1953) in *The Flow of the River*.

Wir wissen heute, dass das Leben seinen Ursprung im Wasser nahm, aber wir wissen nicht mit völliger Sicherheit, woher das Wasser auf der Erde stammt. Wasser ist ein kosmisches Element, das im Weltall in gigantischen Gaswolken, in fernen Galaxien und auch auf anderen Himmelskörpern unseres Sonnensystems vorkommt. Heute wird angenommen, dass Himmelskörper aus Eis auf der Erde einschlugen und verglühten. Bei der Kollision wurde das Wasser im Gravitationsfeld der Erde gefangen und Teil der Erdatmosphäre. Wenn wir morgens selbstverständlich die Zähne putzen und das klare Wasser betrachten, das aus der Leitung rinnt, besinnen wir uns dabei seiner kosmischen Herkunft?

Die Geschichte des Wassers offenbart noch weitere bemerkenswerte Sachverhalte. Die Gesamtmenge des Wassers auf der Erde verändert sich nicht. Es durchläuft einen fortwährenden Kreislauf und absolviert dabei Prozesse der Reinigung und Veränderung, aber es bleibt das Wasser, das immer schon da war. Wir können daher in einem Gedankenexperiment annehmen, dass das Wasser im Glas vor uns auf dem Tisch schon einmal den Durst eines Dinosauriers gestillt hat. Wasser, eine kosmische Substanz aus dem Weltall, kreist auf dieser Erde in komplexen Prozessen und durchläuft alle Daseinsformen. Wir alle sind Teil seiner Geschichte.

Die kleinste Einheit

Der Regen lässt nach, sein Wispern wird zu einem letzten Seufzen, zu einem Hauch. So, als hätten sie Angst vor dem Fallen, hängen dicke Tropfen an den Blattspitzen. Wird ihr Gewicht zu groß, lösen sie sich behutsam, fast als würden sie wissen, dass nun ihr Weg in den großen Kreislauf wieder von vorn beginnt. Einmal in 3 100 Jahren wandert die gesamte Wassermenge der Ozeane durch die Atmosphäre. Wer weiß, woher der einzelne Tropfen stammt, der in der Sonne funkelt, mit einem Licht, das nicht ihm gehört?

Dort, wo die Blätter nicht nach unten hängen und die Blattoberfläche es durch eine Wachsschicht erlaubt, bleiben glänzende Tropfen haften und bilden kleine Ellipsoide. Diese Tröpfchen zeigen eine weitere Eigenschaft des Wassers, nämlich seine Fähigkeit,

fast wie Klebstoff zusammenzuhaften. Stupst man einen kleinen Tropfen in Richtung eines anderen, so verbinden sich die beiden sehr willig. Diese Besonderheit erzeugt die Oberflächenspannung, die es manchen Insekten ermöglicht, auf dem Wasser zu laufen wie auf einer Haut. Eine andere Eigenschaft befähigt die Pflanzen, den Saftstrom entgegen der Schwerkraft in die äußersten Blattspitzen zu pumpen. Die Wassermoleküle klettern in dünnen Gefäßen mühelos nach oben, weil sie an den Wänden haften.

Noch eine Eigenschaft des Wassers bestimmt das Leben auf diesem Planeten maßgeblich. Es ist ein gutes Lösungsmittel und nimmt eine Reihe von Stoffen bereitwillig auf. Es löst ganze Berge aus Kalkgestein auf. Reines Wasser gibt es nur in der Apotheke, in der Natur vorkommendes Wasser enthält immer gelöste Stoffe. Daran können wir die Herkunft und den Weg des Wassers ablesen. Unter natürlichen Bedingungen bedeutet das einen großen Vorteil, da wir mit dem Wasser auch Mineralstoffe zu uns nehmen. Für das Leben der Pflanzen stellt das Wasser die Grundlage dar, weil es neben den Mineralstoffen alle essenziellen Nährstoffe enthält und transportiert. Es löscht ihren Durst und stillt ihren Hunger, dementsprechend verdursten und verhungern Pflanzen bei Trockenheit.

Doch diese Gaben des Wassers können zum Problem werden, wenn es mit löslichen Schadstoffen in Berührung kommt. Auch wenn das Wasser im Zuge seines Kreislaufs Prozesse der Selbstreinigung durchläuft, gibt es neue Quellen für Verunreinigungen in der Luft und im Boden. Damit verändert sich nicht nur die Qualität des Lebensstoffes

Wasser, sondern auch seine physikalischen Eigenschaften sind nicht mehr die gleichen. Sauberes Wasser steigt in den Pflanzen und im Boden höher als verschmutztes und auch die Oberflächenspannung ändert sich mit dem Grad der Verunreinigung. Der Tropfen, der sich von der Blattspitze löst, gerät kleiner und im schlimmsten Fall beinhaltet er Spuren von Chemikalien. Wasser, so unabhängig es scheinen mag, existiert niemals losgelöst von seiner Umgebung und es trägt immer deren Spuren. Durch das Wasser sind wir mit allem verbunden, was uns umgibt, mit der Luft, dem Gestein, dem Boden und den Pflanzen.

Der stetige Kreislauf

> *This grand show is eternal. It is always sunrise somewhere; the dew is never all dried at once; a shower is forever falling; vapor is ever rising.*
>
> John Muir (1838–1914)

Der Blick in den Himmel bedeutet immer einen Blick auf den Wasserkreislauf. Wir können uns wie Leonardo da Vinci fragen, „wie die Wolken sich zusammenballen und auflösen, und welche Ursache die Wasserdämpfe von der Erde in die Luft hebt, und die Ursache von Nebel und trüber Luft, und warum sie sich einmal mehr und einmal weniger azurblau zeigt." Er versuchte, den Wasserkreislauf der damaligen Auffassung entsprechend durch Mechanismen zu erklären, die das Wasser unterirdisch auf die Berge sog und von dort über die Flüsse wieder dem Meer zuführte. Bis in das 17. Jahrhundert blieb der Wasserkreislauf ein Rätsel und es bestand die Meinung, dass der Regen allein zum Speisen der großen Gebirgsflüsse nicht ausreiche. Erst danach entstand ein wissenschaftliches Verständnis des stetigen Kreislaufs des Wassers.

Dieser Kreislauf erhält sich durch die Verdunstung über den Ozeanen, über Waldgürteln, aber auch über Seen und Flüssen. Angetrieben durch die Energie der Sonne steigt Wasserdampf auf, kondensiert oder gefriert, wird in den Wolken transportiert und gelangt schließlich in Form von Niederschlag wieder auf die Erde. Ein gigantischer Destillationsprozess, bei dem das Salz im Meer zurückbleibt und der aufsteigende Wasserdampf zu Süßwasser wird. Von allen Formen, in denen Wasser auf der Erde existiert, kommt dem Wasserdampf in der Atmosphäre eine fundamentale Bedeutung zu, denn nur durch ihn wird das Süßwasser der Erde gespeist und die Erde bewohnbar. Ohne Wasserdampf gäbe es keinen Niederschlag. Wie viel Wasserdampf aufsteigt, wird durch die Lufttemperatur bestimmt. Mit jedem zusätzlichen Grad kann die Atmosphäre etwa 7 Prozent mehr Wasserdampf aufnehmen und halten. Kühlt die Luft dann ab, können Starkregenereignisse folgen. Zusätzlich absorbiert Wasserdampf die Sonnenstrahlung, aber auch die von der Erde aufsteigende Wärmestrahlung. Er kann also die Sonnenstrahlung abschirmen, aber auch die Hitze gefangen halten. Komplexe Vorgänge und Prozesse, die wir beeinflussen, ohne sie steuern zu können.

Wolkensprache

Eine riesige Kumuluswolke hängt über dem See und breitet ihren Schatten aus. Die Berge ringsum verlieren ihre Erhabenheit, denn die Wolke könnte sie alle verschlingen. Nur der Saum der weißen Bäusche leuchtet noch golden, im Zentrum breitet sich Dunkelheit aus. Im Inneren der Wolke werden Täler und Höhen sichtbar, plastisch wie bei einem Gebirge. Grautöne, mit dunklen Schatten ausgestattet, bringen eine Ahnung von Schwere. Einzelne Strahlen durchdringen die Dunkelheit und senden die letzte Botschaft der Sonne. Bald wird es regnen.

Wasserdampf ist wie alle Gase unsichtbar. Doch sobald das „Wassergas" in der Luft kondensiert, entstehen mikroskopisch kleine Tröpfchen, die das Sonnenlicht streuen und dadurch am Himmel als helle Schwaden, Nebel, Wolken oder als Kondensstreifen von Flugzeugen ersichtlich werden. Letztere stellen eigentlich künstliche Wolken dar, die entstehen, wenn die heißen Abgase aus Wasserdampf und kleinsten Rußpartikel auf kalte Luft stoßen und kondensieren. Ein von linienförmigen, künstlichen Wolken durchzogener Himmel gehört zu den Bildern unseres Zeitalters, an die wir uns gewöhnt haben. Diese Streifen tauchen in Kinderzeichnungen auf, begleiten uns bei Wanderungen in unberührter Natur und künden von menschlichem Einfluss auf die Welt, der auch den Himmel vereinnahmt. Eine ganz andere Geschichte erzählen hingegen „natürliche" Wolken. Sie entstehen, wenn sich der nach oben steigende, unsichtbare Wasserdampf abkühlt, dabei an kleinen Partikeln Tröpfchen bildet und diese mehr und mehr zusammenfließen, sodass immer größere Tropfen eine stattliche Wolke bilden.
Wolken fungieren als Boten des Wassers, wie große Schiffe transportieren sie Tonnen über Tonnen von Wasser über den Himmel. Aus fernen Gegenden oder aus direkter Nähe, wir können die Herkunft des Niederschlags nur erahnen. Eindrucksvoll wirken sie über den Bergen, am weiten Horizont des Meeres oder an einem See im Urlaub, wo wir die Muße haben, sie eingehender zu betrachten. Sie beflügeln die Fantasie, wir erkennen vielleicht Muster oder Gestalten, sehen die Bewegung, erahnen das Gewitter. Die Wolken zu studieren gehörte für viele Generationen zu den lebenswichtigen Naturbeobachtungen. Die Menschen mussten ohne jede Wettervorhersage Entscheidungen treffen. Die Wolken waren daher willkommene Schriftzeichen in einer Sprache, die heute viele nicht mehr verstehen, weil es dafür die Wettervorhersage gibt. Die einfachsten Unterscheidungen gelingen leicht: Zirrus – Kumulus – Stratus.

Zu den Zirruswolken zählen dünne, faserige Wattewölkchen, die in großer Höhe (über 7 000 Meter) am Himmel dahindriften. Könnten wir sie aus der Nähe betrachten, würden wir ihren Glanz erkennen. Sie bestehen aus Eiskristallen, die im Sonnenlicht glitzern und funkeln. In der Abenddämmerung halten sie noch lange das Licht und scheinen in den goldenen Farben des Sonnenuntergangs zu glühen, während sich auf der Erde schon der Schatten ausbreitet. Zirruswolken kündigen manchmal eine Wetteränderung an.
Kumuluswolken können als kompakte Wolkenberge oder Anhäufungen beschrieben werden, wie es der lateinische Name andeutet. Sie weisen eine flache Basis auf und kommen in den tieferen Schichten (unter 2 000 Meter) am Himmel vor. Eigentlich zäh-

len sie zu den typischen Schäfchenwolken, die mit gutem Wetter einhergehen. Wenn sie sich allerdings zu größeren Gebirgen auftürmen, ihre Farbe bedrohlich dunkel wird und Wind aufkommt, dann heißt es, rasch einen Unterstand aufsuchen.
Stratuswolken formen tief am Himmel hängend eine dichte Decke und tauchen den Tag in graues Licht. Manchmal erscheinen sie auch als Nebel, wenn die Wolkendecke so tief hängt, dass sie die Erde berührt. Wir spüren dann die Tröpfchen auf unserer Haut und Kleidung.
Die Wissenschaft unterscheidet viele Mischformen und Übergänge an Wolkenformationen. Wolkenfamilien und -typen werden nach der Höhe, in der sie vorkommen, unterschieden. Der Himmel wird zum Buch, in dem wir jeden Tag eine neue Botschaft lesen können. Wolken ermöglichen es uns, die Turbulenzen und Strömungen zu erkennen, die der Wind verursacht. Wir halten Wolken für federleicht, dabei können sie tonnenschwer sein und wenn sie ihr Gewicht nicht mehr tragen können, regnet es. Wir halten Wolken auch für still, doch der Donner widerspricht dieser Annahme mit lautem Getöse oder anhaltendem Grollen. Wolken bestehen auch aus Energie, die freigesetzt wird, wenn Wasserdampf sich in flüssiges Wasser verwandelt, und diese Kräfte können gewaltig sein.

Wolken enthalten nicht nur große Energie, sie bewirken auch Veränderungen im Klima, die noch längst nicht vollständig erforscht sind. Sie besitzen zwei Gesichter, denn sie fungieren manchmal als Schattenspender, dann wieder als Wärmedecke. Je nachdem kühlen sie die Temperatur auf der Erde in ihrem Schatten oder halten die Hitze in ihrem Dunst gefangen. Diese Auswirkungen auf das Klima sind zentral und schwer vorherzusehen. Wenn wir Wolken betrachten, sehen wir andauernde Dynamik, Veränderungen und Prozesse, die mithilfe des Wassers die Erde mit dem Himmel verbinden. Wir lesen ihre Sprache und wissen, dass wir sie noch längst nicht zur Gänze entziffert haben.

Vom Regen, der auf das Land fällt

Ein leichter Landregen breitet sich aus. In den Laubbäumen rauscht er, auf den großen Blättern der Pestwurz trommelt er, nur in den Fichten bleibt er stumm. Auch in der Wiese höre ich nur ein sanftes Lispeln, dafür breitet sich ein intensiver Geruch aus — der Duft nach warmer Erde und Sommer. Für diesen Geruch gibt es keine einfache Beschreibung und vielleicht deshalb ein eigenes Wort: „Petrichor". Ein Begriff, der aus dem Griechischen stammt und aus *Felsen* und dem *Blut der Götter* zusammengesetzt ist. Der Duft nach Petrichor entsteht an einem heißen Sommertag bei den ersten Regentropfen durch komplexe Prozesse im Boden im Zusammenspiel von Bakterien und Pflanzenölen. Die Ursache für den Geruch besteht in Aerosolen, die durch die aufprallenden Regentropfen fein zerstäubt werden und sich in der Luft verteilen. Je nach Boden und Klima besitzt Petrichor ein unterschiedliches Aroma. Doch nur der sanfte Regen nach längerer Trockenheit und Wärme erzeugt diesen speziellen Duft. Jeder Versuch, diesen Geruch zu beschreiben, misslingt und jedes Sommergewitter bringt mich dazu, tief atmend auf der Terrasse zu stehen. Der aufsteigende Duft erzeugt ein Gefühl von Wärme und Leben. Es ist der wärmste Geruch, den ich kenne und wie alle

guten Gerüche leider flüchtig. Der Regen hält an, durchnässt den Boden, die Pflanzen und Tiere halten ihm stand, ohne sich zu beugen, nur wir nehmen die Regenjacke oder den Schirm.
Die Wassermenge, die in der Atmosphäre enthalten ist, kehrt durchschnittlich alle elf Tage als Niederschlag zur Erde zurück und wandert in dieser Zeit über 1 000 Kilometer mit dem Wind und den Wolken. Die Verteilung der Niederschläge wird am Himmel entschieden und fällt sehr unterschiedlich aus. Die Niederschlagsmengen der Erde reichen dabei von unter 100 Millimeter pro Jahr (Luxor, Ägypten) bis zu über 12 000 Millimeter pro Jahr (Assam, Nordindien).

Das Salzkammergut, glaubt man den vielen Beschreibungen und Klischees dieser Gegend, gilt als die wahre Heimat des Landregens und Salzburg rühmt sich überhaupt eines eigenen — nach der Stadt benannten — Schnürlregens. Doch bei genauerer Betrachtung beschränken sich weder der Landregen und schon gar nicht der Schnürlregen auf diese Region, auch wenn die Gäste und Bewohner gern das Gegenteil behaupten. Rein wissenschaftlich betrachtet bezeichnet der Landregen langanhaltende Phasen von Niederschlag mit geringer Intensität und kleinen Tropfen. Landregen tritt häufiger im Frühling und Herbst und in den Tropen und Subtropen ganzjährig auf. Das Salzkammergut kann ihn daher nicht ausschließlich für sich in Anspruch nehmen. Meist fällt er aus einer grauen, tiefhängenden Wolkendecke und weckt Erinnerungen an Sommer der Kindheit mit ungebührlich langen Regenperioden. Sanfter, anhaltender Regen zählt zu den lebensspendenden und erneuernden Gaben des Wassers und stellt die wichtigste Quelle für den Süßwasservorrat der Erde dar. Feiner, lispelnder Regen, der „mit winzigen Fingern gegen die Scheiben klopft", wie es Cornelia Funke in *Tintenherz* (2003) ausdrückt, erzeugt eine friedliche Stimmung von Konzentration und Nachdenklichkeit. Der Regen bringt uns alle zur Ruhe. Pläne werden verschoben, der Nachmittag hüllt uns ein wie ein Umhang, von draußen ist ein feines Säuseln zu hören. Dort passiert etwas, Pflanzen trinken, Bäche füllen sich, Quellen werden gespeist, während wir ein Buch lesen und den Tee aufgießen.

In der Stadt wirkt sich der Regen anders aus als in einer Landschaft mit Wiesen und Wäldern. In der Stadt klingt auch ein sanfter Regen hart, er prasselt, denn er trifft auf harte Oberflächen. In der Landschaft hingegen wird der feine Niederschlag aufgesogen. Die vielschichtige Vegetation zerstäubt die Tropfen zu kleinen und kleinsten Einheiten, die der Boden aufnehmen kann. Damit entsteht ein gedämpfter, flüsternder Regen. Ein Erlebnis, das in der Stadt fehlt, vielleicht gibt es daher auch kein Wort wie „Stadtregen"? In den verbauten Siedlungsgebieten wird auch ersichtlich, woran wir derzeit leiden — die Bodenversiegelung führt zu einem raschen Abfließen des Wassers, es gurgelt in den Kanälen, stürzt in Becken und sammelt sich in Abflussgräben, die zu den Flüssen führen. Dort steigt der Pegel schnell, manchmal zu schnell. Wenn sich aufgeheizte Luftmassen abkühlen, kann der Regen gewaltige Kräfte freisetzen und es kommt zu sturzbachartigen Entladungen. Die winzigen Finger verwandeln sich in reißende Klauen, die an die Fensterläden hämmern und eine angelehnte Tür mit einem Schwall aufreißen. Manchmal wird der Regen zur Flut.

Flut

> *Der Regen hat den Schnee über Nacht in*
> *Wasserströme verwandelt. Es scheint kein*
> *Halten zu geben, keinen Stillstand, keine Pause*
> *im unerbittlichen Trommeln der Tropfen.*
> *Wo der Bach war, führt ein brauner Strom*
> *die abgeschwemmte Erde in das nächste Tal.*
> *Wo der Fluss war, hat sich ein See ausgebreitet,*
> *und wo der Damm halten soll, sind Sandsäcke*
> *aufgestapelt.*

Eine Frage beherrscht heute die Medien und wird erbittert an Stammtischen, in Familien oder auch zwischen den Generationen geführt. Welchen Anteil haben wir an den sich mehrenden Wetterkapriolen, an den zunehmenden Hitzetagen und Niederschlagsrekorden? Was ist daran von Menschen gemacht und was natürlichen Ursprungs?

Auch in Europa werden extreme Wetterereignisse häufiger und bedrohlicher. Die warme Luft der Sommermonate begünstigt das Auftreten von Starkregen. So geschehen in Deutschland im Sommer 2021. Sintflutartige Regenfälle entluden sich über dem Rheinland, der Eifel und dem südlichen Westdeutschland, eine Flutkatastrophe von historischem Ausmaß. Kleine Bäche wuchsen zu reißenden Strömen heran, ganze Landstriche verwandelten sich in Schlammlawinen und die Zahl der Todesopfer wurde täglich nach oben korrigiert. Ein solches Jahrhunderthochwasser hinterlässt nicht nur in der Landschaft tiefe Spuren.

Im Sommer 2022 bringt eine ungemein heftige Gewitterzelle im Süden Österreichs an einem Wochenende mehr Niederschlag, als normalerweise in einem ganzen Monat fällt, und vor allem mehr als der Boden, der Wald und das Bachbett aufnehmen können. Über den erhitzten Landmassen laden sich Gewitter mit so viel Energie auf, dass ihre Zerstörungskräfte ungeahnte Ausmaße annehmen. So viel Wasser in kurzer Zeit wirkt sich verheerend aus. Es sind nicht nur die Bilder, die schockieren, an die haben wir uns fast schon gewöhnt, es ist die Sprachlosigkeit der Menschen, die vor den Trümmern ihrer Häuser stehen, und ihre Hilflosigkeit, die uns den Atem nimmt. Ein gewaltiges Rumpeln, ein Blick aus dem Fenster und es gibt keine Straße mehr, kein Nachbarhaus und keine Garage. Das Wasser macht keinen Unterschied, es nimmt alles mit. Meteorologen stehen vor Ereignissen, die sie nicht vorhersehen, nicht berechnen konnten. Einen Sommer später werden Überschwemmungen, Dammbrüche und Fluten in Slowenien als die schlimmste Naturkatastrophe in der jüngeren Geschichte bezeichnet, auch der Süden Österreichs ist betroffen. Die kommenden Sommer werden ähnliche Schicksale und gleichlautende Schlagzeilen bringen. Wir beschreiben in regelmäßigen Abständen die Dynamik von Prozessen, die aus dem Ruder geraten.

Müssen wir in Zukunft öfter mit Überflutungen und Starkregen rechnen? Die Klimaforscher beantworten diese Frage mit einem klaren Ja. Vor allem die höheren Temperaturen spielen dabei eine Rolle, da neben dem bereits erwähnten Effekt, dass wärmere Luft mehr Feuchtigkeit tragen kann, auch die Verdunstung über den Ozeanen zunimmt und die vertikale Verteilung der Luftmassen an Dynamik gewinnt. Zusätzlich verlangsamt sich der Jetstream, der durch die Temperaturdifferenzen zwischen den Polargebieten und den Tropen angetrieben wird. Schwächen sich die Unterschiede ab, verliert der Jetstream einen Teil seines Antriebs. Wetterlagen werden dadurch viel häufiger länger anhalten. Hitzewellen, aber auch Tiefdruckgebiete prägen das Wetter einer Region über längere Zeiträume mit teilweise katastrophalen Auswirkungen. Wir pendeln zwischen den Extremen von Mangel und Überfluss, Dürre und Flut, vertrockneten Seen und durch Hochwasser verwüsteten Landstrichen.

Wenn wir zurückblicken und die ältesten Mythen und Texte der Menschheitsgeschichte befragen, so erzählen schon diese vom existenziellen Kampf mit dem Wasser. Diese Auseinandersetzung hat niemals aufgehört, seit sich die ersten Kulturen entlang der großen Flüsse der Welt niederließen. Im Spannungsfeld der zerstörerischen und der lebenspendenden Kraft des Wassers entwickelte sich die Zivilisation. Die in allen Kulturen gegenwärtigen Mythen der Flut zeigen, wie traumatisch die Zerstörungskraft des Wassers erlebt wurde. Amerikanische Urvölker erzählen von der Errettung aus Flutkatastrophen auf dem Rücken einer riesigen Schildkröte. In Skandinavien war es der Riese Bergelmir, der mit seiner Frau auf einem Boot die Flut überlebte. Auch das Gilgamesch-Epos und die Bibel berichten von der großen Flut und sie erzählen von den Auserwählten, von den Lieblingen der Götter, die überleben durften, während die Namenlosen — und in der Bibel auch die Sündigen — dem Untergang geweiht waren.

Vielleicht fühlt sich jeder, der aus sicherer Distanz eine Katastrophe wie in Libyen verfolgt, auserwählt? Während die Frau, die nur noch ihre Kleider am Leib besitzt und ihre gesamte Familie verloren hat, zu den Namenlosen zählt? Doch diese vielleicht unbewusste Sichtweise entbehrt nicht nur des Mitgefühls, sondern zeigt eine falsche und gefährliche Einstellung. Wir können uns vor zukünftigen Unwettern nicht in Sicherheit wähnen, sondern sind den Kräften und Energien des Wassers durch die Klimakrise zunehmend stärker ausgeliefert. Stürme, Gewitter, Starkregen und Orkane entfalten ihre gewaltige und zerstörerische Energie nicht immer gerade dort, wo wir nicht sind. Wir müssen die richtigen Lehren aus den Katastrophen ziehen, denn das Wasser wird uns zukünftig immer wieder Grenzen aufzeigen, solange wir die des Planeten weiterhin verletzen.

Dürre

Ein Kind wandert im Garten herum. Als es leicht zu regnen beginnt, ziehen wir uns in das Haus zurück. Doch es möchte draußen bleiben. „Ich möchte den Regen spüren", sagt es. Den Regen, den es seit langer Zeit nicht erfahren konnte, denn in seiner Heimat herrscht Dürre. Rekordtemperaturen und Waldbrände verstärken die Problematik. Ende des Sommers wird der Dürre-Notstand ausgerufen und in den Supermärkten leeren sich die Regale mit den Wasserflaschen rascher, als sie gefüllt werden können. Die Heimat des Kindes und das Jahr sind austauschbar geworden. 2022 war es England, wo im Südosten so

wenig Regen gefallen ist wie seit 100 Jahren nicht mehr. 2023 waren es Spanien, Frankreich und Südeuropa. Auch in Italien wurde in manchen Regionen bereits der Wassernotstand ausgerufen. In Deutschland werden aufgrund der Hitze und Trockenheit Überlegungen angestellt, Wassernotstandsgesetze zu verabschieden. Rauchschwaden der Waldbrände in Kanada ziehen über den Nordatlantik bis nach Europa. In Österreich erreichen uns erstmals Bilder ausgetrockneter Seen. Das Wasser verdunstet schneller, als es durch Regen wieder aufgefüllt werden kann. Der Mangel an Wasser stellt die Kehrseite der sintflutartigen Regenfälle dar — das zweite Gesicht des Klimachaos.

Dürre bedeutet eine Unterbrechung des Wasserkreislaufs und damit eine Reduktion der Lebensprozesse. Bei Bäumen wirkt sich dies besonders dramatisch und ab einem gewissen Punkt irreversibel aus. Bei Trockenheit beginnen sie die Spaltöffnungen an ihren Blättern zu schließen, damit verdunsten sie weniger Wasser, reduzieren aber auch die Atmung und damit die Photosynthese. Hält der Trockenstress an, reißen die Wassersäulen ab, die den Strom des Wassers von den Wurzeln bis in die Blattspitzen aufrecht erhalten. Gewebe trocknet aus und der Baum beginnt abzusterben.
In Regionen der Dürre und Trockenheit entstehen Rückkoppelungen, weil weniger Wasserdampf verdunstet. Der morgendliche Tau bleibt aus, keine Nebelschwaden benetzen die Baumkronen und werden dort wieder aufgenommen, das aufsteigende Wasser wird nicht in der umgebenden Landschaft aufgesogen, die Prozesse der Verteilung verändern sich. Um den Mangel an Wasser zu verstehen, ist es wesentlich, seine

Kreisläufe zu beachten und regional zu denken. Geologie, Kleinklima, landwirtschaftliche Nutzung, Verbauung, alle diese Faktoren stehen in direktem Zusammenhang mit dem Wasserkreislauf. Keine Asphaltdecke, kein Bachlauf, kein Schwimmbecken und keine Regentonne sind davon ausgenommen. Wir dürfen auf die ersten Anzeichen der Dürre nicht nur mit der Regelung des Wasserverbrauchs antworten, sondern mit einem weiseren Umgang. Denn sobald wir mehr Wasser verbrauchen, als sich neu bilden kann, wird das unweigerlich zu der Frage führen, wer es nutzen darf und wofür. Und wer möchte diese Frage beantworten?

Wasser ist in kreisender Bewegung überall auf der Welt im Übergang und Fluss. Wer versucht, es zu halten, zu reglementieren oder gar zu besitzen, hat seine Beschaffenheit nicht erfasst. Es kreist in uns, in den Pflanzen, in der Landschaft und in der Atmosphäre. Um diese Kreisläufe geht es: mit dem Wasser und nicht gegen seine innewohnenden Gesetze zu arbeiten und seine Zyklen in der Landschaft zu verlangsamen. Es gilt, das Wasser wieder zum Verweilen einzuladen, sein Abfließen zu drosseln, ihm Patz anzubieten, seine Gestaltungskraft zu nutzen, seine Beziehung zu Erde und Luft, zu Pflanzen und Tieren zu fördern, es in regionale Kreisläufen einzubinden, es zu schonen und zu behüten. Die Anstrengungen der letzten Jahrhunderte zielten in die entgegengesetzte Richtung. In der Hoffnung, die zerstörerischen Kräfte des Wassers zu bändigen, wurden seine lebensspendenden Prozesse reduziert und verdrängt. Es wurde in begradigte Flüsse abgeleitet, um es auf geordneten Wegen effizienter zu nutzen, in Kraftwerksketten aufgestaut und in Druckleitungen verlegt. Es wurde in weitläufigen Grabensystemen aus Sümpfen und Mooren ausgeleitet und in Kanäle oder Rohre gezwängt. In den Wiesen und Ackerflächen wurden seichte Wasserstellen zugeschüttet, Teiche aufgelassen und Feuchtgebiete entwässert. Das Wasser wurde, wo immer es möglich war, aus der Landschaft verbannt. Eine Erfolgsgeschichte der Landgewinnung, der Umwandlung von Feuchtflächen in landwirtschaftlich genutzte Äcker und Wiesen. Eine Erfolgsgeschichte mit wenigen Gewinnern und vielen, aber selten genannten Verlierern. Nun zwingt uns das chaotischer werdende Klima dazu, diese Erfolgsgeschichte zu überdenken und einen neuen und weiseren Umgang mit dem Wasser zu finden.
Die nächsten Kapitel sind nicht nur den Erscheinungsformen des Wassers in der Landschaft, sondern auch seinen Gaben zur Erneuerung und Wiederherstellung gewidmet. Historische Teichlandschaften, traditionelle Bewässerungssysteme oder zeitgemäße Projekte an Flussläufen und die Wiedervernässung von Mooren zeugen von einem anders gearteten Umgang mit dem Wasser und wecken Hoffnung.

Wasser erweist sich als großzügig, es nimmt jede Einladung an, es füllt jegliche dargebotene Vertiefung und breitet sich aus, wo immer wir es zulassen. Das Wasser kann uns lehren, was wir als Gesellschaft vergessen haben. In den komplexen Prozessen des Wasserkreislaufs fungiert jeder Teil im Zusammenspiel mit dem Ganzen und im Gegenzug wird jeder einzelne Teil vom Ganzen erhalten. Die Tropfen aus dem Wasserglas, die wir versehentlich verschüttet haben, existieren genauso als ein Teil des Systems wie die Flutkatastrophe in Libyen oder der große Eisbrocken, der sich soeben aus einem Gletscher gelöst hat. Das ist erschreckend und ermutigend zugleich.

Der Weg des Wassers durch
Boden und Gestein liegt im
Verborgenen.
Wir ahnen nichts von den
unterirdischen Adern
und den unsichtbaren
Strömen, die unser Land
durchziehen. Wir trinken aus
den Quellen, ohne zu wissen,
wo sie gespeist werden.

Quelle und Ursprung

2

Im Wald, etliche Gehminuten von unserem Haus entfernt, liegt die Quelle, die uns versorgt. Es ist ein feuchter, schattiger Ort. Den Überlauf der Quellfassung bildet ein Rinnsal, dort sitzen dicke Moospolster auf den Steinen, in sattem Grün und prall künden sie vom Schlaraffenland der Moose — Wasser zu jeder Jahreszeit. Einer der Polster hat die Form eines Herzens, ein Geschenk der Quelle, das mich daran erinnert: Ihr Wasser gehört nicht nur uns.

Ich frage mich oft: Wer hat diese Quelle gefunden, wie sah ihre ursprüngliche Fassung aus, wie lange schon stillt sie den Durst der Menschen, die hier wohnen, und wer dankt es ihr? Wir ahnen heute nicht mehr, wie wesentlich das Vorkommen von Wasser für die Besiedelung der Alpentäler war. Nur wenn Wasser in unmittelbarer Umgebung zu finden war, konnten der Hof versorgt und die Tiere getränkt werden. Hölzerne Brunnen erinnern bei vielen alten Höfen an die ursprüngliche Wasserversorgung. Die Kenntnisse für das Auffinden und die Fassung der Quellen übernahmen Rutengeher oder besonders „wasserfühlige" Menschen. Traditionelle Techniken und altes Wissen, die uns heute nicht mehr begleiten.

Von allen Erscheinungsformen des Wassers in der Landschaft sind Quellen die geheimnisvollsten. Der erste Ort, an dem das Wasser zutage tritt, nachdem es als Niederschlag gefallen und durch Gestein oder Boden gesickert ist, wird als Quelle bezeichnet. Kompakter, massiver Fels oder dichte Auflagen von Lehm bilden wasserundurchlässige Schichten und führen die Wasserströme aus dem Untergrund an die Oberfläche. Die Quelle entspringt und tritt beständig strömend oder nur zeitweise sprudelnd ans Licht.

Mit Rutengehern eine Landschaft zu erkunden, lässt uns diese unterirdischen Ströme erahnen. Ich konnte mit einem Quellbaumeister den bewaldeten Hang über unserer Quelle durchstreifen. Dort erspürte er die Wege des Wassers, vor meinen Augen entfaltete sich ein Geflecht aus Adern, ein Speisungsgebiet. Mir wurde bewusst: Unter unseren Füßen strömt es beständig.

Wenn sie frei fließen dürfen, unterscheiden sich Quellen stark voneinander: Einige sind schwer zu erkennen, weil sie einen See oder Tümpel speisen, manche ergießen sich in einen Bach, andere sickern in ein Feuchtgebiet. Wieder andere sprudeln aus Felsen, auf denen sich hellgrüne Moosteppiche ausbreiten.
Die spektakulärsten Quellen bilden einen Wasserfall oder einen tosenden Bachlauf. Quellen können unstet sein, ihre Wassermenge verändert sich dann im Jahreslauf. Manche Quellen versiegen nach der Schneeschmelze oder während besonders trockener Phasen. Versiegen — ein Wort, dass altmodisch klingt, aber zeitgemäß ist, wo Dürre und Trockenheit vorherrschen.
An jedem Quellwasser lässt sich die Art seiner Reise ablesen. Eine Reise, die je nach Untergrund nur einige Stunden bis zu mehreren Jahrzehnten dauern kann. Die Begegnung mit dem gereinigten Grundwasser aus den Tiefen der Gesteinsschichten ist nicht umsonst in vielen Kulturen von sakralem Charakter. Orte, wo das Wasser nach langer Reise aus dem Untergrund ans Licht tritt, sind oft von Mythen und Legenden umwoben. Manche Quellen sind Orte der Heilung und alle bieten das Wasser in seiner reinsten Form dar — ein Lebenselixier.
Jeder Quelle ist ein Speisungsgebiet zugeordnet und es wichtig, dieses zu kennen, denn alles, was dort passiert, schlägt sich in der Wasserqualität nieder. Ein Grund für weitreichende Schutzmaßnahmen und die Ausweisung von Wasserschutz- und Schongebieten. Auch Bautätigkeit in der Nähe einer Quelle kann zu Problemen und sogar zu ihrem Versiegen führen, wenn durch die Bauarbeiten Risse im dichten Untergrund entstehen. Da das Wasser der Quellen vom Grundwasser geprägt ist, besitzt es eine andere Qualität (Mineralstoffe, Bakterien) als das Oberflächenwasser. Quellwasser wurde auf seinem Weg gereinigt und mit Stoffen angereichert, die es vom Boden und Gestein aufgenommen hat. Oberflächenwasser hingegen sickert nicht in den Boden, sondern fließt oberflächlich ab. Quellen existieren an der Schnittstelle zwischen Tiefe und Oberfläche. Im Quellgebiet weist das Wasser daher die beste Qualität und größte Reinheit auf, schon einige Meter unterhalb vermischen sich Oberflächenwasser und Quellwasser.

Ein Erlebnis in einem Quellgebiet hat mir die Sensibilität dieser Systeme anschaulich vor Augen geführt. Baggerarbeiten öffneten den Boden oberhalb der Quelle. Bei der nächsten routinemäßig durchgeführten Überprüfung der Wasserqualität wurden Kolibakterien festgestellt. Die Quelle, die über Jahrzehnte reines Wasser der besten Qualität geliefert hatte, war verunreinigt. Seither muss das Wasser mit einer UV-Anlage bestrahlt werden, um alle Keime abzutöten. In diesem Fall führte die Öffnung des Bodens oberhalb der Quelle dazu, dass Oberflächenwasser in den Zustrom zur Quelle gelangte. Karstgebiete, wo das Wasser manchmal schon wenige Stunden nach einem Niederschlag in der Talquelle ankommt, sind ebenfalls besonders sensibel gegenüber

Verschmutzung. Schadstoffe können auf diese Weise ohne Filterung in den Wasserkreislauf gelangen.

Wenn das Wasser durch unterschiedliche Speisungsgebiete strömt oder sickert, erreicht es irgendwann einen wasserundurchlässigen Horizont, wo sich das Grundwasser sammelt. Dort sind alle Poren und Zwischenräume mit Wasser gefüllt und es stellt sich ein einheitlicher Spiegel ein. Ein unsichtbarer Wasserkörper, der das Wachstum der Pflanzen ermöglicht, der Brunnen und Quellen speist, der unserem Land und unserem Leben zugrunde liegt, ohne dass wir es ahnen. Die Fotografin Regina Hügli beschreibt das Wasser als einen großen Körper, der durch die Atmosphäre, die Erde und durch alle Lebensformen zirkuliert und dabei organische Materie mit anorganischer verbindet — ein wesentlicher Gedanke und ein schönes Bild. Wir trinken Wasser, gespeist aus den Wolken, gefiltert durch die Erde, angereichert durch das Gestein und verströmt in der Landschaft.

Im Land der Quellen

Bei meinen Streifzügen wird mir bewusst, dass ich im Land der Quellen lebe. In unmittelbarer Umgebung kann ich zahlreiche Quellgebiete besuchen: die Quelle, die unser Haus versorgt, einen mystischen Quelltümpel im Wald oder eine Quellflur, umrahmt von Grauerlen und Weidengebüschen. Die Nähe zu den ausgedehnten Karstplateaus lässt das Wasser im Tal in verschiedener Form zutage treten. Ein Reichtum und ein

Segen, der das gesamte Land belebt. In den Quellgebieten zieht soeben der Frühling mit aller Macht ein. Sattes Grün bedeckt den Boden, Moose bilden dichte Matten, Frühlingsknotenblumen wachsen in Büscheln, darüber beugen sich knorrige Grauerlenstämme, deren Rinde hell leuchtet. Die Wasserläufe befreien sich ohne jede Anstrengung vom Schnee, er fügt sich in ihren Lauf ein, löst sich auf und schmilzt. Unentwegt plätschert und ungeordnet fließt es. Ein perlendes Glucksen begleitet die schmalen Wasserströme. Nur wenn ich vorsichtig nähertrete, erkenne ich die Quelltöpfe, an deren Grund das Wasser austritt, besser, heraussprudelt. In dem Fließen der Quelle ist keine Anstrengung zu entdecken, kein beschwerlicher Prozess, mühelos und beständig quillt das Wasser aus der Erde. Wir leben von diesem „Überfluss".
Die Quellflur ist im Frühling ein idyllischer Ort, wie er in der Antike als *locus amoenus* bezeichnet wurde. Diese Orte sind mehr als nur eine hübsche Gegend, sie stehen für Intaktheit, für Rückzug in und Versorgung durch die Natur. Hier können wir uns erholen, unsere Sinne werden nicht aufgewühlt, sondern sanft berührt. Alles deutet auf eine Harmonie hin, die uns miteinbezieht und beherbergt. Wie anders präsentiert sich hingegen ein Quellgebiet, wo das Wasser gerade neu gefasst wurde — und der Bagger mehrfach versunken ist. Um im Vokabular antiker Naturbeschreibung zu bleiben, kann dieser Ort nur als *locus terribilis* bezeichnet werden. Ein Ort, der Trostlosigkeit verbreitet und Ödnis. Im Umkreis der Quelle wurden die Bäume gefällt und eine betonierte Fassung ragt aus der entblößten Erde hervor. Den schwarzen Boden durchziehen kleine Rinnsale und verwandeln ihn in Schlamm. Ein Absperrband weht traurig im Wind und winkt mit seiner grellen Farbe. Wie schnell gelingt es, einen Ort zum Kippen zu bringen, seine Ausstrahlung, sein Wesen zu zerstören und nur noch seine Funktion, in diesem Fall die Schüttung der Quelle, zu fördern? Und ich frage mich, was wir dabei alles verlieren.

Natürliche Quellgebiete sind nicht nur für die Wasserversorgung von großer Bedeutung, sie beherbergen auch eine Reihe von hochspezialisierten Tier- und Pflanzenarten. Quellschnecken, Insektenlarven, Kieselalgen oder Quellmoose benötigen — genauso wie wir — die spezielle Qualität des reinen Wassers.
Mit der Fassung einer Quelle verringert sich ihr Lebensraum, mit der Rodung und Bodenbearbeitung durch Baumaschinen gehen die letzten Nischen verloren. Nicht umsonst gelten Sicker- und Sumpfquellen in Österreich als gefährdet. Natürliche Quellgebiete sind nur vereinzelt spektakulär und vor allem selten, denn die meisten Quellen wurden gefasst und wir können ihre natürliche Erscheinung und Umgebung nicht mehr erleben. Ihre Quellfluren sind unsichtbar geworden. Kleine Quellfluren sind unscheinbare Biotope, die wir meist nicht bewusst wahrnehmen. Jeder von uns hat ein Bild im Kopf, wenn er an eine Quelle denkt, doch kaum jemand hat bewusst eine gesehen. In der Schweiz wurde 2015 eine große Inventarisierung aller Quellen in Naturparkflächen begonnen, ein erster Schritt, um sich für den Schutz und die Pflege von Quellgebieten einzusetzen. Ebenfalls aus der Schweiz, Kanton Bern, stammen Daten, die besagen, dass 90 Prozent der bekannten Quellen gefasst wurden. Auch in Deutschland zählen natürliche Quellgebiete zu den am stärksten bedrohten Biotopen. Kein Wunder also, dass wir natürliche Quellgebiete nicht mehr kennen und erkennen.

Ich besuche die Quellflur noch einmal. Direkt vor mir wachsen blubbernde Blasen aus dem Erdreich und bilden einen Wirbel. Gebannt, fasziniert und erschrocken betrachte ich das Geschehen. Mit der hohlen Hand schöpfe ich einen Schluck reines Wasser aus dem Quelltopf, es ist kalt und klar. Ich kann es mit meinen Händen nicht halten, es rinnt mir durch die Finger und vermengt sich mit einem Rinnsal. Es beginnt seinen uralten Weg von Neuem. Vor der Quelle stehend fühle ich mich mit einem Mal machtlos, weder kann ich das strömende Geschehen in irgendeiner Weise beeinflussen, noch könnte ich das Versiegen verhindern. Seit ungezählten Jahren sprudelt es aus der Quelle und fließt ins Tal. Es ist eine Gnade, dass dieses Strömen nie nachlässt!

Wasserströme

Spektakuläre Quellen finden wir hauptsächlich im Karstgebiet, wo die Niederschläge den Kalkstein langsam auflösen, indem sie Spalten bilden und diese mit der Zeit zu Höhlen und Gängen erweitern, die das Wasser auf schnellem Weg und in großen Mengen ins Tal führen. Das Dachsteinmassiv ist eines der größten Karstplateaus Österreichs. Dort versickert das Wasser in Spalten und Klüften, um in mehreren Kilometern Entfernung wieder zum Vorschein zu kommen. Einen Blick in die Innenwelt dieses Karstgebietes erlauben die Dachstein-Eishöhlen im Nordteil des Dachsteinmassivs in der Nähe von Obertraun. Ihr Eingang liegt in der Schönbergwand in 1460 Meter Seehöhe. In den Höhlen erlebt man, was normalerweise verborgen ist, nämlich wie das Wasser den Berg durchströmt — sanft tropfend oder in Form ungeahnter Flüsse rauschend. Die Eisbildung und damit die Wasserspeicherung erfolgen im Winter bis zur Schneeschmelze, während des Sommers kommt es zu einem erheblichen Eisschwund. Eine 2022 durchgeführte Studie zeigt, dass die Massenbilanz der Vereisung in Eishöhlen, ähnlich wie bei den Gletschern, in den vergangenen Jahrzehnten einen negativen Trend aufweist.

In meiner Umgebung befinden sich mehrere Karstquellen, eine davon spektakulär und lehrreich zugleich, denn sie lässt uns den Zusammenhang zwischen der Schneemenge in den Bergen und der Quellschüttung im Tal direkt erleben. Die Karstquelle der „Strumern" wird nur im Frühling, zur Zeit der Schneeschmelze aktiv. Dreimal war ich diesen Frühling bei der Quelle — zweimal davon konnte ich kein Rauschen hören, schon auf dem Weg hin war klar, die Quelle war noch nicht angesprungen. Dafür müssen die Bedingungen stimmen. Bei genügend Schnee im Winter und warmen Temperaturen im Frühjahr füllt die einsetzende Schneeschmelze die Höhlen und Gänge im Berg mit Wasser. Nur wenn der Wasserstand in den Kammern und Windungen im Inneren des Berges eine gewisse Höhe erreicht hat, fließt im Tal diese Quelle. So schnell sie hervorbricht, so rasch hört sie auch wieder auf zu sprudeln, wenn der Wasserspiegel im Bereich ihres Zulaufs sinkt und kein Überlauf mehr stattfindet. Wir wissen zwar, wie diese Quelle gespeist wird, jedoch nicht, wie der Weg des Wassers aussieht, welche Spalten, Höhlen und Schächte es durchfließt. Wir wissen außerdem nicht, wie lange und wie oft wir dieses Naturschauspiel beobachten können. Die ausgespülte und zerklüftete Welt im

Inneren des Karstes bleibt uns verborgen. Wir können nur erahnen, was uns der Berg verheimlicht: wie er den Schnee speichert, wo er das Eis bewahrt und wann es zu fließen beginnt.

Erst mein dritter Besuch bei der Quelle bringt in diesem Jahr einen Erfolg. Das Tosen des Wassers höre ich schon, obwohl ich noch mindestens fünf Minuten entfernt im Wald unterwegs bin. Ein Geräusch, das die Erwartung noch steigert. Obwohl ich jedes Jahr im Frühling diesen Platz besuche, erfasst mich immer ein Staunen — fast ein Schrecken, wenn ich das letzte Waldstück durchquert habe und vor der Quelle stehe. Es nimmt mir den Atem! Dort, wo gerade noch stille Moospolster schlummerten, schäumt jetzt weiße Gischt und vor mir liegt kein Rinnsal, sondern ein Fluss. Über zwei Meter breit füllt das Wasser der Quelle das Bett, umspült die Ufer, löst Wurzeln aus ihrer Umklammerung mit der Erde, schwemmt alles fort, was keinen festen Halt besitzt. Bis zu 2000 Liter in der Sekunde fließen aus einer unscheinbaren Höhlung im Waldhang. Der Winter rinnt an mir vorbei, der erstarrte Schnee, das schmelzende Eis aus dem Dunkel des Berges. Alles ist in Auflösung begriffen, alles schäumt und rauscht. Nur einzelne Steine ragen aus dem reißenden Wasser und erinnern an Felsen in der Brandung des Meeres — sie halten Stand. Der Wechsel der Jahreszeiten hat das Land erfasst, die Gaben des Winters verströmen sich im Überfluss, die Erde füllt ihre Reserven, die Bäume stillen ihren Durst. Drei Tage später ist das Schauspiel vorbei, es breitet sich wieder Stille im Wald aus, nur das Moos auf den Steinen erzählt die Geschichte seiner zeitweisen Überflutung.

Das Wasserschloss Europas

Ich kann den Gletscher am Dachstein von Ferne beobachten, sein Anblick eine Erinnerung an uraltes Eis, eingeschmiegt in die Kuhle des Berges. Ich kann den Gletscher betrachten und seine Veränderungen wahrnehmen, wenn sich das strahlende Weiß in Grau verwandelt, wenn er seine Form ändert. Was mir nicht mehr gelingt, ist ihn so unbelastet zu sehen wie früher, als man dem Eis noch das Adjektiv „ewig" hinzufügen konnte. Wenn etwas ewig Gemeintes verschwindet, beginnt der Boden, auf dem wir stehen, zu wanken – und damit meine ich nicht den Permafrostboden, der ebenfalls auftaut. Ich meine unser Selbstverständnis in dieser Welt der zehntausend Farbschattierungen von Eis.

Die Alpen werden gern als das „Wasserschloss Europas" bezeichnet, denn dort entspringen seine bedeutendsten Flüsse. Gebirge wirken als Regenfänger und die Niederschläge in den Bergen sorgen für Wasser in Quellen, Bächen und Flüssen. Die durchschnittliche Jahresniederschlagsmenge liegt in Europa bei 660 Millimetern auf den Quadratmeter, in den Alpen sind es mit 1450 Millimeter mehr als das Doppelte. Die Niederschläge werden zum Teil in Form von Eis und Schnee gespeichert. Im Sommer sorgt das Schmelzwasser für einen ausgeglichenen Wasserstand in vielen Gebirgsbächen und für ein beständiges Strömen der Quellen. Das Wasserschloss Europas besteht zum Teil aus Eis und Schnee und beginnt gerade, sich zu verflüssigen. Die Prognosen zeigen einen Rückgang der Alpengletscher bis auf kleine Eisreste in großen Höhen. Die Gletscher schmelzen und das Wasser fließt schneller und stärker ab denn je. Was das für unser Leben bedeutet, werden wir vielleicht erst zu spät erkennen, denn eines steht fest: Wir können diese Prozesse nicht kurzfristig anhalten oder gar rückgängig machen.

Die schmelzenden Gletscher stellen allerdings nicht die einzige Gefährdung der Wasserressourcen in den Alpen dar. Mit den hohen Niederschlags- und Abflussmengen und den topographischen Bedingungen sind die Voraussetzungen für Wasserkraftwerke in den Alpen ideal und es gibt viele Vorhaben, diese scheinbar erneuerbare Energiequelle weiter auszubauen. Das passiert beispielsweise gerade in Tirol, wo der massive Ausbau eines bestehenden Kraftwerkes im Kaunertal geplant ist. Die Aus- und Umleitung von zwei Fluss-Systemen, der Bau von Rohrleitungen, die durch ein Gebirge geführt werden, sowie eine 120 Meter hohe Staumauer, die ein ursprüngliches Tal mit einer intakten Moorlandschaft flutet, sind in Planung.

Was dieses Projekt zusätzlich zu den Eingriffen in sensible Naturräume und Wassersysteme problematisch macht, ist die Zukunft. Nämlich die Zukunft ohne den ständigen Wasserzufluss aus den Gletschern. Woher kommen künftig die Wassermengen für den Betrieb eines Kraftwerkes von diesem Ausmaß und wo fehlt jeder Tropfen, der abgeleitet wird? Der Hunger nach Strom ist derzeit immer noch größer als der Durst. Nicht nur in Tirol, im gesamten Alpenraum sind Konflikte vorhersehbar. Wofür wollen wir das Wasser in Zukunft verwenden? Soll das Wasser die Landschaft beleben, den Wasserkreislauf intakt halten und das Grundwasser füllen? Benötigen wir es als Trinkwasser und für die Wasserversorgung der Landwirtschaft? Oder brauchen wir es für Pistenbeschneiung und Stromgewinnung, um damit Tourismus und Wirtschaft in Gang zu halten?
Wir werden uns entscheiden müssen.

Quellen zum Leben erwecken

Wird eine Quelle gefasst, verschwindet sie meist gänzlich in einem Bauwerk. Sie wird eingefangen, bevor sie ans Licht tritt, sie wird in ein Rohr geleitet, bevor sie sich mit Oberflächenwasser mischt, sie wird unsichtbar, bevor sie sich ausbreiten kann. Die Geschichte muss nicht in jedem Fall so enden. Quellen können wieder befreit werden.

So geschehen bei einer der größten Karstquellen der Steiermark. 1975 wurde die Sagtümpelquelle in der Gemeinde Tauplitz gefasst, in die Trinkwasserversorgung eingebunden, mit Beton versiegelt und unsichtbar gemacht. Schon damals wurde für die Wasserversorgung eine Entkeimungsanlage vorgeschrieben, denn ein Großteil des Speisungsgebiets liegt am Plateau der Tauplitzalm zwischen 1400 und 1760 Meter Seehöhe und wird durch Landwirtschaft und Fremdenverkehr intensiv genutzt. Nachdem neue Wasserquellen in Ortsnähe erschlossen wurden, konnte die belastete Sagtümpelquelle in den frühen 2000er-Jahren stillgelegt werden. Das wäre eigentlich das Ende der Geschichte dieser Quelle: ungenutzt, unsichtbar und vergessen.

Doch in der Erinnerung lebte der Sagtümpel fort. Ein lokaler Höhlenforscher mit besonderer Beziehung zu diesem Ort nahm sich der vergessenen Quelle an und startete ein aufwendiges Renaturierungsprojekt. Es galt, das wieder ans Licht zu holen, was unter einer 30 Zentimeter dicken Stahlbetonschicht verborgen war: ein ovaler Quelltopf, zehn Meter tief, gefüllt mit klarem Quellwasser. Die Schüttung dieser Quelle ist sehr dynamisch und kann von nur fünf Litern pro Sekunde auf 9 000 Liter pro Sekunde ansteigen. Die Schüttung lässt sich am Überlauf des Quelltümpels erleben, der mal rauschend und tosend oder nur sanft murmelnd das Wasser in den Sagtümpelbach und weiter in einen Wasserfall führt. Kaskaden und Fallstrecken, die zur Zeit der Schneeschmelze oder nach stärkeren Regenfällen eine tosende Gemeinschaft bilden. Der Quelltümpel stellt heute einen Anziehungspunkt für Wanderer dar, seine Farbe ändert sich mit den Jahreszeiten, die Bäume legen ihren Schatten auf das klare Wasser und das Licht reicht tief auf seinen Grund.

Wie Wälder, Quellen und Flüsse zusammenhängen

Im Quellschutzgebiet der berühmten Wiener Hochquellwasserleitung, das den Bereich von Schneeberg, Rax, Schneealpe und Hochschwab umfasst, wird die Bewirtschaftung von 33 000 Hektar Wald auf das Wasser und nicht auf die Holzernte abgestimmt. Kahlschläge sind im Quellschutzgebiet verboten, es werden nur Einzelbäume oder kleine Baumgruppen gefällt und man achtet darauf, dass der Boden nicht geschädigt wird. Wir müssen uns den Wald als einen riesigen Filter und Zerstäuber von Niederschlägen vorstellen. Mit seiner großen Oberfläche empfängt jeder Baum, jedes Blatt und jede Nadel die Regentropfen. Ein Teil davon wird zerstäubt und somit nie den Boden erreichen, sondern sofort verdunsten, die Luft befeuchten und damit erneut für Niederschläge sorgen. Der Rest des Wassers sickert langsam in den Boden und dabei dient der Waldboden als biologischer Filter zur Reinigung und Speicherung des Wassers. Die Baumwurzeln sammeln es mithilfe ihres Wurzelsystems und geben einen Teil über die Spaltöffnungen wieder an die Luft ab. Damit verlangsamen sie das oberflächliche Abfließen, regulieren den Wasserkreislauf und speisen das Grundwasser. Die Baumartenzusammensetzung, der Zustand des Bodens, der Kronenschluss und die Art der Waldbewirtschaftung beeinflussen die Wasserqualität erheblich. Unter Laubbäumen kann hochwertigeres Trinkwasser entstehen, da sie den Humus im Waldboden aufbauen und damit die Filterwirkung verbessern. Alle Veränderungen und jeder Eingriff im Wald wirken sich in der Wasserqualität aus. Wenn wir unser Trinkwasser in bester Qualität und Menge erhalten wollen, ist es an der Zeit, diese Zusammenhänge in der Bewirtschaftung der Wälder zu berücksichtigen.

Der Zusammenhang zwischen vitalen Wäldern und fließenden Quellen ist in vielen indigenen Kulturen durch religiöse Tabus geschützt. Wenn das Volk der Yanomami im Amazonasgebiet meint, dass heilige Bäume nicht gefällt werden dürfen, weil sie den Regen rufen oder eine afrikanische Umweltaktivistin dazu aufruft, Bäume zu pflanzen, um Wasser zu ernten, so beruhen diese Anschauungen auf der Einsicht einer Wechsel-

beziehung zwischen Wasser und Wald. Auch Viktor Schauberger betont in seinen Schriften diesen Zusammenhang: „Der Wald ist die Wiege und Heimstatt des göttlichen Wassers, das unstet zur größten Gefahr für den Menschen wird, der ihm die Heimat zerstört. Ohne Wald kein Wasser!"

In Sri Lanka gilt ein Berg als Ursprung für das Wasser. Adams Peak, der heilige Berg im Zentrum der Insel, bildet mit seinen bewaldeten Hängen das Wassereinzugsgebiet für vier mächtige Flüsse. Die intakte Beziehung von Wald und Wasser wurde in ihrer vielschichtigen Wechselwirkung schon vor 2500 Jahren erkannt. Seit dem 5. Jahrhundert vor Christus galten sowohl die Jagd als auch das Fallen der Bäume an den Abhängen des Adams Peak als religiöse Tabus, die bis in das 19. Jahrhundert aufrecht blieben. Erst die Engländer verletzten diesen Schutz, indem sie einen Teil des Waldes für die Anlage von Teeplantagen roden ließen. 1940 wurde das restliche Gebiet (doppelt so groß wie das Tote Gebirge) als Naturschutzgebiet ausgewiesen. Heute finden sich an den Hängen des Adams Peak die letzten großen Bergregenwälder Sri Lankas.

Die Quelle als Ursprung

Seit jeher werden Quellen durch ihre Lage dem Ursprung eines Flusses zugeordnet. So entspringt beispielsweise der Donaubach in einer kunstvoll gefassten Karstquelle im Fürstenbergischen Schlossgarten in Donaueschingen. Der Traun wird als Ursprung ein

Wasserfall zugesprochen, der einer Felswand am Fuß des Toten Gebirges entspringt. Das möchte ich mit eigenen Augen sehen. Mit der Plätte geht es über den Toplitzsee und an den Anfang einer Welt jenseits der Zivilisation, denn am Ende der Bootsfahrt erreichen wir ein Gebiet, das zu den letzten ursprünglichen Landschaften Österreichs zählt und über 1 000 Quadratkilometer groß ist. Schon bei der Überquerung des Sees werden in den senkrecht aufstrebenden Felswänden Wasserfälle sichtbar. Ihr Lauf führt wie gegossenes Silber über dunklen Fels. Darüber Wälder, die sich weit hinauf bis zum Karstplateau des Toten Gebirges erstrecken. Wir steigen auf einem schmalen Steig zum Kammersee. Er liegt inmitten eines Amphitheaters aus Felsen, von großen Steinblöcken eingefasst. An diesem ruhigen Herbsttag rührt sich kein Hauch, der See liegt als Spiegel vor uns, nur die umgefallenen Baumstämme durchbrechen seine Oberfläche. Er ist in eine Schweigsamkeit gehüllt, die kein Geplauder aufkommen lässt. Früher war der Aufstieg zum Traunursprung Teil des touristischen Programms. Nachdem beim Abstieg jemand tödlich verunglückte, wurde der Steig stillgelegt. Heute ist der Weg verwachsen und nicht mehr zu finden, nur in meiner Erinnerung aus Kindheitstagen ist er noch lebendig. Es klang damals schon wie eine Verheißung: Hier entspringt ein Fluss. Doch das ist ein Märchen. Ich habe länger gebraucht, um zu verstehen warum.

Auf einem kleinen Plateau angekommen, steht man unter einem Wasserstrahl, der zwar beeindruckend aus den Felsen schießt, aber auch dünn erscheint, so als könnte er jederzeit versiegen — ein lichter, schmaler Strahl, der als Ursprung der Traun bezeichnet wird. War es die Poesie dieses Ortes, die dazu verführte, ihn so zu benennen? War es ein Märchen für Touristen? Das Wasser dieses Falls wird die Traun kaum erreichen, denn es versickert in einer Quellflur. Wo das Wasser mit sprühender Gischt den Felsen befeuchtet, wachsen Moose wie ein dichter, grüner Pelz auf dem Gestein. Wo es die Pflanzenwelt belebt, blühen wilde Mondviolen zu Füßen alter Bergahornbäume.

Ich vergleiche die Vorstellung über den Ursprung eines Flusses mit dem Konzept eines heiligen Berges. Ich weiß nun, was mich irritiert. Ein Fluss hat keinen Ursprung, er hat eine Heimat und die ist wesentlich größer, als wir es uns vorstellen. Ein Fluss muss in weiten Einzugsgebieten sein Wasser sammeln können. Schon entlang des Weges zum Ursprung der Traun bemerke ich eine unüberschaubare Anzahl von Gräben und Gerinnen, die alle dem Talboden zustreben und sich nach und nach vereinigen. Ein Netzwerk aus feinen und feinsten Adern mit unzähligen Verbindungen. Tatsächlich liegt der Ursprung der Traun in vielen Quellen, in zahlreichen Rinnsalen und Gerinnen, in dramatischen Wasserfällen und flinken Bergbächen, die alle aus dem Toten Gebirge dem Tal zustreben, sich in drei Flüssen finden und in Bad Aussee zur Traun vereinigen. Mich verlässt das Gefühl nicht, dass wir uns den Ursprung eines Flusses vereinfacht vorstellen, damit wir weniger Rücksicht auf ihn nehmen müssen. Auf einen Strahl aus einer Felswand zu achten gelingt problemloser, als auf ein Netzwerk von ungeahntem Ausmaß Rücksicht zu nehmen. In den Speisungsgebieten der Quellen und den Einzugsgebieten der Flüsse liegt der Ursprung für den Wasserreichtum des Landes. Was wir diesem vielfach verzweigten Netzwerk schulden, ist unsere Achtsamkeit. Wir sollten abwägen, was wir dort tun oder besser noch — nicht tun.

Ich betrachte die Karten, sehe mir die Spuren der Flüsse an und möchte sie in anderer Form vorfinden, nicht als Linie, die an einem Punkt entspringt, sondern als feines Gewebe, das die Wälder und Berge mit dem Tal verbindet. Was bei der Betrachtung der Karten noch auffällt, ist die unsichtbare Trennlinie, die den Verlauf der Flüsse lenkt. Es ist diese Trennlinie, die mich zum Salzabach führt, der ebenfalls am Fuß des Toten Gebirges entspringt. Zwischen seinem Ursprungsgebiet und dem der Traun liegen nur drei Kilometer Luftlinie — und eine Wasserscheide. Daher strebt der Salzabach mit seinem Lauf in das nächste Tal und zum nächsten großen Fluss, der Enns. Durch unser Land verlaufen unsichtbare Linien, die den Zug des Wassers bestimmen. Regina Hügli hat in ihrem Kunstprojekt europäische Wasserscheiden als leuchtende Spuren in der Landschaft inszeniert und fotografiert. Wenn ich an diese unsichtbaren Linien denke, die die Wege des Wassers trennen, sehe ich die Landschaft mit anderen Augen. Hier existiert eine Wasserscheide zwischen dem Traun-System und dem Enns-System. In Europa sind es Trennlinien, die die großen Flusssysteme zu drei unterschiedlichen Meeren führen: zum Schwarzen Meer, zum Atlantik oder zum Mittelmeer. Jeder kleinste Graben unterwirft sich dieser Ausrichtung, kein Rinnsal kann dieser Bestimmung entkommen und selbst die Regentropfen fügen sich der Wasserscheide.

> *Mir gibt es sehr schnell einen Begriff von jeder Gegend,*
> *wenn ich bei dem kleinsten Wasser forsche, wohin es läuft,*
> *zu welcher Flussregion es gehört.*
>
> Johann Wolfgang von Goethe (1749–1832)

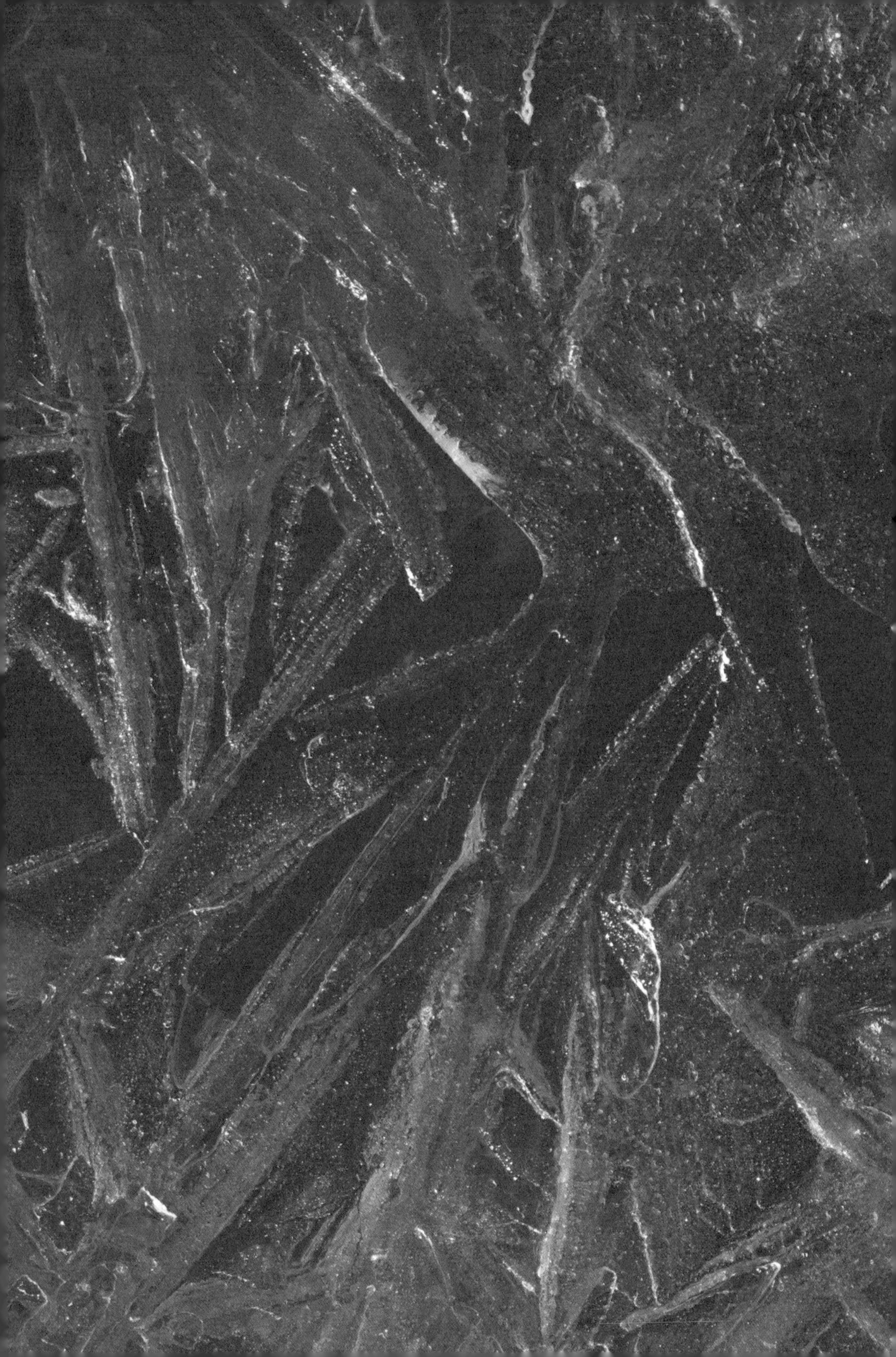

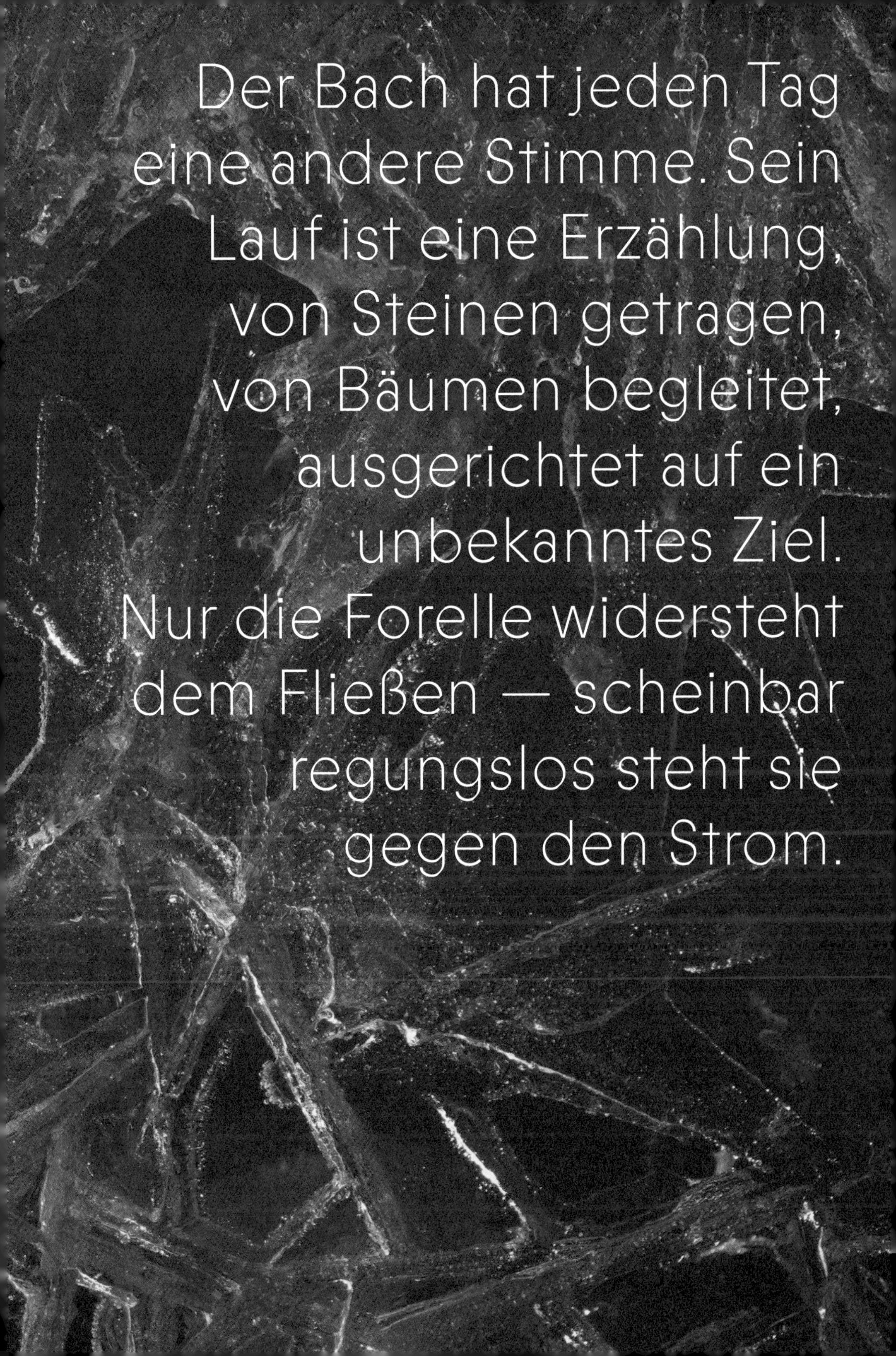

Der Bach hat jeden Tag
eine andere Stimme. Sein
Lauf ist eine Erzählung,
von Steinen getragen,
von Bäumen begleitet,
ausgerichtet auf ein
unbekanntes Ziel.
Nur die Forelle widersteht
dem Fließen — scheinbar
regungslos steht sie
gegen den Strom.

Rinnsal, Bach und Wasserfall – Aqua viva

3

Ein Rinnsal

Gestern war Tauwetter, der Schnee hat sich auf den Weg gemacht, das Tal zu überschwemmen. Das kleine Rinnsal nimmt ihn auf. Es hat sich schon vor Jahren aus seinem vorgefertigten und mit Steinen ausgelegten Bett befreit und fließt seither entlang eines Feldweges. Immer wieder versuchen die Landwirte, das Wasser von dort abzuleiten, immer wieder findet es zurück in die Kerbe, die Traktoren mit ihren Reifen geschaffen haben. In einer der Spuren hat es seine Linie gefunden, seinen Lauf. Es wird nicht lange gut gehen mit dem Feldweg. Das Wasser arbeitet am Grund, schwemmt den Boden aus, lockert den Schotter, dringt bis zum Untergrund vor und legt größere Steine bloß. Das Land wird bis auf die blanken Felsen abgenagt vom stetigen Lauf des Wassers.

Über Nacht hat es aufgeklart und das Rinnsal hat eine Decke aus Kristallen bekommen. Ich stelle mir vor, dass Väterchen Frost den Weg entlangschreitet wie Gandalf der Zauberer im *Herrn der Ringe*. Mit seinem Stab berührt er die Pfützen. Sie werden zu Kunstwerken, mit kreisenden Mustern und eingeschlossenen Luftblasen. Das Eis versucht Brücken zu bauen und streckt seine filigranen Finger aus, von einem Ufer des Rinnsals zum anderen. Unter den Eisbrücken gurgelt es weiterhin.

Es gibt kaum etwas Veränderlicheres als das Rinnsal. Jeden Tag hat es eine andere Melodie, im Sommer verstummt es wochenlang, nach jedem Regen höre ich es

unablässig säuseln, manchmal sogar rauschen. Pfützen bilden sich, Vertiefungen werden ausgewaschen, Steine bloßgelegt. Die Suche des Wassers nach seinem Weg beginnt.

Ich weiß, wie der Weg des Rinnsals weiter verläuft. Es stürzt sich gurgelnd in ein Rohr unter der Forststraße, danach breitet es sich auf einem Wiesenhang aus und bietet den Sumpfdotterblumen eine Heimstatt, um schließlich zum Weiher zu gelangen, den es zu füllen beginnt. Dort verdunstet und versickert das Wasser, ein alter Damm hält es zurück, den Fluss wird es nie erreichen. Im Weiher ist jeder Tropfen willkommen. So findet das Rinnsal seine Bestimmung: Kröten, Frösche und Molche. Sein Wasser befeuchtet die Luft, hängt im Nebel an den Nadeln der Fichten und setzt sich als Tau auf den Wiesen ab. Es belebt, benetzt und durchwirkt das Land.

Ein Rinnsal stellt eine Miniaturwelt dar, wie ein Fluss im Zwergenreich besitzt es viele Merkmale großer Fließgewässer in kleinem Format. Auf seinem Weg kann es versickern oder sich mit weiteren kleinen Wasserströmen vereinigen. Sobald es eine Breite von zwei Metern erreicht hat, wird es als Bachlauf weiter seinen Weg suchen und einen Namen erhalten. Gewässernamen können sehr alt sein und reichen weit zurück in die Siedlungsgeschichte. Manche weisen auf Eigenschaften des Wassers hin, auf die Lage des Bachlaufs, seine Länge, seine Wasserführung oder andere Auffälligkeiten. Ihre Erforschung zeigt die Bedeutung der Gewässer für die Menschen, die an ihren Ufern gelebt haben und entlang ihres Laufs gewandert sind, ebenso wie die Katastrophen und den Segen, den wir ihm zu verdanken haben. Namen sind das älteste Zeugnis der Auseinandersetzung mit dem jeweiligen Gewässer. Selbst wenn ein Bachlauf nicht immer Wasser führt, entfaltet sein Bett eine deutliche Spur in der Landschaft und trägt einen Namen. Er besitzt aber auch einen Klang — murmelnde, rauschende oder sogar tosende, polternde Töne begleiten ihn.

Der Klang des Wassers

Ich liege im Gras, neben mir plätschert ein Bächlein. Die Gedanken wandern im Kreis, wie von Ferne dringt der Klang des Wassers zu mir. Ich konzentriere mich, lausche tiefer, entdecke Nuancen, so zum Beispiel, wie die kleinen Abstürze tiefere Töne hervorrufen, und ich bemerke vor allem eines: die Unermüdlichkeit des Fließens. Es gibt keinen Stillstand, keine Hast, nur Kontinuität. Bewegtes Wasser hat die Qualität des Immerwährenden. Es ist etwas, das nie zur Ruhe kommt: Im Jahresgang sprudelt die Quelle. Veränderlich, aber stetig rauschen Bäche und Flüsse, im Rhythmus des Mondes brandet das Meer. „Es war mir schon immer ein glücklicher Gedanke", schreibt Annie Dillard in *Pilgrim am Tinker Creek* (2016), „dass der Fluss die ganze Nacht hindurch weiterfließt, egal ob ich es wünsche oder weiß oder mir etwas draus mache, ganz so wie ein zugeklapptes Buch im Regal sich weiter leise seine eigene unerschöpfliche Geschichte erzählt". Ich höre seine Geschichte, wenn ich das gedämpfte Murmeln des Baches im Sommer vernehme, wenn sein Wasser tief steht und die Eintagsfliegen tanzen.

Es kann ein Menschenleben dauern, die ganze Palette der Töne eines Fließgewässers kennenzulernen. Jede Veränderung im Wasserstand erzeugt andere Klänge, jede Jahreszeit hat ihr eigenes Muster, der Wind, die Ufervegetation und alle Veränderungen am Fließgewässer hinterlassen eine Spur im Klang. Unsere Sprache ist reich an Worten, die die vielen Nuancen der Wassergeräusche beschreiben. Vom tropfenden, rieselnden, klatschenden, prasselnden oder trommelnden Regenschauer zu den gurgelnden, murmelnden, rauschenden oder tosenden Klängen der Fließgewässer bis zum schwappenden, plätschernden Ton der Wellen, die an das Ufer schlagen. Die kraftvollsten Geräusche hören wir bei Fließgewässern in unruhigem Gelände, wo das Wasser vielen Hindernissen begegnet, die es wirbelnd und schäumend umfließt oder mit lautem Poltern auf seinem Weg mitnimmt. Furchterregende Geräusche entstehen bei starken Niederschlägen und ansteigenden Wassermassen. In Schluchten oder entlang von Katarakten sind wir dem Tosen des Wassers am intensivsten ausgesetzt.
Die Klänge des Wassers umgeben uns im Alltag, harte Oberflächen nehmen ihnen jedoch ihre natürliche Melodie. Ein tropfender Wasserhahn zerreibt unsere Nerven, anstatt sie zu beruhigen. Der Regen, der auf ein Blechdach trommelt, ebenso. Wasser in Rohren und Leitungen klingt hart und unnachgiebig, denn es benötigt eine natürliche Umgebung, um seinen Klang zu entfalten. Das andere Extrem zu den Wassergeräuschen, die bar jeder Stimmung oder bewusster Wahrnehmung unseren Alltag begleiten, stellt der ritualisierte Klang von Wassertropfen des Suikinkutsu, einer japanischen Wasserharfe, dar. Die einfach anmutende, aber sehr fein abgestimmte Konstruktion

lässt den klaren Ton von einzelnen Tropfen ertönen, die auf eine kleine Wasserstelle treffen und durch einen umgedrehten Topf verstärkt werden. Die Wassertropfenmusik ist mit einem Ritual der Reinigung verbunden. Wasser, das den Staub von unseren Händen wäscht, während es mit seinem Klang die innere Unruhe besänftigt.

Wenn der Bach frei fließen kann

Wenn ich mich nach Osten wende, komme ich an einen Waldbach, der in den hohen Wäldern über 1300 Meter Seehöhe entspringt und dem Fluss zustrebt. Wenn ich mich nach Westen wende, komme ich an einen Waldbach, der in den hohen Wäldern über 1300 Meter Seehöhe entspringt und dem Fluss zustrebt. Und so könnte ich weiter und weiter das Tal durchwandern und immer das gleiche beobachten. Je höher ich steige, desto mehr verzweigen sich die Bachläufe, ragen mit langen dünnen Fingern tief hinein in das Bergland. Die kleinen und wenig auffälligen Fließgewässer bilden das weitaus größte System, wenn man die gesamte Lauflänge des fließenden Wassers betrachtet. Genau genommen machen sie 90 Prozent der Lauflänge aller Fließgewässer aus. Bergbäche, Waldbäche, Wiesenbäche, flinke Gräben oder kleine Schluchten bilden das weitverzweigte Aderngeflecht, das die Niederschläge von den Bergen ins Tal leitet.
Der Nationalpark Kalkalpen beispielsweise beherbergt allein im Reichraminger Hintergebirge über 200 Kilometer natürliche Bachläufe. Dort bilden sie eine der längsten zusammenhängenden und freien Fließstrecken in Österreich. Frei fließendes Wasser gehört nämlich zu den Seltenheiten unseres Landes, denn die meisten Flüsse und auch viele Bäche werden für Wasserkraft genutzt oder wurden aus Sicherheitsgründen verbaut, manchmal sogar verlegt oder verrohrt und vielfach verändert. Daher stellt der Lebensraum der Berg-, Wald- und Wildbäche bei Weitem keine heile Welt dar.

Was bedeutet eine freie Fließstrecke? Die Strömung eines Baches schafft in der Längsrichtung, im Querschnitt und im Wasserkörper unterschiedlichste Strukturen. Sie ordnet und schlichtet das Gestein. Sie erschafft und verändert ein Mosaik an Strukturelementen. Sie bringt die Vielfalt der Gewässerstruktur hervor und unterwirft sie einem ständigen räumlichen und zeitlichen Wandel.
In einem frei fließenden Bach finden wir eine reiche Vielfalt an Strukturen: Kolke (Tiefstellen) und seichte Ufer, wo feinkörniger Sand und angeschwemmtes Falllaub wellenförmige Muster bilden. Wir sehen glatte, rund geschliffene Felsbrocken, in allen Formen und Variationen gelagert. Verzweigungen und Inseln, Prallufer, Uferabbrüche und Gleithänge gestalten den Bachlauf maßgeblich. Auf seinem Weg von den Berghängen zum Tal überwindet er manchmal Steilstufen. Dort fällt das Wasser über kleine Abstürze in Kaskaden bergab. Dazwischen liegen tiefe Becken, wo sich das Wasser sammelt und ausbreitet, bevor es wieder fällt. Eine Abfolge von tosendem Stürzen und behäbigem Kreisen. Eine extreme Abfolge, die auch akustisch zu unterschiedlichen Eindrücken führt: Klatschen und Schwappen. Schnell fließende Bäche haben einen gestreckten, geradlinigen Lauf, ihr schmales Bett liegt zwischen steilen Hängen. Felsblöcke, Steine

und Geröll, aber auch Nadeln, Blätter oder mitgeschwemmte Wurzeln bedecken den Grund des Baches. Hier bildet die Strömung den Klang des Baches, jeder Absturz, jeder Stein und alles Totholz ändert die Tonfolge seiner Melodie. Nur, wenn der Bach frei fließen darf, kommen alle Töne seines Repertoires zur Geltung. Nur dann hören wir einen stimmgewaltigen Bach. Wenn sein Lauf in starre Strukturen der Ufersicherungen eingezwängt wurde, ändert sich auch der Klang. Ein gleichförmiges Rauschen erzählt von der harten Auseinandersetzung zwischen Stein und Wasser, ohne Pausen, ohne Nischen und ohne Melodie.

Der Lauf des Wassers

Sobald das Gelände weniger steil abfällt, ändert ein frei fließender Bach seine Muster und beginnt sich auszubreiten. In seinem Lauf transportiert er Schotter und Sedimente. Immer noch ist die Fließgeschwindigkeit hoch und das Geschehen dynamisch, der Bach verläuft aber nicht mehr geradlinig und gestreckt, sondern spaltet sich in zahllose Arme. Aus der Luft betrachtet löst sich sein gestrecktes Bett auf wie ein geflochtener Zopf, der sein Haarband verliert.

Wenn der Bach schließlich in einem Abschnitt mit geringem Gefälle ankommt, verändert er seinen Lauf weiter. Bei geringer Fließgeschwindigkeit beginnt er zu pendeln. Es liegt im Wesen des Wassers, sich zu winden. Diese Windungsneigung entsteht durch unterschiedliche Strömungsgeschwindigkeiten und kleinräumige Änderungen des darunterliegenden Gesteins. Eine leichte Unregelmäßigkeit im Untergrund, ein Steinchen oder eine Pflanze reichen aus, um das Wasser asymmetrisch zu einem Ufer hinfließen zu lassen. Dort wird Druck aufgebaut und das Land erodiert, Boden, Sand oder Steine werden abgetragen, Steilufer mit Böschungsbrüchen entstehen. Das Material wird in weiterer Folge in den Bereichen abgelagert, wo das Wasser langsamer fließt, es entstehen Schotterbänke, Gleithänge und kleine Inseln, die den Lauf des Baches verändern. Auf diese Weise bildet die Strömung Kurven und Schlingen.

Die Vielfalt der Bachlandschaft wird durch die verschiedenen Formen, mit denen sich ein Fließgewässer in der Landschaft bewegt, immens gesteigert, sein Lauf verlängert, sein Reich vergrößert und seine Bewohner vermehrt. Wer lang an einem gerade verlaufenden Bach wandert, kann sich daher fragen, ob dieser Lauf einen natürlichen Ursprung hat oder welches Bauwerk seine Strömung bändigt.

Großflächige Rodungen der Auwälder und die Ausbreitung des Ackerbaus veränderten bereits zur Bronzezeit das Netz der Bachläufe und Flüsse drastisch. Bis heute werden die Ufer der Bachläufe begradigt und verbaut. Damit erhöht sich die Fließgeschwindigkeit und es steigt die Schubspannungskraft. Wenn der Lauf des Gewässers verändert wird, ändert sich auch der Transport von Geschiebe und Sedimenten. Das Wasser arbeitet in die Tiefe, die dadurch entstehende Eintiefung muss in weiterer Folge durch eine Befestigung der Sohle oder den Einbau von Querbauwerken verhindert werden. Die Technik der Gewässerverbauung ist so alt wie menschliche Siedlungstätigkeit an fließenden Gewässern. Die Neigung des Wassers, sich das Land zu eigen zu machen und es zu verändern, wurde verhindert, sein freier Lauf begrenzt. Dieser Konflikt besteht bis heute und führt immer wieder zu Krisen. Wenn einem Fließgewässer der Platz für seinen natürlichen Lauf genommen wird, erhöht sich der Druck, den das Wasser auf die befestigte Sohle und die verbauten Ufer ausübt. Das Wasser reagiert auf alles, was starr ist.

Ein wilder Bach

Es gibt Erlebnisse, die ermöglichen es uns, ein neues Verständnis scheinbar altbekannter Dinge zu erlangen. Mir haben fünf Minuten an einem Bachabschnitt im Wildnisgebiet Dürrenstein-Lassingtal in Niederösterreich gereicht, um mein Bild von Bergbächen vollständig zu verwandeln. Davor hatte ich zwar naturnahe Bachläufe gekannt: große Steine, bemoost und gerundet im Bachbett verstreut, da und dort ein Stamm, eine Wurzel — alles geläufig. Im Wildnisgebiet stand ich vor einem Bach, der kaum zu sehen war, so angefüllt war sein Lauf mit Stämmen und Totholz. Er sah aus wie der Anfangszustand eines sehr verzwickten Mikado-Spiels, wenn die Holzstäbe kreuz und quer übereinanderliegen. Das also war ein Wildbach, vollgefüllt mit angeschwemmtem, verkeiltem Holz, das er beim nächsten Hochwasser auswerfen würde. Er würde Mikado spielen auf seine Art und Weise, nicht vorsichtig Stab um Stab aus dem Stapel ziehen, sondern alles auf einmal mit einem großen Wurf bereinigen. Nach einigen Stunden, wenn sich der Wasserstrom beruhigt hätte, würde das Spiel von Neuem beginnen. Stamm auf Stamm würden anlanden, sich verkeilen, ein Hindernis und einen wilden Mikado-Stapel bilden.

Passend zu meinem Eindruck wird das in einem Bach liegende Holz „Wildholz" genannt. Alpine Bäche können hohe Fließgeschwindigkeiten aufweisen, für den Siedlungsraum stellt das mitgeführte Wildholz eine Gefahr dar. Es prallt an Brücken und Bauwerke und schafft Verklausungen. Das Wildholz wird zum „Unholz" und dieses wird durch Pflege und Instandhaltungsarbeiten an den Gewässern regelmäßig entfernt. Daher sind viele unserer Bäche nicht wirklich wild — zum Glück für alle, die an ihren Ufern wohnen. Nur in Naturschutzgebieten, fernab vom Siedlungsraum, können wir die ökologische Bedeutung von Totholzansammlungen in den Bachläufen studieren. Die kunstvoll anmutenden Anhäufungen der Holzstämme bieten ideale Verstecke für Jungfische und viele andere Tiergruppen, sie sorgen für zusätzliches Nahrungsangebot und sie beeinflussen die Abflussdynamik der Bäche. Die Vielzahl der Stämme bildet Strömungshindernisse, führt zur Ausbildung von Rückstaubereichen, von Stufen und Kolken und erhöht damit die Verzweigungsneigung des Baches. Es entstehen Inseln, das Bachbett wird breiter. Nach starken Niederschlägen, wenn die Strömungskräfte anwachsen, reißen sie die Bauwerke aus Totholz auseinander und transportieren sie weiter. Damit kann sich die Struktur des Baches in wenigen Tagen verändern. Diese Prozesse erhöhen die Selbstreinigungskraft der Gewässer. Sie werden durch die Dynamik von Aufstau und Durchbruch ständig erneuert. Wir unterbinden das, indem wir das Totholz entfernen, die Ufer verbauen oder den Lauf begradigen. Der Bach wird gezähmt, sein Gefahrenpotenzial minimiert und seine Kraft bis zu einem gewissen Grad gelenkt. Das gelingt jedoch nicht immer.

Wenn ein Bach unabhängig von seinem Standort steile Fließstrecken aufweist und nach schwerem Regen oder während der Schneeschmelze stark anschwellende Wassermassen große Mengen an Holz oder Gestein mitführen, wird er als „Wildbach" bezeichnet. Wildbäche werden in Österreich genau dokumentiert. Von den über 10 000 bekannten Wildbächen kann etwa die Hälfte für den Siedlungsraum oder Infrastrukturanlagen gefährlich werden. Dort werden daher Maßnahmen wie Verbauungen oder der Einbau von Sperren und Rückhaltebecken umgesetzt, die das mitgeführte Holz aufhalten, Muren „brechen" und das Abfließen des Wassers ermöglichen sollen, ohne dass es Schaden anrichtet. Wenn wir für unsere Sicherheit sorgen, arbeiten wir damit beständig gegen die Natur der Bäche.

Seit ich jedem Bachbett mit größter Aufmerksamkeit folge, finde ich nicht nur Totholz, sondern auch Brücken. Allerdings keine Brücken, die von Menschen gebaut wurden. Jeder Bach ist ein Brückenbaumeister: Tief beugen sich die Zweige der Gehölze über das Wasser und bilden Wege für Eichhörnchen und Mäuse. Ein Stück bachabwärts liegt ein Fichtenstamm quer über dem Bachbett, die sperrigen Äste machen es mir unmöglich darunter durchzuschlüpfen, ich muss auf das Ufer ausweichen. Diese Brücke wirkt äußerst stabil, Ameisen, Laufkäfer und anderes Krabbelgetier können den Bach auf ihr bequem überqueren. Indem Ufer ausgeschwemmt und Bäume entwurzelt werden, die umkippen, entstehen Brücken, die auch ein Fuchs gut passieren kann. Die Verbindung über die Ufer hinweg sorgt für regen Austausch — und solange Fuchs und Maus sich nicht mitten auf der Brücke begegnen, ist alles gut. Brücken können jedoch wiederum zu Verklausungen führen und werden daher regelmäßig entfernt. Da ich mich noch gut an den Einsturz der Reichsbrücke in Wien erinnern kann, der meinen Schulweg damals um einiges verlängerte, weiß ich, wie sehr einem Brücken fehlen können. Für viele Tierarten bedeutet die Entfernung von querliegenden Stämmen und Ästen eine Auflösung von Verbindungen, eine Trennung bis hin zur Isolation.

Die verhaltene Kraft der Wildbäche

Ich wollte noch einen Wildbach sehen, der sein Totholz ungestört sammeln darf. Der Hartelsgrabenbach, wie der Wildbach im Nationalpark Gesäuse genannt wird, besitzt eine Schlucht für sich und, seitdem die forstliche Nutzung dort eingestellt wurde, auch einen Schluchtwald. Sein Einzugsgebiet liegt in den umgebenden Karstbergen und Karböden. Die entspringenden Quellen bilden gischtende Wasserfälle in den steilen Felswänden. An ihrem Fuß breiten sich Spritzwasserfluren mit hellgrünen Moosteppichen aus. Der Wildbach stürzt, weitet sich, nimmt sich Platz, verengt sich wieder, strömt über alles Gestein und hat es im Lauf der Jahrtausende beständig gerundet. Große Felsblöcke stören ihn nicht, er findet überall seinen Weg, er läuft bergab. Moose gedeihen in seiner feuchten Luft, wie dicke Pelze bekleiden sie die Stämme der Bäume und die Rundungen der Felsen. In den Astgabeln wachsen Farne und zeigen uns, wie sie der Schwerkraft trotzen. Das Rauschen des Baches klingt friedlich, eilig beschäftigt und an diesem milden Tag ohne Drohung. Nur die dicken Stämme im Bachbett erzählen von donnerndem Getöse, von Unwetter und anschwellenden Wassermassen. Ich wate durch eine seichte Furt, das Wasser zerrt an meinen Beinen und ich spüre die verhaltene Kraft des Baches. Leben schaffen und Leben nehmen liegen bei einem Wildbach sehr nahe beieinander. Daher galt sein Gefahrenpotenzial seit jeher als Bedrohung, seine gestaltenden und lebensschaffenden Kräfte traten dabei für den Menschen in den Hintergrund.

Farne, Moose und Flechten — in den Schluchten zu Hause

Die benetzende und befeuchtende Wirkung eines naturnahen Wildbaches ist an seinen Bewohnern abzulesen. Da sie unauffällig sind und wir die wenigsten von ihnen kennen, können wir die Besonderheiten dieses Naturraums meist nicht richtig einschätzen. Das Wasser wird dadurch nur als Ressource verstanden, die „saubere, grüne" Energie erzeugen kann. Energie, die wir immer dringender und in immer größerer Menge benötigen. Der rauschende Bach mit seiner Strömungskraft — eine ungenutzte Energiequelle. Das Wasser wird für die energetische Nutzung zu einem großen Teil aus dem Bachbett in eine Druckrohrleitung um- und den Turbinen zugeleitet und danach wieder ins Bachbett zurückgeführt. So eine Ausleitung kann mehrere Kilometer lang sein, was das Fließgewässer in diesem Abschnitt zu einer sogenannten „Restwasserstrecke" macht. Ein Wildbach wie der Hartelsgrabenbach, der in einem Nationalpark liegt, entgeht diesem Schicksal. An ihm kann abgelesen werden, dass der Bach nicht nur sein Bett, sondern auch seine Umgebung prägt. Erhebungen an einem einzigen Tag ergaben 1340 Arten an Pflanzen, Tieren und Pilzen im Hartelsgraben, darunter 62 verschiedene Flechten, 70 Laub- und Lebermoose, 54 unterschiedliche Spinnen und Weberknechte und 202 Käferarten, um nur einige zu nennen. Viele davon benötigen die feucht-kühlen Bedingungen der Schlucht, die auch an einem heißen Sommertag noch vorherrschen. Sie brauchen das Wasser des Baches, das sie benetzt, befeuchtet, durchtränkt, abkühlt und belebt — jeder Tropfen ist willkommen. Viele Arten verschwinden, wenn sich die Wassermenge des Baches verringert. Das Kleinklima verändert sich und die Luftfeuchtigkeit sinkt. Die Restwasserstrecke wird damit zu einer Restartenstrecke, die spezialisierten Bewohner der feuchten Schluchten sind dort nicht mehr zu finden.

Lebensvielfalt im Bach

Ein Bach ist mehr als nur Wasser, er steckt voller Leben. Seine Vielfalt wird durch die Struktur gefördert. Ruhezonen und Verstecke in den flachen Buchten, wo sich Totholz und Falllaub sammelt; bemooste, von Algen bewachsene Steine neben kahlem Geröll; feiner Sand oder Kies im Bachbett oder erwärmte Flachufer, angrenzend an dichten Uferbewuchs — ein naturnaher Bachlauf ermöglicht diese Vielfalt auf engstem Raum. Viele Tiere könnten ohne diese Nischen in der starken Strömung nicht überleben. Der Strukturreichtum gilt daher neben der Wasserqualität als die wichtigste Bedingung für den Artenreichtum der Bäche. In den vielgestaltigen Lücken und Fugen des Bachbetts leben Larven von Eintagsfliegen, Steinfliegen, Köcherfliegen oder Zweiflüglern. Sie sind mit Saugnäpfen, Haken, Ankern oder Klebsekreten ausgerüstet, um der Strömung zu entgehen. Zu den häufigsten und von der Artenzahl am bedeutendsten gehören die Köcherfliegenlarven.

Die Larven der Köcherfliegen bauen ihre eigene an die Strömung angepasste Wohn- oder Schutzröhre, in der sie sich ständig aufhalten. Jeder Köcher ist ein Unikat, der aus dem Substrat der Umgebung zusammengesetzt wurde. Pflanzenmaterial, Sand, Kies, aber auch kleinste Schneckenschalen werden mit einem Seidenfaden versponnen. Man kann den Köcherfliegenlarven dabei einen gewissen Hang zur Perfektion nicht absprechen. Wenn sie ihr Gehäuse aus irgendeinem Grund verlieren, beginnen sie sofort mit einer Notunterkunft, die sie in wenigen Stunden fertiggestellt haben. Damit geben sie sich jedoch nicht zufrieden, sie arbeiten weiter, verspinnen sorgfältig Steinchen mit Steinchen, bis ein kunstfertiger Köcher entstanden ist. Mit dem Kopf und den Vorderbeinen ragen sie aus ihrer schützenden Hülle heraus und fangen die Nahrung aus dem vorbeifließenden Wasser oder fressen den Algenbelag auf den Steinen. Nur bei geringer Fließgeschwindigkeit wechseln sie ihren Standort. Fast alle Larven verbringen ihr ganzes Leben in ein und demselben Gehäuse und erweitern es immer wieder. Die einzelnen Arten sind auf bestimmte Gewässerabschnitte spezialisiert und werden als Indikatoren der Wasserqualität herangezogen. Nach rund einem Jahr verpuppen sie sich und beginnen ihr kurzes Leben als Köcherfliege.

Bald sehe ich im Bachbett überall Köcherfliegenlarven. Wie so oft begegnet einem das, womit man sich beschäftigt, scheinbar gehäuft. Ich schaue ihnen zu, wie sie über die flachen Steine krabbeln. Eine Larve lässt ihren Köcher in der sanften Strömung hin und her schwingen, es sieht nach einer Entspannungsübung für Köcherfliegenlarven aus. Immer, wenn seltsame Aststücke beginnen zu wandern, beobachte ich genauer. In diesem Bachabschnitt sehen die meisten Köcher nicht wirklich perfekt aus, vielmehr wirken sie etwas exzentrisch, wie wilde Waldhütten, aus unterschiedlich langen Brettern gezimmert.

Einen Köcher samt Larve finde ich, der aus kleinsten Steinchen besteht, wie ein ausgeklügeltes Mosaik – er ist perfekt. Nach weiterer Recherche muss ich den Köcherfliegenlarven Abbitte leisten. Die unterschiedlichen Materialien und Bauweisen haben nichts mit meiner Vorstellung von Perfektion zu tun, sondern mit der Strömung des Baches. Köcherfliegenlarven, die in schnell fließendem Wasser leben, beschweren ihr Gehäuse mit Steinchen und auch die Form reduziert den Strömungswiderstand, Gehäuse aus Pflanzenmaterial sind hingegen sperriger, aber dafür leichter. In den ruhigeren Regionen des Baches erleichtert dies die Fortbewegung. Mein Fazit lautet daher: Alle Köcherfliegenlarven sind in perfekter Weise angepasst an die jeweiligen Bedingungen eines Baches. Immerhin stammen die ältesten fossilen Belege dieser Tiere aus einer Zeit vor 300 Millionen Jahren. Sie leben schon länger in und mit der Strömung, als wir es uns vorstellen können.

Wo Wald und Bach unter sich sind

Trotz aller Anpassung, Köcherfliegenlarven sind ein gefundenes Fressen für die Bachforelle, die die Larve mitsamt dem Köcher verschluckt. Die Bachforelle ist in kühlen, sauerstoffreichen Bächen zu Hause, ihre bevorzugte Wassertemperatur liegt zwischen 8 und 18 Grad Celsius. Über dem Bach hier schließen sich dichte Baumkronen und Gebüsche hängen weit über das Wasser. Der Bach fließt träge in ihrem Schatten, nur einzelne Sonnenfenster lassen das Wasser aufleuchten. Dicke Bergahornstämme sichern mit ihren tiefreichenden Wurzeln die Ufer. Die aufsteigende Feuchtigkeit verwandelt sie in urwüchsige Gestalten, die Stämme sind von Moosen und Flechten überzogen und in den Astgabeln sitzen Farne und wohnen Käfer. Auch die Eschen begleiten die Waldbäche und stehen mit ihren aufrechten Stämmen am Ufer wie Wächter. Zu Bergahorn und Esche gesellt sich die Bergulme, auch ihre Wurzeln reichen tief in die Erde. Diese Bäume gehören zu den feuchten Schluchtstrecken. Ihre dicken, flechtenbehangenen Stämme sind die Hüter des dynamischen Geschehens, ihre Wurzeln der beste Schutz für das Ufer und ihre Kronen der Schatten, der die Kühle erhält. Der Bach ist auf diesen Schatten eingestellt und seine Bewohner benötigen ihn.

Da wir viele Bäche erleben, die durch Bauwerke, Straßen und Wege von ihrem Umfeld getrennt wurden, wird uns selten bewusst, wie sehr sie mit dem Wald verbunden sind und seinen Schatten benötigen. Wenn es schon kein Wald sein kann, dann sollte zumindest die Uferböschung dicht mit Bäumen und Sträuchern bestockt sein. Aus diesem Grund fordert der Landesbund für Vogel- und Naturschutz in Bayern die ökologische Aufwertung von 10 000 Kilometern Bachstrecken. „Bayerns Bäche brauchen Schatten und Kurven“, lautet sein Aufruf. Beides hilft gegen die Auswirkungen von Starkregen und Dürre. Ungeachtet dessen beobachte ich vielerorts kahle Bachufer, ausgedünnte Ufergehölze, Algenbewuchs auf den Steinen und nur kleine Forellen, die nie größer werden, weil ihnen Verstecke und Unterstand fehlen und sie eine leichte Beute darstellen. Den Bach von seinem Schatten zu trennen, ist ein Fehler, der nicht nur die Forelle betrifft. Geht es nach mythologischen Vorstellungen, verliert er damit seine Seele.

Ein Krebs im Bach

Dort, wo die Waldbäche noch naturnah strukturiert und beschattet sind, finden wir ein urtümliches Tier, das zu den Besonderheiten und heute leider bereits zu den Seltenheiten dieses Naturraumes zählt. Der Steinkrebs besiedelt kleinere Bäche, die im Sommer kalt und sauerstoffreich sind. Seine Vorliebe ist der von Badegästen diametral entgegengesetzt, denn Wassertemperaturen über 20 Grad Celsius toleriert er nur über kurze Zeit, Bäche mit starkem Gefälle meidet er ebenso. Wald- und Wiesenbäche sind seine Heimat, mit kiesigem Substrat und vielen Nischen und Totholzansammlungen, wo er sich tagsüber gut verstecken kann. Die Farbe der Tiere lässt sich schwer beschreiben, sie ähnelt den Kieselsteinen im Wasser, bräunlich und gekörnt wirkt ihr Panzer wie eine Rüstung. Vielleicht werden sie aus diesem Grund auch „Scherenritter“ genannt. Wie die Ritter bewegen sich auch die Krebse ein wenig steif, wenn sie, die großen Scheren nach

vorne gestreckt, die zwei längeren Fühler oder Antennen in ständiger, tastender Bewegung, ihrer Nahrungssuche nachgehen. Bemerkenswert an diesen Tieren ist ihre Art zu wachsen. Krebse müssen sich häuten, denn der harte Chitinpanzer kann sich nicht dehnen. Der Preis für den Schutz der harten Schale liegt in dem komplexen Prozess der Häutung, der für die Tiere eine äußerst gefährliche Phase darstellt, denn der neue Panzer benötigt einige Zeit, um zu härten. Überall dort, wo Krebse leben, lassen sich daher Exuvien, verlassene Panzer oder Panzerteile, finden.
Die ersten süßwasserbewohnenden Krebsarten gab es bereits vor circa 225 bis 190 Millionen Jahren, sie gehörten zu den Zeitgenossen der Dinosaurier. Da sie sich im Lauf von Jahrmillionen kaum verändert haben, erzählen sie eine Erfolgsgeschichte. Erst heute führt unser Umgang mit Gewässern zu einem starken Rückgang. Regulierungen, Begradigungen, das Einleiten von Abwässern, das Ausbaggern von Geschiebe oder Einträge aus der Landwirtschaft machen dem Steinkrebs zu schaffen. Die Errichtung von Barrieren durch den Einbau von Rohren, Wehren oder Turbinen für Kraftwerke legen ihm unüberwindbare Hindernisse in den Weg. Die Vernetzung und der lebenswichtige Austausch zwischen Populationen werden dabei unterbrochen. Umso dramatischer ist der zusätzliche Verlust dieser Art durch eine eingeschleppte Krankheit, die Krebspest.

Der Steinkrebs und sein unsichtbarer Feind

Die Sonne ist schon längst untergegangen und die Dämmerung der Nacht gewichen. Wir stehen am Bach und leuchten mit Lampen ins Wasser. Wir suchen seit Stunden nach den letzten Steinkrebsen. Sie sind verschollen. Dort, wo normalerweise in der

Nacht ihr stetiges Treiben beobachtet werden kann, sehen wir nur das Geröll und den Schotter im Bachbett. Wir wissen noch nicht, was passiert ist. In einer kleinen Vertiefung des Baches finden wir endlich einen Steinkrebs und bald noch weitere Tiere. Einige liegen leblos auf dem Grund, einige rollen sich zusammen, wenige scheinen vital zu sein. Ich betrachte einen offensichtlich kranken Krebs, er krümmt sich und macht seltsame Bewegungen, die uns Sorgen bereiten. Er könnte von der Krebspest befallen sein. Es wäre möglich, dass die Krebspest die anderen Bestände bereits ausgelöscht hat und sich nun langsam und unbemerkt weiter ausbreitet — dem Gang des Wassers folgend, in entfernte Bäche, in das größere Netz der Gewässer. Wir sammeln die toten Tiere ein, sie werden zur Untersuchung eingeschickt und vorsichtig in hochprozentigen Alkohol eingelegt. Ich stehe wie gelähmt am Ufer. Der Krebspest, von der ich gehört und gelesen habe, schien mir immer schon etwas Drohendes anzuhaften. Bislang war die Krankheit jedoch etwas Abstraktes. Es ist mir nicht möglich, die Augen von einem kleinen Krebs abzuwenden, es wirkt so, als ringe er mit einem unsichtbaren Feind.

Nur ein größerer Krebs wirkt noch agil, er wandert unbeeindruckt am Rand des Baches entlang. Ich lege meinen Apfelbutz in seine Nähe. Er nimmt ihn sofort mit seinen Scheren auf und beginnt ihn zu bearbeiten. Ich habe zwar gewusst, dass Steinkrebse zu den Abfallentsorgern in unseren Gewässern zählen und fast alles fressen, aber einen Apfel mit einem von ihnen zu teilen, stellt eine neue Erfahrung dar. Ich sehe dem Krebs lange zu, er dreht und wendet den Apfelbutz nicht anders, als wir es tun. Am liebsten würde ich weiter durch die Nacht ziehen und alle verbliebenen Krebse mit Äpfeln füttern, um ihnen zu zeigen, dass wir nicht nur Unheil bringen. Im Moment wäre das aber gefährlich, unsere Schuhe sind vielleicht kontaminiert. Wir müssen alles desinfizieren, damit wir nicht zur Verbreitung der Krankheit beitragen. Es bleibt uns nur die Heimreise und das Warten auf den Befund.

Die Krebspest zieht eine tödliche Spur durch die Berg- und Wiesenbäche Europas, seit sie gegen Ende des 19. Jahrhunderts in die Gewässersysteme gelangte. Ob dies damals durch Fischbesatz oder durch aus Amerika eingeführte Krebse geschah, ist nicht eindeutig geklärt. Bei der Krebspest handelt es sich um einen Ei- oder Algenpilz, der Krebse befällt und bei den heimischen Arten zum Tod führt. Mit der Häutung oder dem Tod eines befallenen Krebses gelangen die Sporen in das Wasser und können in weiterer Folge im Gewässersystem verbreitet oder durch sonstige Überträger sogar zu entfernten Gewässern transportiert werden. Folgenschwer war daher die Entscheidung in den 1970er-Jahren, den damaligen Verlust an Steinkrebsen durch Besatzprogramme mit dem amerikanischen Signalkrebs auszugleichen. Der Signalkrebs hat sich im Lauf der Evolution auf den Pilz eingestellt, erkrankt daher nicht, überträgt aber die Krankheit. Dies führte zu einer massiven Ausbreitung in unseren Gewässern. Der Pilz wird heute in der Liste der 100 problematischsten invasiven Arten der Welt geführt. Eine traurige Berühmtheit, die aber in erster Linie auf die Verbreitung durch den Menschen und damit auf den eigentlichen Verursacher zurückzuführen ist.

Was bedeutet der Verlust dieser Art? Steinkrebse haben die Fähigkeit, Gewässer zu gestalten, indem sie Wohnhöhlen unter Steinen, Wurzeln oder Totholz graben. Sie vermehren dadurch die Nischen im Bachbett und davon profitieren viele Nach- oder Mitbewohner. Steinkrebse entsorgen organische Abfälle, als Allesfresser sind sie nicht wählerisch und verzehren das Laub der Ufergehölze, aber auch Würmer oder Schnecken. Sie können relativ alt werden (zehn bis zwölf Jahre) und sind ortstreu. Der Bach und der Krebs sind Teil einer gemeinsamen Welt, wenn ein Teil fehlt, ändert sich der Mikrokosmos des Gewässers.

Wir haben das Ergebnis der Untersuchung erhalten und trotz aller Vorzeichen trifft es uns hart. Krebspest — das Wort erzeugt eine Gänsehaut. Es ist uns bewusst, dass wir die Ausbreitung dieser Krankheit zwar untersuchen, dokumentieren und begleiten, aber nicht verhindern werden. Die Zoosporen des Pilzes bewegen sich mit zwei Geißeln fort und suchen aktiv nach Krebsen, erkennen sogar den Unterschied zu Steinen und haben einen langen Atem, denn sie überleben den Winter oder kurzzeitige Austrocknung. „Die Geister, die wir riefen", denke ich und meine damit den Signalkrebs. Der Zauberlehrling in Goethes gleichnamigen Gedicht konnte sich an den Hexenmeister wenden. Wir werden einen Expertenrat einberufen, es steht jedoch jetzt schon fest, ein Zauberspruch wird nicht genügen, um den Spuk zu beenden. Zu dem Gefühl der Machtlosigkeit gesellt sich eine Art von Einsamkeit. Kaum jemand wird vom Verschwinden der Steinkrebse etwas bemerken oder Betroffenheit spüren. Was Aldo Leopold schon vor über 70 Jahren in seinem Buch *A Sand County Almanac and Sketches Here and There* (1949) formulierte, gilt heute mehr denn je: „One of the penalties of an ecological education is that one lives alone in a world of wounds." Die Wunden in der Landschaft wahrzunehmen macht einsam, dass die Heilung der Wunden jedoch fast niemanden zu interessieren scheint, erzeugt eine Mischung aus Depression und Wut. Welche Gefühle würde Aldo Leopold heute empfinden, da wir gerade dabei sind, mehr Verluste an Arten zu dokumentieren als er es sich hätte vorstellen können?

Es geht auch anders

Gerade komme ich von einer Besprechung zurück mit der Aussicht, dass an einem kahlen Bachlauf wieder Ufergehölze gepflanzt werden. Der Grundbesitzer meint dazu: „Was wir vor 30 Jahren im besten Wissen gerodet und seither jährlich gemäht haben, wird nun wieder zuwachsen." Damit kann er zum Glück leben, seufzend zwar, aber nicht ohne Einsicht. Tatsächlich hängt vieles, was wir zur Unterstützung der Artenvielfalt und der natürlichen Prozesse an den Gewässern tun müssen, mit dem Verlernen und dem Nichtstun zusammen. Seltsamerweise scheint das schwieriger zu sein, als die kostspieligen Verbauungen und Sicherungen der Ufer. Ich bin gespannt, wie sich das Ufergehölz etablieren, was der Schatten für den Bach bedeuten und wie und ob dieses Beispiel Schule machen wird. Es gibt noch viel zu tun und jede Menge zu verbessern.
Auch Projekte für die Rückkehr des Steinkrebses werden vorbereitet. Dafür sind weitere Untersuchungen und eine engmaschige Beobachtung nötig. Die Ursache für das

Auftreten der Krebspest lag im Eintrag von Sporen aus einem anderen Gewässer mit einem Signalkrebsbestand. Die Aufklärung der Bevölkerung und Touristen ist nun erforderlich. In Zukunft darf es nicht mehr selbstverständlich sein, mit einem badenden Hund oder mit Gummistiefeln von Gewässer zu Gewässer zu wandern. In dem Fell der Tiere oder an den Sohlen der Stiefel können die Sporen haften und transportiert werden. Wir alle müssen Verantwortung übernehmen. Die Wurzel des Problems besteht oft in der Wahrnehmung unserer Mitwelt und auch in diesem Fall hat es Gültigkeit, was Aldo Leopold (1949) dazu zu sagen hatte: „We abuse land because we regard it as a commodity belonging to us. When we see land as a community to which we belong, we may begin to use it with love and respect." Vielleicht liegt der Sinn von Naturschutzprojekten nicht nur in der sichtbaren Behandlung von Wunden, sondern in dem Gefühl von Zugehörigkeit und Verbundenheit, das sie erzeugen.

Klamm oder Schlucht?

Der Weg führt mich bis an das Ende des Tales, wo eine Felswand jedes Weiterkommen unmöglich macht. Entlang des Baches geht es hinein in die Schlucht, immer der Stimme des Wassers folgend. Es schäumt, wo ich dank einer Brücke den Bachlauf queren kann, es springt, wo ich klettern muss. Dem Wasser gehört dieses enge Tal, es legt sich als feuchter Schimmer auf mein Gesicht und die Felsen, nistet sich in meinen Haaren und den Moospolstern ein und füllt die Luft und die Lunge mit den allerfeinsten Tröpfchen. Der Steig wird enger, das Dröhnen des Wassers lauter, es ist ratsam, jetzt nicht auszurutschen. Wo ich hingehe, wartet die Felswand, sie wird mir den Weg versperren, nicht so dem Wasser. Wo ich hinmöchte, fällt es in die Tiefe.

Wenn sich Bäche oder Flüsse tief in das Gestein eingeschnitten haben und dadurch steile Felswände entstanden sind, spricht man von „Klammen" oder „Schluchten", wobei die Unterscheidung ein wenig spitzfindig anmutet. Eine Klamm weist fast senkrechte Wände auf, während sie in einer Schlucht flacher ausgeprägt sind. Unabhängig von dem genauen Grad der Steilheit gehören Schluchten und Klammen zu den spektakulärsten Gewässerstrecken der Bergwelt. Die formende Kraft des Wassers erfahren wir dort eindrucksvoll und anschaulich wie nirgendwo sonst. Die eigenwillig geformten Aushöhlungen der Felsen und die geglätteten Steinwände reichen zurück in die Zeit der abschmelzenden Eismassen. Die Wasserläufe schufen sich über Jahrtausende einen Weg durch die Gesteinsschichten und Wasserfälle erodierten die Abstürze der Felsen. Wasser und steiler Fels, Moose, Flechten und Farne, die im Sprühnebel gedeihen und fest an den Felsen haften, prägen die Welt der Klammen.

Walter Mooslechner widmete einer der berühmtesten Klammstrecken ein eigenes Buch. Mit 300 Metern Tiefe, 4 000 Metern Länge und an die 200 000 Besuchern jährlich weist die Liechtensteinklamm im Großarltal einige Superlative auf. Zu den wichtigsten Eigenschaften dieser Wasserstrecke gehört ihre Dynamik. Schon vier Jahre nach Erscheinen des Buches im Jahr 2013 hätte ein neues Kapitel hinzugefügt werden müssen, denn ein Felssturz mit geschätzten 3 000 Tonnen schloss 17 Besucher in der Klamm ein und zerstörte Wege- und Steganlagen. Ein Problem, dass in Zukunft häu-

figer auftreten wird, da die veränderten Wintertemperaturen, gekennzeichnet durch starke Temperaturschwankungen und Stürme an den Felsen arbeiten. Drei Jahre später und mit über 6 Millionen Euro weniger in der Kasse der Projektanten konnte die Liechtensteinklamm wieder für Besucherinnen und Besucher geöffnet werden. Zahlreiche Steinschlagschutznetze, Wegverlegungen und sogar eine Wendeltreppe sorgen für Sicherheit und neue Attraktionen. Es erscheint widersprüchlich, dass wir die formende Kraft des Wassers zwar erleben wollen, dafür jedoch genau das verhindern müssen, was diese elementare Kraft ausmacht — ständige Erosion. Jeder Weg durch eine Klamm trotzt den Bedingungen, die eigentlich unser Dasein dort ausschließen. Wir sind nur Besucher, die auf kostspielig gesicherten Wegen diese Welt bestaunen dürfen. Doch was bewundern wir eigentlich an den Klammen und Schluchten? Die ausgehöhlten Formationen der Felsen, das Tosen des Wassers, seine spürbare Kraft oder sogar seine Gewalt? Vielleicht wollen wir diesen Zustand spüren, den Rilke in der ersten Duineser Elegie (1912/1922) beschreibt: „Denn das Schöne ist nichts als des Schrecklichen Anfang, den wir noch grade ertragen, und wir bewundern es so, weil es gelassen verschmäht, uns zu zerstören."

Mein Erlebnis in der Wörschachklamm im steirischen Ennstal ist anderer Art und offenbart das Gefühl des Eingeschlossen-Seins, das diese engen Felswände auslösen.

Der Weg führt zuerst durch eine Schlucht und weiter in die Klamm. Der Übergang wird für den Besucher offensichtlich, wenn der Uferweg in einen Holzsteig übergeht, der sich an die steiler werdenden Wände klammert. An den Felswänden wachsen die Bäume unbeeindruckt dem Himmel entgegen.

Wie es ihnen gelingt, im nackten Fels Halt zu finden, ist rätselhaft. Zwischen hochragenden Wänden eingeschlossen, bildet der Himmel nur noch einen schmalen Streifen. Moose und Algen überziehen die glatten Wände, die im unteren Bereich ausgewaschen und gerundet sind, wie von der Hand eines Riesen geglättet. Kreisrunde Höhlungen im Bachbett zeigen die mahlende Arbeit des Wassers. In einer dieser Mühlen dreht sich ein Feuersalamander hoffnungslos im Kreis, rutscht an der glatten Felswand ab, gelangt nie zur erlösenden Öffnung. Das Tier kämpft, schwimmt, dreht sich, sucht Halt, nur um erneut herumgewirbelt zu werden. Wie gelähmt sehe ich dem Kreisen des Tieres zu, das für immer in den Mühlen des Wassers gefangen ist. Das Zusehen wird unerträglich. Daher: Ein Gedanke und ein in der Nähe gefundener Ast, der lange genug ist, den sich drehenden Wirbel zu erreichen, ergeben einen Plan. Der Feuersalamander braucht keinen Zuruf, keine Erklärung. Er versteht sofort. Er klammert sich an den Ast, klammert sich daran, als er langsam in die Luft gehoben wird, klammert sich weiter daran, bis er in Hände gelangt, die ihn ans Ufer setzen. Feucht glänzt seine schwarze Haut, gelb leuchtet die Zeichnung darauf — er lebt.

Der Feuersalamander besucht die Klammen und Schluchten nicht nur, sondern lebt dort, denn die Tiere sind relativ standorttreu. Wir betreten seinen Lebensbereich, wenn wir eine Schlucht besuchen. Da er nachtaktiv und tagsüber nur bei regnerischem Wetter unterwegs ist, wird er an sonnigen Tagen selten gesichtet. An Regentagen oder im

Herbst auf dem Weg zu seinem Winterquartier sowie im Frühjahr zur Laichzeit kann er häufiger beobachtet werden. Er wandert gemächlich mit tapsendem Gang durch die Welt wie ein Urtier. Das feuchte, schattige Klima behagt ihm ebenso wie die Nähe zum Gewässer, wo die Weibchen in Stillwasserzonen, Quelltöpfen oder Sumpfflächen die Larven absetzen. Diese wachsen zehn Monate lang im Mutterleib heran und werden lebend geboren. Dem Tier wurden in früheren Zeiten unterschiedliche Kräfte zugesprochen, unter anderem, dass es durch seine Kälte Feuer löschen oder unbeschadet durch Feuer gehen könnte. In den dunklen Zeiten des Aberglaubens wurde er deswegen ins Feuer geworfen. Die Verbindung mit dem Feuer, die auch seinen Namen prägt, scheint weit hergeholt, da er nahe dem Wasser lebt. Seine Hautsekrete erzeugen bei Berührung aber ein Brennen auf der Haut, vielleicht hat dies den Aberglauben verstärkt. Möglicherweise war die gelbe, warnende Farbe sein Verderben. Oder waren es die kühlen Morgenstunden, wenn der Feuersalamander sich als wechselwarmes Tier nicht regen kann und kalt ist? Können wir ausschließen, dass es purer Mutwille war, ein Tier, das nicht flüchten kann und an Drachen erinnert, zu vernichten? In den hellen und aufgeklärten Zeiten des 20. und 21. Jahrhunderts verschlechtern sich die Lebensbedingungen des Feuersalamanders wieder, diesmal nicht durch Aberglauben, sondern durch die Beeinträchtigung natürlicher Gewässer und die Zerschneidung seiner Wanderrouten. Er gilt daher als gefährdet. Das Feuer schadet ihm nicht mehr, dafür fehlt ihm das Wasser in der Landschaft.

Wenn das Wasser fällt

Aus den Bergen kommend muss das Wasser manchmal Steilstufen überwinden, senkrechte Felswände, die seinen Lauf nicht behindern, sondern beschleunigen, es mit Sauerstoff anreichern und seine Tropfen fein zerstäuben. Das Wasser fällt, es fließt nicht, es schwebt nicht, es fällt. Obwohl es eindeutig der Schwerkraft gehorcht, entzieht es sich dennoch der Schwere des Aufpralls. Noch im Fallen verwandelt es sich in sprühenden Nebel, tosende Gischt und ergießt sich in ein Becken oder einen tiefen Kolk, der in den stetigen Lauf eines Baches oder in einen See übergeht. Für das Wasser scheint es keinen Unterschied zu machen, ob es fällt oder fließt. Nur auf uns wirkt es außergewöhnlich und — heilsam.

Die Krimmler Wasserfälle im Nationalpark Hohe Tauern wurden schon vor 200 Jahren als heilkräftig beschrieben, neuere Forschungen bestätigen diese Berichte. Durch die Bewegung der Wasserteilchen und ihren Aufprall entsteht eine Reibungselektrizität, die negativ geladene, fein zerstäubte und lungengängige Luftionen erzeugt. Diese wirken sich positiv auf die Atemwege aus, insbesondere für Allergiker und Asthmatiker. Diese Studien belegen auch, dass Wasserfälle die Herzfrequenz steigern, es kommt zu einer Stimulierung und ein Gefühl der Vitalität stellt sich ein. Die Begegnung mit einem Wasserfall kündigt sich schon von Weitem durch sein Rauschen an. Auf engen, meist steilen Pfaden wird es zunehmend kühler, feuchter und manchmal auch gefährlich glitschig. Die Luft riecht frisch, das Atmen fällt leicht. Beim Fall angekommen werden die

Schleier unvermittelt sichtbar, Scherwinde verwehen die Sprühnebel, alles wird vom Tosen und Fallen des Wassers eingeschlossen. Ein elementarer, ursprünglicher Ort und zugleich ein dynamisches Naturereignis: weiße Gischt, überall Feuchtigkeit und Regenbogen in den aufsteigenden Wasserschleiern, dazu das ungestüme Rauschen. Das Wasser wirbelt in einer Art und Weise, die uns vollständig umhüllt, es nimmt unsere Aufmerksamkeit gänzlich in Anspruch.

Dieses elementare Naturerlebnis stellt seit dem Beginn des Alpentourismus eine Attraktion dar mit einem ersten Höhepunkt Ende des 19. Jahrhunderts. Zu dieser Zeit wurden viele Wege und Aussichtspunkte geschaffen, die den Besuchern das Erleben der fallenden Wassermassen ermöglichen sollten. Zu der Naturerfahrung eines Wasserfalls zählt auch die Farbe der schäumenden Gischt, denn nicht nur das ruhige, tiefe Wasser von Seen, auch Wellen, Brandung, Stromschnellen oder Wasserfälle weisen eine eigene Farbe auf: Strahlendes, von innen leuchtendes Weiß. Selbst dunkel gefärbtes Wasser erscheint weiß, wenn es schäumt. Warum? Aus demselben Grund, aus dem Wolken weiß wirken. Gischt besteht aus kleinsten Lufteinschlüssen, umgeben von Wasser, und umgekehrt bestehen Wolken aus kleinsten Wassertropfen, umgeben von Luft. Das Licht wird dadurch vielfach gebrochen und mehrfach reflektiert. Die gesamte Mischung all dieser einzelnen Facetten sehen wir als weiße Farbe. Die Gischt steigert den dynamischen Eindruck des Wassers, „es wallet und siedet und brauset und zischt", wie es Friedrich Schiller in der Ballade *Der Taucher* (1797) lautmalerisch darstellt, „wie wenn Wasser mit Feuer sich mengt."

Das Erleben eines Wasserfalls bietet sich sehr unterschiedlich dar, je nachdem welchen Standort man einnimmt. Wenn es möglich ist, den Wasserfall von unten zu betrachten, so steht seine Dynamik im Vordergrund, wenn wir im Bereich der Fallhöhe stehen, seine Dramatik. Bei genauer Beobachtung lässt sich erkennen, dass das fallende Wasser verschiedene Geschwindigkeiten aufweist, aus denen sich die Muster des Falls zusammensetzen. Das resultiert aus den unterschiedlichen Fließgeschwindigkeiten eines Wasserlaufs mit trödelnden Rändern und schnellfüßigen Längen. Als Kind bot ein Wasserfall noch andere Erlebnisse für mich. In meiner Vorstellung verbarg sich hinter seinem weißen Schleier eine Pforte — wer weiß, wohin? In der intensiven Betrachtung des fallenden Wassers fand ich zwar kein Tor, dafür aber eine optische Täuschung. Wenn man den Wasserströmen eine Zeit lang mit den Augen in ihrem Fallen folgt und danach anstelle des Wassers die Felsen fixiert, beginnen sich diese in einer Gegenbewegung zu heben. Ich konnte als Kind nicht genug von den schwebenden Felswänden bekommen, von den sich ineinander windenden Steinen, die eigentlich fest und starr sein sollten. Ein erstes Erlebnis der Relativität unserer Sinneseindrücke und der Gabe des Wassers, Felsen — nicht nur faktisch, sondern auch optisch — zu verändern. Das Phänomen hat den Namen „Wasserfalleffekt", es kann von jeder und jedem erfahren werden. Nur ein Hinweis ist nötig: Die Augen benötigen einige Zeit, um sich zu „stabilisieren", daher sollte man danach nicht sofort auf einen steilen Ab- oder Aufstieg aufbrechen, sondern den Augen ein wenig Zeit geben, um sich vom Wasserfalleffekt zu erholen.

Wasserfälle unter Druck

Im 20. Jahrhundert gerieten Wasserfälle ungeachtet ihrer ästhetischen Qualität zunehmend unter Nutzungsdruck durch die Wasserkraft. In der Schweiz gelten 60 Prozent der Wasserfälle als beeinträchtigt oder gar zerstört. Wasserentnahme für Kraftwerksnutzungen leiten das Wasser in Druckrohleitungen ab. Bilder von trockenen Felswänden sind das Resultat. Auch die steigenden Temperaturen lassen Wasserfälle vertrocknen. Damit wird nicht nur ein Naturschauspiel vernichtet, sondern der einzigartige Naturraum, den ein Wasserfall darstellt, mit den Pflanzen und Tieren, die in den feuchten Prall- und Sprühbereichen leben. Das Mosaik der feuchten, wechselfeuchten und trockenen Nischen beherbergt eine größtenteils unbekannte und wenig untersuchte Biodiversität. Jeder Wasserfall weist hochspezialisierte Tier- und Pflanzenarten auf, die sich über lange Zeiträume an die extremen Bedingungen angepasst haben.

Seit einigen Jahrzehnten erfahren Wasserfälle durch den naturnahen Tourismus eine neue Aufmerksamkeit, werden mancherorts unter Schutz gestellt und gehören heute weltweit in vielen Ländern zu den wichtigsten Sehenswürdigkeiten, etwa in Island — dem Land der tausend Wasserfälle. Der höchste Wasserfall der Insel ist auch der jüngste, der Morsárfoss wurde 2007 zum ersten Mal beobachtet. Der abschmelzende Gletscher gab eine Felswand frei, wo mit steigenden Temperaturen immer größere Wassermengen hinabstürzen werden. Nicht nur ein elementares Naturereignis, sondern gleichzeitig ein Bild für die massiven Veränderungen der Gletscher.

In Österreich existieren Wasserfälle im Hoch- und Mittelgebirge, von kleinen Gebirgsquellen oder großen Gletschern gespeist, an unberührten Wildbächen oder mitten in einem Kurort wie Bad Gastein gelegen. Zu den berühmtesten zählen die bereits erwähnten Krimmler Wasserfälle, sie gehören mit fast 400 Metern Fallhöhe zu den weltweit höchsten Fällen (der Salto Ángel im Urwald von Venezuela führt diese Liste mit 979 Metern Fallhöhe an). Eigentlich ist es nicht die Fallhöhe, sondern vor allem die Wassermenge, die das Naturschauspiel für uns so beeindruckend macht. Der Rheinfall im Kanton Schaffhausen in der Schweiz hat zwar nur eine Höhe von 23 Metern, aber mit einer Breite von 150 Metern zählt er europaweit zu den mächtigsten Katarakten. Am eindrücklichsten wirkt das Naturschauspiel im Sommer mit einer Abflussmenge von rund 600 000 Litern Wasser pro Sekunde. Die höchste je registrierte Abflussmenge wurde 1965 gemessen: Es waren 1 250 000 Liter pro Sekunde!

Ich denke an meine Lieblingswasserfälle und schäme mich ein wenig für die Aufzählung der Höhen und Fallstrecken, der Wassermassen, die sicherlich eindrucksvoll sind und eine touristische Attraktion bieten. Letztlich geht es jedoch nicht um Superlative und Besucherzahlen, sondern um Naturerlebnis und Naturbeziehung. Dafür bietet jeder Wasserfall ausreichend Gelegenheit, selbst wenn er nur eine kleine Geländestufe zu überwinden hat.

Am Weihnachtstag nach einem Wärmeeinbruch und heftigen Regenfällen hat mich der Wasserfall in meiner Nähe mit feinstem Sprühnebel völlig durchnässt. Eine Art Reinigungsritual, das auch den Rucksack und die Kameratasche miteinbezogen hat. Lange habe ich darauf gewartet, dass die Temperaturen fallen, um den Wasserfall im Eismantel zu erleben. Eine Kältephase im Februar hat dies ermöglicht. Seine Wasserströme sind zum Teil erstarrt, in Eis gegossen. Zu seinen Füßen und an den Rändern bilden sich runde Eisskulpturen, die an Stalagmiten erinnern. In seinen Felsen hängen Eiszapfen, die mit langen, gefrorenen Fingern in die Tiefe weisen. Sie heben sich hell gegen das dunkle Gestein ab und tragen Schneehauben.

Das Wasser formt fantastische Gestalten, wenn es gefriert, ein Ausdruck der Auseinandersetzung von gegensätzlichen Kräften, dem Fließen und dem Erstarren. Die glatten Oberflächen der Eisskulpturen wirken wie aus opakem Glas gefertigt, ihr Farbton ein milchiges Weiß. Die Winterwelt des Wasserfalls hat etwas Mystisches. Der Frost lässt das Wasser zwar zu Eis werden, doch die entstehenden Formen zeugen nicht von Härte oder Gewalt, sondern bilden weiche, anschmiegsame Linien von eigentümlicher Schönheit. Wenn es wärmer wird, lösen sie sich in fließenden Prozessen wieder auf. Sobald die Schneeschmelze einsetzt, wächst der Wasserfall über sich hinaus und weithin hört man sein Rauschen. Er füllt die gesamte Felswand mit weiß-schäumendem Wasser, das in unterschiedlichen Strömen fällt. Das ist die Zeit des Regenbogens, der bei günstigem Lichteinfall im Sprühnebel erscheint — ein Vorhang aus Wasser und Licht.

Schluchten, Klammstrecken und Wasserfälle: In ihrem Tosen und Stürzen erleben wir das Wasser als elementare Naturgewalt. Ein Fließen ohne Wiederkehr, ein Sog, der alles mitreißt. Wenn wir dort stehen, von Felsen umschlossen, vom Wasser umhüllt — können wir uns dann erinnern, dass wir ein Teil von etwas Größerem sind?

Er reist mit einem Gepäck aus Totholz und Steinen, mit einem Drang, das Ziel zu erreichen, und einem Hunger, den nur das Land stillen kann, an dem er frisst. Er reist auf einem uralten Weg, den er sich ständig neu bildet. Begleitet wird er von wandernden Wesen und auch wir folgen seit jeher seiner Spur.

Jeder Fluss ist eine Reise

4

Flüsse haben sich auf der ganzen Welt in Landschaften eingegraben, sie führen ebenso viel Geschichte mit sich wie Geschiebe. An ihren Ufern liegen die ältesten Verkehrswege, wurden Städte gegründet und Verbindungen geknüpft oder Grenzen etabliert und Kriege entschieden. Ihre Namen reichen weit zurück in die Geschichte der Besiedelung und zählen zu den ältesten geografischen Benennungen, die wir kennen. Bei den Flüssen Euphrat, Tigris oder Nil werden ganze Kapitel in den Geschichtsbüchern aufgeschlagen und lebendig. Mit den Namen der großen Flüsse verbinden wir konkrete Vorstellungen, so wie mit einer Persönlichkeit, viele wurden zu früheren Zeiten sogar als Gottheit verehrt. Seit Jahrtausenden und bis heute prägen die Dynamik der Flussökosysteme und ihre Gefahren die Kulturen, die an ihren Ufern leben. Flüsse sind „universelle ökologische Korridore", so bezeichnet sie Prof. Andrea Rinaldo, der 2023 den Stockholmer Wasserpreis erhielt, und meint weiter: „Die Wasserströme haben seit jeher die Verbreitung von Leben bestimmt, von den Mikoorganismen bis zu menschlichen Gesellschaften."

Mein Fluss — die Grimming

Über Flüsse zu schreiben kann ausufern. Ich beziehe mich daher auf Konkretes, auf einen Fluss in meiner Nähe. Wie viele Flüsse trägt auch dieser einen weiblichen Namen, den ihm der Berg verlieh, neben dem er ein tiefes Tal eingeschnitten hat. Obwohl die

Grimming nur 27 Kilometer lang ist und nur als „Nebenfluss" bezeichnet wird, hat sie mir neue Einsichten und vor allem Überraschungen geboten. An ihrem Lauf findet sich vieles vom dem, was Alpenflüsse im 21. Jahrhundert ausmacht: Mit zwei Armen reicht die Grimming weit hinein in das Tote Gebirge. Die klimatischen Bedingungen mit Schneeschmelze und Niederschlägen im Gebirge beeinflussen ihre Wasserführung. Wasserfälle, Schluchtstrecken und der Zustrom von Bächen und Gerinnen verwandeln den Grimmingbach in einen Fluss mit Schotterinseln, üppiger Ufervegetation und pendelndem Verlauf. Auf dem Weg in das tiefere Tal verengt sich der Lauf wieder und führt über eine steile Kataraktstrecke, die von Felsblöcken und Stromschnellen gekennzeichnet ist. Dort bildet die Grimming einen eindrucksvollen Wildfluss und aus diesem Grund wurde dieser Abschnitt als Naturdenkmal ausgewiesen. Mit der Entfernung vom Gebirge und der Nähe zum nächsten Tal werden die Uferverbauungen häufiger und zwängen den Flusslauf in ein enges Korsett. Dort hat die Grimming immer wieder für Überschwemmungen gesorgt und eine Straße gefährdet, daher wurden mittlerweile Schutzmaßnahmen ergriffen. Die verschiedenen Bauwerke zur Eintiefung der Sohle, zur Anhebung und Befestigung der Ufer und Drosselung des Abflusses verändern den Fluss nachhaltig. Im Verlauf ihres Weges belasten außerdem zwei Wasserkraftwerke und zwei Kläranlagen das Ökosystem der Grimming. Als „Ausgleich" wurde der Mündungsbereich auf einer Länge von 500 Metern revitalisiert und naturnah rückgebaut. Die Grimming legt auf ihrem Weg 1 300 Höhenmeter zurück und besitzt viele Abschnitte mit einem starken Gefälle von bis zu 26 Grad, sie durchquert drei Gemeinden und mündet schließlich in die Enns. Ein Fluss mit vielen Gesichtern, manche davon entstellt, andere voll wilder Schönheit. Dieser Fluss, den ich streckenweise durchwandert und nur selten durchschwommen habe, bildet die Basis für das folgende Kapitel, sein Lauf meinen Erzählfaden.

Die erste Begegnung

Ein Fließgewässer lernt man immer nur in Abschnitten kennen. Selbst wenn wir eine Bootsreise unternehmen, gibt es die Stelle des Einstiegs. Man kann einen Fluss nicht ohne Anstrengung als Ganzes erfassen. Vielleicht ist es uns daher ohne Gewissensbisse möglich, ihn in Fragmente zu zerlegen, durch Kraftwerksketten zu zerstückeln oder durch Staubereiche zu teilen? Mein Einstieg in den Fluss liegt an einem Wasserfall. Im Oberlauf, neben dem Zustrom eines weiteren Wildbaches gelegen, markiert dieser Punkt für mich den ersten Übergang der ungezähmten Bäche des Einzugsgebietes zum Fluss. Von dort ausgehend folge ich ihm flussabwärts.

Die erste Begegnung mit der Grimming fiel in eine Zeit der Veränderung. Am Fuße des Wasserfalls war seine Bewegung ein Ausdruck der Emotionen, ein Klippensprung ins Ungewisse. Im Fallen des Wassers war alles enthalten. Der Blick auf den Fluss, der mit großer Leichtigkeit in tiefen Kolken landet, hat mich hineingezogen in die entstehenden Strudel der Wasserströme. Im beständigen Streben der unruhigen Wirbel, sich zu glätten, liegt das Versprechen nach stetigem Fließen, nach einem Übergang zum nächsten Tal

und weiter zum nächsten. Der Fluss zieht an mir, wie er möchte ich weiterkommen, möchte die Reise sich entwickeln sehen. Anders als dem Fluss gelingt mir das Fließen nur selten. Vielleicht kann ich es lernen, wenn ich seiner Stimme folge — immer und immer wieder.

Oberlauf

Im Oberlauf hat sich die Grimming tief in das Land eingeschnitten, so tief, dass sie eine Schlucht geschaffen hat. An einer Stelle bricht das Ufer steil ab und jeder Regen spült weitere Schichten des lockeren Gesteins in den Flusslauf. Auf dem Boden der Schlucht werden sie abgelagert oder weitertransportiert, je nachdem wie viel Wasser die Grimming führt. Auf dem Boden der Schlucht lagert auch das Treibholz, mit dem sie Burgen, Wehre und Brücken baut. Das Geröll begleitet die Grimming, sie rundet und schleift es, jeder Stein eine Erinnerung, die sie dem Berg abgerungen hat. Wenn die Ecken und Kanten glatt geworden sind von der Reise, erklingt die Wassermusik als rundes Plätschern mit glucksendem Lachen und sanftem Gemurmel.

Jedes natürliche Fließgewässer ändert seine charakteristische Erscheinungsform auf dem Weg von der Quelle zur Mündung. Im Verlauf eines Flusses nimmt das Gefälle ab und die Wassermenge zu. Im Oberlauf prägen Felsen und Steine das Bild, im Unterlauf

Sand und Feinsedimente. Die beschriebene Schlucht befindet sich im Oberlauf, wo der Fluss bei starkem Gefälle und hoher Fließgeschwindigkeit sein Bett tief ausschürft, an den Ufern arbeitet und viel Geschiebe transportiert. Das Wasser ist sauerstoffreich und klar.

Mittellauf

Im Mittellauf eines Flusses verringert sich das Gefälle, die Wassermenge wird größer und die Fließgeschwindigkeit nimmt ab. Es entsteht ein kastenförmiges Tal mit einer breiten Sohle, in welchem der Fluss beginnt, das Geschiebe abzulagern und in sanften Schlingen zu fließen. Er arbeitet nun auch in die Breite und gräbt sich weniger tief in das Tal ein. Ununterbrochen frisst das fließende Wasser am Land, überall erzeugt es kleine Störungen, gräbt an den Ufern und häuft das Totholz an. Kein anderes Element verändert und gestaltet Lebensräume in dem Maß, wie es das Wasser kann. Diese Eigenschaft ringt mir großen Respekt ab.

Auf einer Schotterinsel im Flussbett denke ich daran, dass nicht nur jeder Kieselstein vom Wasser transportiert wurde, er wurde auch gerundet, geschliffen und bearbeitet und dort platziert, wo ich gerade sitze. Nach dem nächsten Regen wird er woanders liegen. Alles zieht mit dem Wasser und das Wasser zieht alles mit sich. Die entstehenden Schotterinseln sind von großem Wert für die Lebensvielfalt an den Flüssen, dort bilden sich ständig neue Lebensbereiche für Pionierarten. Der Flussregenpfeifer findet einen geschützten Brutplatz auf den Inseln, Forelle und Äsche ihre Laichgründe auf den überschwemmten Kiesbänken. Die Dynamik eines Flusses gehört zu seinen ursprünglichsten und zentralen Eigenschaften, und gerade dieses Merkmal birgt die größte Unsicherheit für uns Menschen. Deshalb streben wir danach, die dynamische Kraft eines Flusses zu verändern und zu kontrollieren.

Auf den Schotterinseln baut die Grimming aus alten Wurzelstöcken und geglättetem Treibholz bleiche Kunstwerke. Niemand könnte sie besser gestalten. In kleinen Nischen am Ufer zeichnet sie Sandbilder, die Linie um Linie in kleinster Schattierung ein Spektrum des Wellengangs zeigen, durchbrochen nur von einem einzelnen Blatt oder einem dunklen Kiesel. Der sanfte Abdruck einer Tatze bildet die einzige Spur in die Gegenwart. Sand und Kiesel hingegen stammen aus längst vergangener Zeit. Die Grimming hält sich nicht mit den Stillleben der sandigen Ufer auf. Sie führt mich zum Kolk, einer tiefen Stelle, wo sie direkt am Felsen eine Pause einlegt. Dort ruht sie, so still, dass sie den Felsen spiegelt, den Himmel reflektiert und einen türkisen Brunnen schafft, wo sich die Fische tummeln und ich tief genug einsinke, um die Hose beim Durchwaten völlig zu durchnässen. Ein Stück weiter hat sie sich eine Insel gebaut, einfach so, weil sie es kann, mit einem Saum aus Weidenröschen und Rossminze, altrosa und lila, wie das Sommerkleid eines Mädchens. Die Insel könnte auch ein Segelboot sein mit einer gebogenen Fichte als Mast und drei kleinen Eschen als Crew. Wohin ich mich auch wende, mir begegnet eine Dichte an Naturgestalten wie sonst nur im hohen Gebirge. Die Grimming ist die Königin der Nischen und Buchten und nach jedem Hochwasser formt sie sie neu. Es gibt keine Stelle, die sie nicht umspült.

Im Abendlicht werden die Steine zu Knochen und die Verzweigungen des Flusses zu durchschimmernden Adern an einer alten Hand. Das Ufer, ein moosgrüner Lungenflügel, der sein Leben mit der Flussader teilt. Doch dieses Bild malt die Grimming nur heute, weil der Sommerhimmel sie friedlich stimmt. Wenn ein Gewitter sie erfüllt, dann spielt sie mit den großen Stämmen wie mit Stäben, die ein Kind gegen Felsen schlägt. Danach lässt sie sie liegen wie vergessenes Spielzeug. Wenn ich die Augen schließe, kann ich tief in der Schlucht ihr Herz hören. Es schlägt nicht, es rauscht.
Wieder eine Woche später und der Lauf der Grimming hat sich nochmals verändert. Es ist die Zeit des Niedrigwassers, wenn allerorts Schotterinseln auftauchen und ihr Klang einschläfernd plätschert, begleitet vom Summen, Zirpen und Stechen unzähliger Mücken, die einen erfolgreich daran hindern wirklich einzuschlafen. Die Wärme der Sonne veranlasst mich dazu einzutauchen, mich treiben zu lassen. Die eisige Temperatur nimmt mir den Atem und der Strom die Kontrolle über meine Fortbewegung. Für einen Moment löst sich die Grenze zwischen mir und dem Wasser auf. Ich fließe unkontrolliert, bis ich am nächsten Baumstamm, der quer ins Flussbett ragt, aufgehalten werde und krebsrot aus dem Wasser steige. Das Gefühl des „Aufgelöstseins" war von kurzer Dauer. Dafür stellt sich das Geschenk des kalten Wassers ein — wohlige Wärme und Zufriedenheit.

Zwei Wochen und ein Unwetter später hat sich wieder alles verändert. Keine Spur mehr von den sandigen Uferstreifen, die breite Schotterinsel bildet heute nur einen schmalen Saum zwischen zwei Bahnen des Wassers. Im Licht der Sonne glitzert der Lauf des Flusses wie ein Band aus Silber. Die Grimming steht höher und wenn ich sie durchquere, spüre ich die Kraft ihrer Strömung. Es ist mir kaum möglich, einen Fuß zu heben, ohne dass ihn der Sog erfasst. Sie lässt mich ihre Stärke spüren, sie zerrt an allem, was sich ihr in den Weg stellt. Sie zeigt mir die Grenzen meiner Kraft und eine Ahnung ihrer dynamischen Energie — ein Fluss in der Fülle seiner Macht.

Unterlauf

Im Unterlauf wird das Gelände eben und sanft. Die Fließgeschwindigkeit nimmt weiter ab und das transportierte Gestein wird abgelagert. Geröll, Sand und Schlamm bilden Inseln und aus den sanften Schlingen werden weitläufige Mäander. „Mäander", schon das Wort hat etwas Ausschweifendes, es hat seinen Ursprung im griechischen Gott Maiandros und seinem Fluss namens Mäander, in der heutigen Türkei gelegen, der ausgedehnte Schlingen bildet. Ein Fluss arbeitet nicht nur in die Tiefe, wie im Oberlauf, sondern im Unterlauf vor allem in die Breite. Die bogenförmigen Mäander gehören zu den wertvollsten Fischlebensräumen mit vielen Verstecken und guten Laichplätzen. Die Schlingen eines Flusses umfassen einen Uferbereich, der flach ausgeprägt ist und bei jedem Hochwasser überflutet wird. Ein sogenannter Retentionsraum entsteht. „Retention", ein unschönes Wort für einen äußerst artenreichen Uferbereich, der eine wesentliche Funktion erfüllt, nämlich vor Hochwasser zu schützen. Die Windungen, Bögen und Buchten eines Flusses sind dynamische Orte, von Erosion, Sedimentation und Umlagerungen geprägt.

Sie können zu dramatischen Orten werden, wenn der Fluss die eigenen Schlingen durchbricht. Danach entsteht ein Altarm, der oftmals die Form einer Mondsichel aufweist und eine Insel bildet. Weitläufige Mäander zu erleben gehört zu den Natureindrücken, die man nicht vergisst. Wir denken, wir kennen Flüsse, doch in Wirklichkeit haben wir vollkommen falsche Bilder im Kopf. Wir kennen Kanäle oder Stauräume, aber selten, sehr selten, frei fließende Flüsse. Den Berechnungen des Ökologen Ulrich Eichelmann zufolge haben wir den Flüssen in Österreich zwischen 400 000 und 500 000 Hektar an Überschwemmungsflächen weggenommen. Das Land am Strom ist verloren gegangen.

Hundert Meter tiefer, flussabwärts, das versteht sich, besitzt die Grimming keine Schlucht mehr. Sie würde eigentlich ein Tal ihr Eigen nennen, wenn wir ihren Platz nicht stark beschnitten hätten. Ihre größer werdenden Mäander wurden durch starke Uferverbauungen begradigt. Die großen Steine hindern sie daran, sich so auszubreiten, wie es ihr natürlicher Lauf vorgäbe. Dennoch entstehen sanfte Bögen, Schotterflächen und abgegrabene Uferböschungen, wo immer es möglich ist.

Der Fluss ist nun wesentlich breiter, die Wasserhöhe geringer und die Strömung schwächer. Im flachen Wasser komme ich, durch den Fluss watend, gut voran. Ich kenne den Grund der Grimming jetzt besser, den feinen Sand, den gefährlichen Sand, der eigentlich aus Schlick besteht und mich nicht trägt, den Schotter, fein säuberlich in Korngrößen geordnet, und das Geröll. Im durchsichtigen Wasser bestimmt der Untergrund

die Farbe, alle Nuancen des Gesteins mischen sich zu einem Mosaik, nur tiefe Kolke leuchten türkis. Eine Wasseramsel taucht kurz vor mir auf, setzt sich anmutig auf einen Stein und erinnert mich daran, dass das dichte Grün der Moose auf den größeren Steinblöcken ebenfalls zur Farbpalette des Flusses zählt. Auf dem moosigen Felsen zeichnet sich der weiße Bauch des Vogels hell ab. Sobald ich mich nähere, fliegt die Wasseramsel auf. Für die nächste Stunde der unterkühlten Füße gehört die Grimming mir allein. Ihr Charakter zeugt hier nicht von Stärke und Dynamik, sondern von friedlicher Koexistenz. Die Ufer sind dicht bewachsen, die Weidensträucher neigen sich über den Fluss, so weit sie nur können, im flirrenden Gewebe des Lichts wirkt ihr Schatten nicht dunkel, sondern silbern. Unter jedem Stein krabbelt jemand, in allen Zwischenräumen wuselt es und die Fische müssen nicht hungern. Die Grimming — ein Fluss voller Leben.

Der Fluss wird eingezwängt

Die baulichen Anlagen an einem Fluss haben ein reiches Vokabular: „Wehre", „Sohlabstürze", „Sohlrampen", „Durchstiche", „Längswerke", „Buhnen", „Leitdämme", „Polder", „Faschinen" oder „Schleusen". Aussagekräftig ist der aus dem Mittelalter stammende Begriff der „Schlacht", der für das Einschlagen von Holzpfählen an hochwassergefährdeten Ufern steht und nach einer kriegerischen Auseinandersetzung klingt. Wir dürfen nicht vergessen, der Fluss konnte sich damals ungehindert in die umliegenden Wiesen ausbreiten, Ufer unterspülen und dicke Bäume mitreißen, Gebäude verschlucken und Dörfer verschütten. Es war eine „Schlacht" zu schlagen, um den Fluss daran zu hindern, alles zu überschwemmen oder fortzureißen. Die ebenen Flächen, die von den Fließgewässern in den Tälern geschaffen wurden, zählen zu den ältesten Wegen und heute zu den wichtigsten Verkehrsverbindungen. Dementsprechend oft führen Straßen entlang von Flüssen, werden Radwege dort angelegt oder befinden sich alte Bahnlinien an ihrem Lauf. Wenig Platz bleibt für den Fluss selbst. Die Verkehrsanlagen müssen in weiterer Folge vor dem Hochwasser geschützt werden. Der Fluss wird stärker verbaut, die Ufer höher gesichert. Im Vorbeifahren betrachten wir den geradlinigen Wasserlauf — ein Fluss, der seiner Natur folgt, sieht anders aus.

Zweimal versuche ich, die Grimming im Abwärtsgang weiter zu erkunden, zweimal scheitere ich. Eisenbahnbrücken, Straßenanlagen und Hausgärten behindern meinen Einstieg, dazwischen eingezwängt bahnt sie sich einen engen Weg. Den Druck der harten Verbauungen gibt das Wasser weiter. Der Lauf des Flusses hat nichts Verspieltes mehr. Die Grimming hat es eilig und in dem tiefen, engen Bett kann ich nicht mehr wandern, die Strömung würde mich mitreißen, mir bleiben nur die Straße und der Blick auf die Ufergehölze. Von dort sehe ich ihr zu und vermisse die Schotterinseln, die sandigen Ufernischen. Ich versuche es ein Stück flussabwärts erneut. Dort wurde das Abfallzentrum direkt an ihr Ufer gebaut, daneben auch die Kläranlage. Anstelle von dichtem Ufergehölz sehe ich hier nur grobe Steinblöcke, die das Ufer befestigen. Über mir dröhnt der Verkehr auf einer Brücke, die über den Fluss führt. Was für ein Ort!

Querbauwerke und Uferverbauung

Alles, was sich über die gesamte Breite des Flussbettes erstreckt, kann als Barriere wirken, wenn dabei Abstürze und Stufen entstehen. Das verändert die Durchgängigkeit eines Gewässers und hat erhebliche Auswirkungen auf die Fische und die gesamte Fauna des Flusses. Was für die Querbauten gilt, kann auch für die Verbauung der Ufer gesagt werden. Die Vernetzung mit dem Umland wird dadurch stark reduziert und der natürliche Lauf nachhaltig verändert. Laichplätze, tiefe Kolke oder ruhige Buchten wird man entlang einer Uferverbauung vergeblich suchen. Jeder Fluss wirkt über seinen sichtbaren Verlauf hinaus in die Breite, seine Tiefe beeinflusst das Grundwasser, seine Querverbindungen spielen in die umgebenden Lebensräume hinein. Mit einer harten Verbauung werden die Verbindungen mit dem Umland gekappt.

Ich kann die großen Steine der Uferbefestigung gut zum Abstieg nutzen. Vor mir entfaltet sich wieder ein neues Bild der Flusslandschaft, nachdem ich die Kläranlage hinter mir gelassen habe. Gehölze lassen ihre Äste in weiten Bögen in das Flussbett hängen. Kleine Ufernischen fangen im Gestrüpp Treibholz und Plastikteile auf, die Strömung nimmt deutlich zu. Auch der Verkehrslärm steigert sich wieder. In mir entsteht ein Gefühl der Bedrohung, donnernd fährt ein LKW vorbei. Ich wandere mitten in der Grimming, doch der Lärm erweckt den Eindruck, als ob ich auf einer Schnellstraße ginge. Immer noch nimmt der Sog der Strömung zu, obwohl das Flussbett hier nicht stark verschmälert wurde. Das Wasser zerrt an mir und ich sehe bald, wohin es mich zieht. Vor mir tut sich ein Abgrund auf. Die Grimming verschwindet, am Horizont taucht sie ab. Ein drei Meter hoher Absturz beendet meinen Weg — für die Grimming bedeutet er nur einen schäumenden Sprung. Für alle, die flussabwärts reisen, könnte der Sprung problematisch werden, für alle, die stromaufwärts wandern, gibt es dort kein Weiterkommen mehr. Ich kehre um, wende mich mit ziemlichem Kraftaufwand gegen den Strom. Dieser Teil meines Weges ist von einer anhaltenden Spannung geprägt. Ich darf mir kein Ausrutschen erlauben, der beständige Sog hat selbst bei diesem niedrigen Wasserstand eine enorme Kraft. Ich bin froh, den Ausstieg zu erreichen.

Wildwasserstrecke und Naturdenkmal

Im weiteren Verlauf folge ich einem uralten Einschnitt, den der Gletscher tief in das Land eingegraben hat und der den Berg neben mir hoch aufsteigen lässt. Es geht steil hinab, ich befinde mich auf einer Straße, die den Flusslauf begleitet. Im steil abfallenden Gelände ist die Grimming nicht mehr leicht zu erreichen. Erst beim dritten Versuch gelingt es. Ich folge dem Rauschen und einem Wildwechsel in ein Dickicht aus Farn und Brombeergebüsch. Dem Rauschen nach kann das Wasser nicht mehr weit entfernt sein und durch den Gehölzgürtel schimmert es schon. Ich stehe vor einer Wildwasserstrecke wie aus dem Bilderbuch. Die Kataraktstrecke der Grimming wurde 1987 als Naturdenkmal ausgewiesen. Die Basis dafür bilden „Eigenart, Schönheit und das besondere Gepräge der Landschaft sowie die ökologische Bedeutung dieses Flussabschnittes“, so der Gesetzestext.

Ich sehe große, bewachsene Felsblöcke wie ruhende Inseln im Fluss, dazwischen tosende Abstürze und ein Gewirr aus Treibholz. Ein Büschel roter Beeren der Eberesche schwebt über dem Wasserlauf und Moos in allen Schattierungen von vibrierendem Grün überzieht die Steine, die aus dem Wasser ragen. Der Blick bleibt an unendlich vielen Details hängen und erfasst zugleich die Atmosphäre des Ganzen. Hier, in dem tiefen Einschnitt am Fuß des Berges zeigt die Grimming ihr wahres Gesicht, wie sie über Felsen springt und ein tosendes Spiel mit allem vollführt, was sich auf sie einlässt. Dieser Ort scheint mir zugleich uralt und wie neu geschaffen zu sein. An den aufgetürmten Treibholzbergen sehe ich das Vermögen des Wassers, diesen Talabschnitt mit seinem Tosen auszufüllen. Der Himmel kündigt Regen an und ich muss zurück. Bald werden sich dicke Tropfen in den Flusslauf einfügen und mit dem Tanz über die Steine im nächsten Tal ankommen. Das Wasser wird steigen. Hier ist kein Ort zum Verweilen, wenn der Regen kommt, nur die Felsen trotzen der Kraft des Wassers — seit Tausenden Jahren.

Scheideweg

Ich konnte nicht ahnen, dass mich die Grimming an einen Scheideweg bringen würde. Wer nicht im Flussbett reist, begreift wenig. Ich gehe diesmal flussaufwärts und habe die unpassierbare Schlucht hinter mir gelassen. Vor mir steht ein Wasserkraftwerk, hinter mir liegt die Kataraktstrecke. Links am Ufer das Krafthaus mit der Turbine, rechts davon die „Restwasserstrecke". Vor mir sanftes Geplätscher, hinter mir tosendes Rauschen. Vor mir ein breites Flussbett mit niedrigem Wasserstand, die kleineren Felsen sind nur noch zum Teil benetzt, die braunen Moose zeigen den Verlust des Wasserstandes. Hinter mir moosgrüne Felsen, die Feuchtigkeit atmen. Vor mir geschlichtete Ufer, Stein auf Stein mit grauen Wasserbausteinen befestigt. Hinter mir eine Schlucht mit glänzenden Wasserfällen und tiefen Kolken. Vor mir Grasbüschel zwischen den Felsen, die versuchen, Wunden zu schließen. Hinter mir Ahorngeäst, behangen mit Flechten und Farnen, in abenteuerlichem Schwung über das Wasser geneigt. Unterschiedlicher könnten die Bilder nicht sein und dennoch handelt es sich um ein und denselben Fluss. Das traurige Wort „Restwasserstrecke" wird dem Anblick vor mir gerecht. Wir sind an vielen Flussabschnitten der Alpen mit ähnlichen Bildern konfrontiert. Wenn unser Hunger nach Energie nicht Halt vor den letzten intakten Flussstrecken mit ihrer vollständigen Wassermenge macht, werden wir bald Flüsse nur noch als Restwasserstrecken erleben können.

Ich verstehe jetzt, was es bedeutet, wenn wir Flüsse oder Bäche verrohren und den Großteil ihres Wassers in Druckrohrleitungen abzweigen. Wer durch die Schlucht geht, wer die moosbedeckten Baumstämme sieht, wer die Feuchtigkeit des Flusses bei jedem Atemzug spürt, der ahnt, was passiert: Mit der Ausleitung des Wassers geht die Verbindung zwischen dem Wasser, der Luft und dem Land verloren. Diese Verbindung ist umso lebendiger, je mehr Wasser sich schäumend im Fluss bewegt. Dabei passiert das, was Viktor Schauberger als „die aufsteigenden Lebenskräfte des bewegten Wassers" bezeichnete. Wir müssen uns vorstellen, dass der Fluss sein Wasser über Jahrtausende in ähnlicher Menge geführt und geteilt hat: Das Moos hat sich auf die Höhe der Wellen eingestellt; der Baum auf die Schwankung der Uferlinie; der Fisch auf den Widerstand der Strömung und das Grundwasser auf den Talweg, die tiefste Linie im Flussbett. Wenn wir dem Fluss einen Teil seines Wassers nehmen, verändern wir damit diese vielschichtigen Verbindungen. Wir reduzieren seine aufsteigende Lebenskraft, bis sie flach wird und leblos.

Hochwasserschutz

Ich komme zum vorletzten Abschnitt der Grimming im tiefer gelegenen Tal, wo Straßen, Schienen und Brücken ein Gewirr an Linien bilden, die mich verunsichern. Wo finde ich den Fluss? Das ist eine lange Geschichte: Die Grimming uferte in jährlicher Wiederholung aus, floss zur Kleinen Grimming, staute bei der Bundesstraße auf, überschwemmte Teile des Siedlungsraumes und in selteneren Fällen kam es sogar zur Überflutung einer Straßenkreuzung. Der Bericht der Wasserwirtschaft über das „Fehl"-Verhalten der Grimming liest sich wie ein Kriminalakt. Das uralte Dilemma unseres Lebens mit den Flüssen tritt klar zutage: Es ist nicht der Fluss, der die Siedlung bedrängt, sondern die Siedlung, die den Flussraum beansprucht. Damit wird der Platz, den der Fluss benötigt, reduziert und sein Lauf eingeengt. Wenn wir den Flüssen nicht genug Raum bieten können, dann passieren Dinge, die problematisch sind: Überschwemmungen, wenn keine Maßnahmen zum Hochwasserschutz getroffen werden. Letzteres geschah an der Grimming. Die Vergrößerung des Abflussprofils, die Eintiefung der Sohle, die Anhebung der Ufer und ihre harte Verbauung stellen effektive Schutzmaßnahmen dar. Die Grimming ist gefangen in ihrem Bett aus Beton und Stein. Ihre Gefahr wurde gebannt. Ihre Kraft und Gewalt und der Abfluss der Wassermengen nach Starkniederschlägen oder langen Regenperioden gelenkt, gezähmt und gedrosselt.

In Österreich besteht aus ökologischer Sicht an zwei Dritteln aller Fließgewässer Verbesserungsbedarf, weil ihre Ufer hart verbaut oder ihr Kontinuum durch Querbauwerke nicht mehr durchgängig ist. In den verbauten Abschnitten stellt der Fluss kein Ökosystem, sondern einen Durchflusskanal dar. Niemand möchte sein Haus durch ein Hochwasser verlieren, Schäden an Bahn- oder Straßeninfrastruktur kosten die Allgemeinheit enorm viel Geld. Konflikte bestehen und werden weiterbestehen, solange wir den Platz, den die Flüsse benötigen, für uns allein beanspruchen. Natürlich können wir nur schwer zusätzliche Flächen für mäandrierende Flussschlingen aus dem Hut unserer dicht genutzten Landschaft zaubern, doch solange wir so freigiebig wertvollen Platz an Einkaufszentren und Parkplätze verschenken, frage ich mich, warum wir bei den Flüssen so geizig sind.
Die Grimming in ihrem engen Bett zu betrachten, erzeugt ein Gefühl von Stress. Es erscheint mir ein Gleichnis zu sein für Lebensphasen, die jeder von uns kennt. Bedingungen der Enge, des Eingespanntseins, der Ausweg liegt nur in einer Richtung, im

Vorwärts. Es gibt kein Innehalten, keine Möglichkeit, dem Sog zu entkommen, keine Nischen zum Ausufern, keine Buchten, wo wir Tiefe spüren können und Ruhe. Eingeengt durch die Ufermauern liegt die Hoffnung auf eine Befreiung in einem Punkt in der Ferne. Für die Grimming erfüllt sich die Hoffnung, sobald sie die Bahngleise quert. Dort beginnt ihr Land der Erholung — eine Revitalisierungsstrecke. Das Bild des eingezwängten Flusses entspricht unserem Getriebensein und ich frage mich, ob das Bild seiner Ausbreitung, seiner Nischenbildung und das vielfältige Sein eines Flusses, dem genügend Platz zur Verfügung steht, mit unserer Vorstellung von einem befreiten Leben übereinstimmt.

Revitalisierungsstrecke — das wiedergefundene Leben der Flüsse

Ab dem 20. Jahrhundert explodierte die Nutzung der Fließgewässer in vielfacher Hinsicht. Während die Reinigung industrieller und die Klärung der Haushaltsabwässer in den letzten Jahrzehnten zu einer Verbesserung der Wassergüte führten, sind die zahlreichen Beeinträchtigungen der Flusssysteme durch Verbauung und Wasserkraftwerke allgegenwärtig. Um den negativen Entwicklungen etwas entgegenzusetzen, entstanden in den letzten Jahren Projekte zur Revitalisierung und Aufweitung der Flüsse. Projekte, die Hoffnung geben und innerhalb kurzer Zeit ökologische Erfolge bringen, denn überall, wo das Wasser sich ausbreiten kann, folgt ihm eine lebendige Vielfalt. Unter „Revitalisierung" wird die Wiederherstellung der natürlichen Funktionen eines verbauten Gewässers verstanden. Flüsse werden in einen möglichst naturnahen Zustand gebracht. Es versteht sich von selbst, dass dies nur unter Einbeziehung verschiedener fachlicher Gesichtspunkte und detaillierter Planung umgesetzt werden kann. Spannend erscheint mir, dass dann letztlich wieder der Fluss die Gestaltung übernimmt.
Kurz vor der Mündung in die Enns und nachdem sie die harten Ufermauern hinter sich gelassen hat, wurde die Grimming revitalisiert. Ihr gestreckter Lauf, von glatten Betonmauern eingefasst, konnte durch den Ankauf von zusätzlichen Flächen aufgeweitet und dem Fluss dadurch mehr Platz angeboten werden. Die Grimming hat das Angebot genutzt und sich Schotterinseln und Totholzlager gebaut. Kein Fleckchen scheint mehr der geraden Linie zu gehorchen, überall biegt sich etwas, Strömungen in unterschiedlicher Geschwindigkeit erzeugen eine vielstimmige Melodie, Sandbänke entstehen und eine Insel mit einem alten Weidenbaum thront in der Mitte des Flussbetts. Ich warte und hoffe und bleibe still — vielleicht gelingt mir der Anblick eines seltenen Vogels.

Schillernder Blitz

Ich sehe den silbrigen Rücken einer Forelle gegen den Strom schwimmen. Und nach langer Zeit und vielem Warten höre ich ihn — den Ruf des Eisvogels. Nur 30 Gramm schwer verwandelt er das Flusstal in ein Land voller Möglichkeiten. Mit seinem schillernden Gefieder wirkt der Eisvogel wie eine Erscheinung aus einem fernen Land und tatsächlich ist die Familie dieser Vögel vor allem in den Tropen verbreitet. Sein Rücken-

gefieder mit den kobalt- oder türkisblauen Federn steht in starkem Kontrast zu dem orangen Bauch und den weißen Seitenflecken am Hals. Trotz seiner auffallenden Färbung verliert er sich im Licht- und Schattenspiel eines Gewässers. Erblickt man ihn im Flug, erscheint er wie ein blitzender Streifen aus kobaltblauem Glanz.

Das Vorkommen dieser farbenfrohen Vögel beschränkt sich auf das Gewässernetz und seine Brutareale auf naturnahe Abschnitte mit steilen Ufern oder unterspülten Böschungen. Er kann nur dort brüten, wo die natürliche Dynamik eines Flusses an den Ufern arbeitet. Wo das Wasser Ufer anreißt oder das Hochwasser senkrechte Wände schafft, legt er seine Brutröhre an. Diese Höhle befindet sich meist in unmittelbarer Nähe zum Wasser und kann bis zu zwei Meter lang in die Böschung reichen. Eisvögel können als Zeigerarten intakter, dynamischer Flusslandschaften bezeichnet werden, die neben der Struktur auch ein reichhaltiges Nahrungsangebot aufweisen müssen. Die Donau-Auen beherbergen das wichtigste Brutvorkommen in Österreich.

„Wenn der Eisvogel taucht, sirrt die Sekunde", beschreibt Paul Celan den jagenden Vogel in seinem Gedicht *Stimmen.* Auf Ansitzwarten oder überhängenden Ästen sitzend, kann er blitzschnell und kopfüber ins Wasser ein- und mit einem Fisch, Wasserinsekten oder anderer Beute auftauchen. Der Fangstoß dauert weniger als eine Sekunde — perfektionierte Jagd am Wasser. Wo hätte Paul Celan heute die Gelegenheit, das zu beobachten? In Österreich hat der Eisvogel im Zuge der Flussregulierungen, der Kraftwerksbauten und Kanalisierungen viele Brutgebiete verloren und gilt daher laut Roter Liste als stark gefährdet. Zusätzlich können strenge Winter die Population dezimieren und es dauert einige Jahre, bis sich der Bestand erholt. Auch Freizeitaktivitäten und Angelsport erschweren die Brutmöglichkeiten, denn der scheue Vogel verlässt sein Brutgebiet bei Störungen. Kein Wunder, dass wir den „Regenbogenvogel" so selten zu Gesicht bekommen. Keine „sirrenden Sekunden, keine Stimmen ins Grün der Wasserflächen geritzt", wie es Paul Celan formuliert, kein durchdringend gepfiffener „Tiht-tiht"-Ruf und kein kobaltblauer Glanz. Nur dort, wo Fließgewässer wieder ökologisch aufgewertet und Regulierungen rückgebaut wurden, kann der Eisvogel einziehen, das zeigen Beispiele an der Mur oder Raab. Und das erinnert mich an die Worte der Lyrikerin Emily Dickinson, „Hoffnung ist das Ding mit Federn", vielleicht kann ich genau dieses von meinem Besuch an der revitalisierten Strecke der Grimming mitnehmen.

Mündung

Heute war ich endlich bei der Stelle, wo die Grimming in die Enns mündet, fast ein Jahr hat es gedauert, ich habe es immer wieder aufgeschoben. Der Weg dorthin ist schwierig, eine steile Uferböschung, Lianen, Brombeergestrüpp, mehr als einmal musste ich umkehren. Zuletzt liegt nur noch ein schmaler Streifen vor mir, der die beiden Flüsse trennt. Den großen, ruhigen mit seinem dunklen Wasser und den kleineren, unruhigen mit dem türkisen Blau aus den Bergen, mit der klaren vom Schnee gespeisten Kälte. Ich stehe direkt am Mündungsbereich und sehe, wie die Grimming langsam ihre Farbe verliert, nach 20 Metern verrinnt ihr eisiges Türkisblau mit dem dunklen Wasser der Enns, ihr Lauf geht in den größeren über, sie löst sich auf. Den Fluss mit seinem Bett, seinen Eigenheiten, seiner Farbe gibt es nicht mehr und dennoch bleibt sein Wasser gänzlich erhalten. Zum Wesen der Fließgewässer gehört es zu münden, sich immer und immer wieder zu vereinen und letztlich ihr über Tausende Kilometer gesammeltes Gut dem Meer zu überbringen. Ich konnte nicht ahnen, dass es so aufregend ist, den Fluss, den ich in vielen kleinen Abschnitten kennengerlernt habe, sich auflösen zu sehen. Es war wie ein Abschied, vielleicht habe ich es deshalb hinausgezögert.

Nach dem Erlebnis an der Mündung recherchiere ich, suche in alten Karten die Mündungsstrecke und erkenne: Alles war anders. Die Karte des Franziszeischen Katasters von 1820 zeigt eine Enns vor der Regulierung mit Schlingen und Altarmen in weiten Bögen und Inseln, vor allem Inseln. Flüsse scheinen eine Vorliebe für die Bildung von Inseln zu haben und wenn ich es mir genau überlege, sind selbst schon kleinere Bäche große Inselbauer. Diese Inseln regen meine Fantasie an: Was könnte dort alles passieren, welche Vögel in Sicherheit brüten, ohne dass ein Fuchs zu Besuch kommen kann? Jede Insel eine kleine Festung, vom Wasser beschützt. Die alten Karten stimmen mich nachdenklich. Hier war ursprünglich ein Land der Inseln und ich frage mich weiter, wie eine Mündung aussehen würde, wenn nicht der Lauf beider Flüsse so stark verändert, begradigt und künstlich geführt wäre. Ich bin mir sicher, es gäbe vielfache Verzweigungen und Inseln. In mir entsteht die Vorstellung und damit auch das Vokabular für die natürliche Entfaltung eines Flusses, er entwickelt, dereguliert, verzweigt und verästelt sich, schlingt, moduliert und mäandriert, verwandelt und findet sich — zuletzt als Strom, der seiner letzten großen Mündung zustrebt.

Ein Altarm

Zu einem Fluss gehören neben den Inseln auch Altarme, die entstehen, wenn Mäander durchbrochen werden. Altarme zählen zu der verlorenen Struktur der Flüsse und sind im heutigen Landschaftsbild nur noch zu ahnen. Feuchte Senken, Fischteiche oder Auwaldrestchen weisen oft auf eine alte Flussschlinge hin. Ein solches Gebiet wurde in einem Naturschutzprojekt umgestaltet und man schenkte der Enns einen Altarm, indem eine alte Schlinge des Flusses, seit etwa 160 Jahren abgetrennt und leblos, wieder mit dem Strom verbunden wurde. Nun lebt der Altarm wieder und wird von Wasser durchströmt. Das klingt fast wie eine Operation und eigentlich ist es auch eine. Grundstücke müssen gekauft, Wege verlegt und alte Rechte abgelöst werden. Mit der Zeit gestaltet das fließende Wasser den Altarm, fördert das Wachstum der Weiden, schafft Uferstrukturen, beginnt sich zu winden und sein Umfeld zu formen.
Ich habe einen unglücklichen Tag gewählt, um diesen Altarm zu besuchen. Ein abgewiesener Projektantrag, ein trauriger Krankenbesuch und eine gescheiterte Kommunikation, viel mehr trägt dieser Tag nicht. Ich suche nach einem Weg im undurchdringlichen Ufergebüsch, es ist kein Durchlass in Sicht, nach nur sieben Jahren haben die Weiden einen fast undurchdringlichen Dschungel gebildet. Ich entdecke eine kleine Öffnung, vielleicht ein Wildwechsel, und spüre den damals errichteten Damm unter meinen Füßen, daneben geht es abwärts. Ich versuche die Böschung hinabzusteigen oder eher zu rutschen. Nun habe ich jede Orientierung verloren und bin mitten im Dickicht gelandet.

Den Wildwechsel erahne ich nur noch vage und trete bald schon auf weichen Grund, die Vegetation wird niedriger, ich sehe das Wasser glitzern, vor mir liegt der Altarm. Er hat sich in einen geheimen Ort verwandelt, ein Wall aus Weiden und ein Dickicht aus Brennnesseln schirmen ihn ab. Ein schmaler Wasserlauf, geschmückt mit Beeten aus weißen Blüten des Flutenden Hahnenfußes, der seine Köpfchen über das Wasser streckt, mit nickenden Ufergräsern und dem Himmel, der sich im stillen Lauf spiegelt. Die Blätter des Flutenden Hahnenfußes bewegen sich im Einklang mit dem Wasser, weil sie ihm keinen Widerstand entgegensetzen. Sie schweben und schwingen im Fluss. Daneben steht eine Forelle und sie macht mit wenigen, sparsamen Bewegungen ihrer Schwanzflosse den Eindruck der Strömung zunichte. Das Wasser scheint still zu stehen, bis ein gelbes Blatt vorbeischwimmt und mit einem Mal die Bewegung offenbart, die hier eigentlich vorherrscht. Ohne ihre perfekte Anpassung wären Hahnenfuß und Forelle schon längst bei der nächsten Brücke angekommen.
Gerade wird die Abendsonne vom Wasser eingefangen und eine ziehende Wolke spiegelt sich hell. Es ist still. Das Muster der blühenden Inseln aus Hahnenfuß durchbricht den Lauf des Altarms und bildet Bögen, es entsteht ein Rhythmus, eine Schwingung. In den Mustern erkenne ich die Gestaltungskraft des Wassers, die alles verwandelt, sodass eine Harmonie entsteht, deren Grundlage wir nicht verstehen. Ich fühle mich getröstet. Das Wasser wirken zu lassen bedeutet das Gegenteil von Zerstörung.

Die Regulierung eines Flusses

Von den alten Karten und dem Altarm angeregt studiere ich die Geschichte der Enns. Es gibt nur noch wenige Orte in Europa, wo man erahnen kann, wie eine nacheiszeitliche Sumpflandschaft einmal ausgesehen hat, das Ennstal gehörte bis zur Mitte des 19. Jahrhunderts dazu. Zwischen Schladming und dem Gesäuse „fließt die Enns durch eine Talebene von so geringem Fall, dass sich der wasserreiche Fluss durch vielfache Schlangenwindungen, in denen er manchmal fast wieder zu sich selbst zurückkehrt, seinen Weg suchen muss", so der Archäologe Johan Gabriel Seidl (1804–1875). Der Wasserspiegel lag im Fluss und im Tal so hoch, dass eine Entwässerung des Landes nicht möglich war, dementsprechend reichten Überschwemmungsflächen und Versumpfungen von einem Berghang über das gesamte Tal hinweg bis zum gegenüberliegenden Hang. Der teilweise zwei Kilometer breite Talboden war ein einziges großes Feuchtgebiet. Es wimmelte von Wildtieren und Vögeln — ein Archipel an Schotterinseln, Auwäldern, ausgedehnten Mooren, Sumpfwiesen und unterschiedlichen Uferanbrüchen. Ich stelle mir das Morgenrot in den ausgedehnten Gewässern vor und die Berge, die sich darin spiegeln. Die Rede war damals allerdings nicht von romantischen Morgenstimmungen mit dem Gesang von Tausenden Vögeln, die Rede war von Sumpffieber, Auswanderung, von katastrophalen Hochwässern und dem Untergang des Tales.

Paolo Rumiz schreibt in *Die Seele des Flusses* (2018) über den Po, den er mit Freunden auf Kanu, Barke und Segelboot befährt: „Der Po vor dem einzigartigen Hintergrund der Berggipfel hätte die beste Chance gehabt, zu einem Mythos zu werden, doch wo war der Mythos? ... Das Wasser entfaltete sich nicht in seiner natürlichen Grandiosität, es befand sich in Geiselhaft und wir mit ihm." Mit diesen Worten veranschaulicht er in aller Kürze die Situation der Alpenflüsse. In ihrer Geschichte brachten die letzten zwei Jahrhunderte schwierige Zeiten und sie werden in Zukunft nicht leichter. Ein Fluss soll in weiten Einzugsgebieten sein Wasser sammeln und im Wechsel von Hoch- und Niedrigwasser pendeln und atmen können. In den letzten 200 Jahren kam es zu einer systematischen Regulierung und Überformung der Alpenflüsse. Mäandrierende Gewässer wurden begradigt, büßten den größten Teil ihrer schlingenden Fließstrecke ein, sie wurde bis zu 80 Prozent reduziert. „Das Ausmaß verzweigter Flüsse hat sich in Österreich in der Zeitspanne von 1850 bis 2000 von fast 30 Prozent auf unter zwei Prozent verringert", so Susanne Muhar in dem umfassenden Werk *Flüsse der Alpen* (2019). Flüsse werden mit der Zeit eigentlich breiter und größer, aber in der Realität sind viele von ihnen vor allem eines geworden: kürzer. Die Enns ist ein Beispiel dafür.

Um die Abflussverhältnisse im Admonter Becken zu verbessern, erfolgte bereits 1824/25 die Aussprengung einer natürlichen Felsschwelle beim Eingang in das Gesäuse, damit wurde der Durchfluss beschleunigt und ein Rückstau verhindert. 1860 begann mit der „kaiserlichen Entschließung" zur Regulierung der Enns ein systematischer Kampf gegen die Überflutungen und die „Versumpfung" des Landes. Mithilfe von Durchstichen, Leitwerken und Buhnen wurde der Fluss begradigt und seine großen Schlingen abgetrennt. Bis 1929 sollten die Arbeiten dauern, um mit insgesamt 40 größeren und kleineren Durchstichen die Mäander der Enns zu kappen. Ihr Lauf wurde um 19 Kilometer verkürzt, die Wasserfläche von rund 600 Hektar auf rund 270 Hektar reduziert und die Vernetzung mit dem Umland abgeschnitten. Diese Maßnahmen erhöhten die Fließgeschwindigkeit, was eine Eintiefung zwischen 0,6 und 2,8 Meter zur Folge hatte. Über 3 600 Hektar an Sumpfland wurden entwässert und in weiterer Folge landwirtschaftlich genutzt. In der 1960 veröffentlichten Festschrift *100 Jahre Ennsregulierung* ist zu lesen: „Eine geregelte Wasserwirtschaft ist die Grundlage unseres Lebens ... In hundertjährigen Wasserbautätigkeit wurde eines unserer schönsten Ostalpentäler vor drohender Verwüstung gerettet und konnte im Laufe der Zeit durch Straßen und Eisenbahnen dem Verkehr und der Wirtschaft erschlossen werden." Aus heutiger Sicht wirken die Berichte dieses gewaltigen Vorhabens in Richtung des Fortschritts wie ein Feldzug gegen das Wasser.

„Ein geradliniger Fluss wird verrückt", schreibt Paolo Rumiz und meint damit, dass seine Kräfte sich zerstörerisch verändern können, sein Strom wird reißend, er nagt an den Ufern und er schenkt der Welt wenig, keine Jungfische, keine Inseln, keine Schotterbänke. Bei allen Errungenschaften der Flussregulierungen für die Wirtschaft und den Fortschritt wurde auf einen wesentlichen Teil des Systems vergessen: auf den Fluss. Wenn wir den Fluss und seine Vielfalt an Lebenssystemen in das Bild miteinbeziehen, dann gibt es neben den augenscheinlichen und manchmal kurzfristigen Gewinnern der Flussbegradigung eine ungeahnte Zahl an Verlierern. Es stellt sich daher die Frage, ob unser Umgang mit den Flüssen mit der Radikalität unserer Eingriffe ein weiser ist.

Die energiewirtschaftliche Nutzung

Die dynamische Kraft des Wassers brachte der menschlichen Kultur immense Vorteile. Archäologische Funde belegen, dass die Kraft des Wassers seit über 5000 Jahren genutzt wird. Wasserräder, Mühlen, Sägewerke, Holztrift und der Transport von Gütern und Menschen beruhen darauf. Seit dem Beginn des 20. Jahrhunderts wurde die Wasserkraft auch für die Stromerzeugung genutzt. Die dynamischen Kräfte des Wassers haben wir uns in vielfältigster Weise zunutze gemacht, deren Kehrseite, die Hochwasser und Überschwemmungen, bekämpfen wir mit riesigem Aufwand ohne gesicherten Erfolg.

In der zweiten Hälfte des 20. Jahrhunderts fanden massive Eingriffe durch die energiewirtschaftliche Nutzung in den Zubringern der Enns statt. Schwallbetrieb mit starken Schwankungen im Wasserstand, Stauraumspülungen und Wasserentnahme für Pistenbeschneiung ergeben in Summe eine enorme Belastung für das Ökosystem. Die Enns ist nicht mehr die ursprüngliche Enns, sondern ein Fluss mit vielen Problemen. „Man muss schon gezielt nach der gegenwärtigen Enns Ausschau halten", schreibt Daniel Kreiner 2013 in *Enns und Moor*, „um sie da und dort als domestizierten grünen Streifen ausfindig zu machen". Die ursprüngliche Fischbiomasse der steirischen Enns lag nach Expertenmeinung in den meisten Flussabschnitten in der Größenordnung von 300 bis 500 Kilogramm pro Hektar. Neue Daten zeigen, dass alle beprobten Abschnitte heute Werte unter 30 Kilogramm pro Hektar aufweisen. Auch wenn diese Zahlen nur Annäherungen darstellen, da in einem fließenden System die Angabe von absoluten Werten oft problematisch ist, so zeigen sie dennoch eine erschreckende Tendenz – die Enns ist ein Fluss ohne Leben geworden. Auch der Huchen ist aus der Oberen Enns schon seit den 1970er-Jahren praktisch verschwunden. Er steht als großer Räuber an der Spitze der Nahrungspyramide eines Flusses und damit ist sein Bestand aussagekräftig für den Zustand des Gewässers. Der Huchen ist in Österreich im Begriff auszusterben, denn im Vergleich zu seiner ursprünglichen Ausbreitung in über 145 Fließgewässern sind seine Bestände heute fast erloschen. Auch sein Mythos geht gerade verloren.
Das fließende Wesen des Gewässers mit seiner Vielfalt und seinem Reichtum an Organismen, mit seiner Verbindung zu Grundwasser und Landschaft, wurde zerstückelt und zerstört. Der Geschiebetransport hat sich stark verändert, die Auwälder entlang der Ufer wurden ausgedünnt, Wege und Straßenanlagen beengen den Uferraum, die Verbindungen zum Umland fehlen. Die negativen Auswirkungen der Wasserkraftwerke belasten und verändern die Flüsse zusätzlich zu den Regulierungen. Sie unterbrechen das Kontinuum, das ein Fluss darstellt. In Österreich existieren nur noch sieben größere Flüsse mit freien Fließstrecken über 50 Kilometer ohne Querbauwerke oder Kraftwerke. Die längste durchgehende Fließstrecke findet sich am Tiroler Inn mit 146 Kilometern Länge. Die zweitlängste Strecke mit etwa 103 Kilometern liegt an der Oberen Enns, gefolgt von Oberer Drau (85 km), Unterer Gail, Unterer Salzach, Oberer Mur und Unterer Gurk. Die „letzten Sieben" könnte man sie nennen, die in Teilabschnitten frei fließen können. Doch selbst diese Sieben stehen unter Druck, unseren immer weiter wachsenden Hunger an Energie zu stillen.

Wir nehmen uns von den Flüssen, bedienen uns und denken nicht an die Konsequenzen. Wasserkraft wird als grüne und erneuerbare Energiequelle beworben und hat in Österreich eine lange Tradition. 60 Prozent des Strombedarfs wird aus der Kraft des Wassers gewonnen. Über 5 200 Kraftwerke an Flüssen und Bächen sind dazu nötig und 100 weitere Anlagen sind laut WWF in Planung. Die energetische Nutzung des Wassers hat einen Preis: weniger als 17 Prozent der Fließstrecken sind frei von Hindernissen, weniger als 15 Prozent der Flussökosysteme sind intakt und nur ein Prozent wird von Auwäldern begleitet. Damit haben wir die Lebensadern der Landschaft ihrer vielfältigen Funktionen beraubt, sie werden zu Kanälen und Staubecken, die das Umfeld nicht mehr beleben, den regionalen Wasserkreislauf nicht unterstützen und das Grundwasser nicht mehr auffüllen können. Die Fließgewässer dieses Landes haben ihren Dienst erfüllt und mit dem hohen Preis ihrer Biodiversität bezahlt. Der grüne Strom wirkt sich negativ auf die Ökologie der Fließgewässer aus und dies wird in Zeiten von Starkniederschlägen und Dürreperioden noch verstärkt. In Italien mussten im Jahr 2022 sieben große Wasserkraftwerke vom Netz gehen, weil das Wasser fehlte. Hochwasser und Starkniederschläge lassen sich nur bedingt nutzen und fließen ab. Wasser ist kein Untertan. Auch wenn wir ihm seine Energie abzwingen und seine Kraft zu lenken versuchen, werden wir seine Dynamik nie wirklich kontrollieren. Vielleicht können die Worte von Viktor Schauberger in diesem Zusammenhang als Appell gelesen werden: „In erster Linie müsse jedoch die Technik einsehen, dass das Wasser nicht irgendetwas sei, das man, egal wie, behandeln könne — so als ob es tot wäre! Wasser sei nicht H_2O, sondern ein eigener lebendiger Organismus mit eigenen Gesetzen, die von Menschen zu respektieren sind."

Flussheiligtümer

74 Gewässer in Österreich wurden 1998 vom WWF und dem Lebensministerium als „Flussheiligtum" ausgewiesen. Die Intention der Ausweisung war die Erhaltung dieser ökologisch bedeutenden Flussstrecken. Die Auswahl erfolgte nach der Qualität der Lebensräume, dem Bestand von Auwäldern, dem Vorkommen von Leitarten oder der Lage in einem Großschutzgebiet. Gerade jetzt, wo ich das schreibe, soll eines der Flussheiligtümer, die Schwarze Sulm in der Weststeiermark, für ein Kraftwerksprojekt geopfert werden. Noch stürzt sie über Katarakte und mehrstufige Wasserfälle, noch rauscht ihr Wasser und besprüht mit seinem feinen Nebel die Schlucht. Noch kann dieser Fluss eine „Lebensader" genannt werden, ein von der Natur gegebenes, landschaftsbildendes Wesen — ein Flussheiligtum ist die Schwarze Sulm allerdings nur noch auf dem Papier. „Effektiver und endgültiger kann man die Heimat unserer Kinder und Kindeskinder nicht zerstören", formuliert dies der Schriftsteller und Schauspieler August Schmölzer deutlich und einprägsam. Menschen leiden an dem Verlust an Landschaft und an Naturgefühl, das uns naturnahe Gewässer vermitteln.

Gerade bin ich zwei Bäche abgewandert, die zur Zeit der Schneeschmelze ihren Weg in tosender Kraft suchen. Weiß schäumend stürzt sich das Wasser über die Felsen, es reichert sich mit Sauerstoff an und dringt mit seiner Fülle und seinem scheinbaren Überfluss

in alle Poren der Ufer. Bäume und Wald werden befeuchtet, die Speicher gefüllt, das nötige Wasser für den Austrieb der Blätter, für den Gang des heißer werdenden Jahres im Boden gespeichert. Nur mit diesem scheinbaren Überfluss des Frühlings kann der Wald die Hitzetage des Sommers überstehen. Er muss sich satt trinken können. Wenn wir Bächen und Flüssen diesen Überschuss nehmen, schwächen wir den Wasserkreislauf, verlängern wir die Durststrecken des Sommers und reduzieren das Grundwasser. Wir nehmen unseren Kindern nicht nur die Möglichkeit, Natur zu erleben und ein Gefühl für ihr Zuhause in ihr zu entwickeln, sondern wir nehmen ihnen auch vitale Wälder und schlimmer noch, eine gesicherte Trinkwasserversorgung in einer heißer werdenden Zukunft. Noch ist nicht entschieden, wie es mit den letzten freien Flüssen weitergehen soll: Der Ausbau der Wasserkraft oder weitere Revitalisierungsprojekte. Die Flüsse stehen an einem Scheideweg und diesmal habe ich das Gefühl — wir mit ihnen.

Vergessenes Land am Strom

Nur noch dort, wo die alten Muster der ehemaligen Flusslandschaften noch teilweise vorhanden sind, finden wir heute artenreiche Feuchtlebensräume oder Auwaldreste, ein Erbe alter Sumpflandschaften. Überall, wo sich Fließgewässer frei entfalten können, werden sie vom Wald begleitet. Das Wasser baut sich seinen Schatten auf, indem es die Bäume mit lebenspendendem Wasser versorgt, manchmal im Überfluss durch Überschwemmungen, manchmal auch reißend und gewaltig, wie bei den Wildwasserstrecken. Das Leben der Bäume, die am Wasser gedeihen, hat sich an diese Bedingungen angepasst. Wald und Wasser bilden eine uralte Einheit, sie gehören zusammen und nirgendwo kann dies besser studiert und verstanden werden als in den Auwäldern. In der Abfolge von Harter und Weicher Au mit unterschiedlichen Pflanzengemeinschaften sind Auwälder bestmöglich auf Hochwasser eingestellt. In der Harten Au wachsen Bäume mit hartem Holz wie Eiche, Ahorn, Esche und Linde. Die Harte Au wird weniger oft überschwemmt und bildet den trockeneren Teil der Waldgesellschaft. In der Weichen Au herrschen Weiden, Pappeln und Erlen mit weicherem Holz vor. Dort verändern und beeinflussen Überschwemmungen regelmäßig den Lebensraum. Wenn ein Hochwasser den Auwald überflutet, fließt es in der Folge nur langsam und zeitverzögert ab. Die flussbegleitenden Auwälder sind daher von unschätzbarem Wert, dennoch wurden gerade diese Lebensräume im Lauf der letzten Jahrhunderte großflächig verändert, gestört oder vernichtet. Besonders in den Mittel- und Unterläufen der Flüsse Österreichs sind die Auen um bis zu 90 Prozent reduziert worden. Die übliche Praxis der Trennung der Gewässersysteme von ihrem Umland wird in Bezug auf die Auwälder besonders deutlich, mit vielen negativen Auswirkungen. Die vielfältige Tier- und Pflanzenwelt der Auen gilt als gefährdet und viele Arten werden in den Roten Listen geführt. Der Wasseraustausch mit dem Umland wird unterbunden, dadurch werden Selbstreinigungskräfte, Grundwasserneubildung und Trinkwasserspeicherung vermindert. Geschiebe und Schlamm werden nicht mehr abgelagert, sondern flussabwärts transportiert. Auwälder, die vergessenen Regenwälder Mitteleuropas, weisen in der öffentlichen Wahrnehmung nicht den Stellenwert auf, der ihnen zusteht.

Ich besuche einen Aufweitungsbereich an der Enns, wo durch die Entfernung der Steinsicherungen und die Absenkung der Ufer Auwaldflächen wieder mit dem Fluss vernetzt wurden. Umgefallene Baumstämme, Schlingpflanzen, dichtes Weidengebüsch und kleine Tümpel unterscheiden dieses Waldstück deutlich von anderen Wäldern. Schon beim Betreten übertönen die Stimmen der Vögel alle anderen Geräusche, nur leise rauscht der Fluss. Unter den tief gefurchten Stämmen der Weidenbäume breitet sich ein blühender Teppich aus weißen Busch-Windröschen, Gelben Windröschen und Wald-Sauerklee aus. Noch ist der Blattaustrieb nicht erfolgt, doch über allen Zweigen hängt ein grüner Schleier. An einem holen Ast trommelt der Buntspecht, trocken hallt es über den Wald, überall zwitschert und jubiliert es, mit geschlossenen Augen lausche ich in das Weben dieses Frühlingstages. Im Auwald ist er zuhause, hier kann er sich ungestört entfalten.
Zum Schluss meiner Wanderung komme ich zu einer kleinen Insel mit einem Dickicht aus Weidengebüschen. Ein umgefallener Ast erregt meine Aufmerksamkeit und da sehe ich sie, die Spuren des Tieres, das zu den typischen Bewohnern der Weichen Au zählt und diesen Lebensraum durch seine „Baumfällungen" maßgeblich gestaltet. Ein Hinweis für das Vorhandensein des Bibers sind seine beeindruckenden Fraßspuren, deutliche Abschürfungen seiner großen Schneidezähne auf der Rinde oder angenagte Stämme in der Form einer Sanduhr, sowie die Biberrutschen, das sind seine Wege über eine Uferböschung in das Wasser, die mit der Zeit zu Rinnen werden.
Zurzeit werden Naturschutzprojekte in Millionenhöhe zur Revitalisierung an manchen großen Flüssen Europas durchgeführt. Auch hier, wo ich gerade die Biberspuren entdeckt habe, stand vor 12 Jahren ein Bagger. Das Wasser hat seine Spuren schon beim ersten Hochwasser getilgt und der Biber wird weiter daran arbeiten, dieses Land am Wasser zu gestalten. Durch die neu gewonnene Verbindung mit dem Fluss und seiner Dynamik wird der Auwald wieder zum Leben erweckt und der Frühling kann einziehen mit seinem Blumenteppich und dem hellgrünen Knospenschleier.

Meister der Flussbauwerke

Der Biber erschafft seine Dämme ohne offensichtliche Planung. Er baut nicht nur „planlos", er benötigt auch keine Maschinen und dennoch können seine Bauwerke einen Flusslauf aufstauen und umgestalten. Auf den ersten Blick sieht der Staudamm nach einer Totholzansammlung aus. Bei genauerer Betrachtung erkennt man, dass es sich nicht um zufällig angeschwemmtes Holz handelt, sondern um ein Bauwerk. Eigentlich ist es eine Burg. Für den Bau dieser Burg hat der Biber Stämme mit einem Durchmesser von bis zu 30 Zentimetern gefällt und mit Steinen am Boden verankert. In weiterer Folge wird das Grundgerüst mit Schlamm und kleineren Ästen, Wasserpflanzen und Blättern abgedichtet. An der Arbeit beteiligt sich die ganze Familie und manchmal sogar mehrere Generationen. Sobald eine Lücke im Damm aufbricht, wird mit der Reparatur begonnen. Die erstaunliche Leistung liegt jedoch nicht nur in der Schaffung des Dammes oder der Burg samt Wohnhöhle mitten im Wasser, sondern in der ökologischen Aufwertung des gesamten Gewässerabschnitts.

Biber bauen Dämme ausschließlich an kleineren Gewässern mit weniger als 70 Zentimeter Wassertiefe und einer Breite von sechs bis zehn Metern. Außerdem bevorzugt er Fließgewässer, die einen Gehölzsaum aufweisen. Die Biber vergrößern die Wasserfläche, erzeugen ein Mosaik aus Habitaten für Pionierarten am und im Gewässer, filtern das Wasser, verbessern seine Qualität, verlangsamen den Wasserabfluss (auch bei Hochwasser), fördern den lokalen Wasserkreislauf und die Grundwasserneubildung. Die Biodiversität an einem Fließgewässer, das der Biber umgestaltet hat, erhöht sich enorm. Er ist ein Ökosystemingenieur und Gestalter seines Lebensraumes, eine Fähigkeit, die sonst nur die Menschen für sich beanspruchen. Biber sind wirkliche Meister ihres Fachs, das zeigt ein 850 Meter langer Biberdamm in Alberta, Nordwestkanada, der bereits seit den 1970er-Jahren auf Satellitenbildern zu erkennen ist. Im Wasserbau könnte daher eigentlich die Devise lauten, „Überlassen wir es dem Biber!", doch das ist wahrscheinlich zu viel verlangt. Es wäre schon ein Erfolg, wenn wir sagen könnten, „wir lassen den Biber", wir akzeptieren ihn an unseren Gewässern, entgelten die Schäden, die er an angrenzenden Kulturen anrichtet, erkennen seine Leistungen für Gewässersysteme an und schützen seine Lebensräume.

In Nordamerika gab es einst bis zu 400 Millionen Biber. Bis zum Jahr 1900 war ihr Bestand auf etwa 100 000 Tiere geschrumpft. Drei Jahrhunderte lang hatte man sie wegen ihres Fells gejagt. In Großbritannien wurde der Biber bereits im 18. Jahrhundert ausgerottet, doch nun kehrt er zurück. Seit 2022 wird er dort wieder als heimische

Art gelistet und darf sich ausbreiten. Seine vielfältigen positiven Auswirkungen auf den Wasserhaushalt werden anerkannt. Zum Teil werden sie auch benötigt, denn nur 14 Prozent der Fließgewässer Großbritanniens sind in gutem ökologischem Zustand. Auch in Europa war der Biber fast vollständig verschwunden. In den 1970er-Jahren wurde in Österreich am Inn und an der Donau begonnen, die Population wieder aufzubauen. Heute wird der Bestand auf über 8 000 Individuen geschätzt. Der Großteil lebt in den Gewässern Ober- und Niederösterreichs. Die Ausbreitung des Bibers gilt als eine der wenigen Erfolgsgeschichten des Naturschutzes, begleitet jedoch von Konflikten mit Grundbesitzern und Anrainern der Gewässer. In Washington hat sich eine Gruppe von Umweltschützern dem Schutz des Bibers verpflichtet und einen preisgekrönten Film produziert, der über ein neues Paradigma im Umgang mit dem Land berichtet, über eine Partnerschaft mit der Natur und das alles mit der Hilfe des Bibers. The *Beaver Believers* sehen im Biber viel mehr als nur eine Tierart, er gilt ihnen als ein Schlüssel zum Management von Feuchtgebieten, die unter dem Einfluss des Klimawandels leiden und als Symbol für einen anderen Umgang mit der Natur. Ihr Credo: „All we have to do is let the beaver come home."

Flüsse schützen

Was ist ein wilder Fluss und wer hat je einen gesehen? Diese Frage stelle ich mir und sehe dabei die Bilder der Vjosa an. Sie wurde 2023 zum ersten Wildflussnational-

park Europas ernannt. Die Vjosa liegt in Südalbanien und der Nationalpark umfasst das Flussbett auf einer Länge von rund 190 Kilometern sowie die wichtigsten Nebenflüsse und Überschwemmungsgebiete innerhalb Albaniens. Ein gewundenes, sich schlängelndes Band, in mehrfachen Mäandern mit der Landschaft verflochten, unfragmentiert, ungezähmt und wild. Bis zu drei Kilometer breit erstreckt sich sein Bett mit gewaltigen Geröll- und Kiesbänken, mit mehr als 1 100 Pflanzen- und Tierarten, darunter viele bedroht und selten. Das ist ein Fluss, wie er sein sollte, wie er das Tal mit seinem freien Lauf in ein Band aus verschlungenen Mustern verwandelt, in ein Kaleidoskop der Nischen und Buchten. Ein Fluss, der in einem konstanten Prozess der Erneuerung pulsiert und einer der letzten Europas ist, der frei sein darf. Nicht zu Unrecht fragt die Tourismusministerin die Journalisten: Wieso ist dies der letzte wilde Fluss? Wo sind die anderen?

Außerhalb Europas wurden in den letzten Jahren Flüsse als juristische Personen anerkannt. Die indigene Bevölkerung Neuseelands, die Maoris, haben Jahrhunderte darum gekämpft, den Whanganui zu retten und erreichten schließlich eine Übereinkunft, die das Personenrecht des Flusses akzeptierte. In Kanada haben die First Nations der Innu den Mutehekau Shipu (Magpie River) im Jahr 2021 zur juristischen Person erklärt. Er verfügt dadurch über die Rechte, frei zu fließen, frei von Verschmutzung zu sein, seine Artenvielfalt zu erhalten — und zu klagen. Die Anerkennung von Flüssen als juristische Personen bedeutet ein grundlegendes Umdenken von der in westlichen Gesellschaften fest verankerten Idee, dass der Mensch die unbeschränkte Herrschaft über die Natur hat. Die Natur wird in Europa bisher nur als Rechtsobjekt definiert und als solches der Verfügungsmacht des Menschen — mehr oder weniger — ausgeliefert. Die Ansätze in Neuseeland und Kanada zeigen, dass ein Umdenken von einem anthropozentrisch ausgerichteten Weltbild hin zu einem ökozentrischen tatsächlich möglich ist und im Rechtssystem abgebildet werden kann. Die Berücksichtigung der Rechte der Natur würde eine fundamentale Änderung der Beziehung zu unserer Umwelt erreichen, die auf Verantwortung beruht statt auf Eigentumsrecht. Es ist an der Zeit, die letzten frei fließenden Flüsse zu schützen, ihr Ökosystem unangetastet zu lassen und ihren Mythos zu erhalten. Unsere Bestrebungen, die erneuerbaren Energien auszubauen, stoßen damit an ihre Grenzen. Wir werden uns auch in diesem Fall entscheiden müssen, ob wir mehr Strom oder den Schutz der letzten intakten Flusssysteme bevorzugen. Es sind Konflikte vorhersehbar und Fronten zu erahnen. Die Frage steht immer dringlicher vor uns: Wann ist es genug?

Wo alles beginnt

Ich habe mir den Ursprung und die Herkunft der Grimming für den Schluss aufgehoben. Die Frage „Woher kommst du?“ wage ich erst nach langer Zeit zu stellen, genau genommen nach einem Jahr. Ohne diese Frage und deren Beantwortung wäre ein Teil der Identität nicht geklärt. Die Frage nach Herkunft und Genese bringt mich weiter und tiefer im Verständnis einer Person — und eines Flusses.

Was gab es zu erfahren bei der Wanderung in die Berge, wo der Fluss seine Wasserströme sammelt? Ich weiß jetzt, dass die Farbe zu seinen Eigenheiten zählt, der Hauch von Türkis, der sich zu Smaragdgrün verdichtet, wenn das Wasser in Kolken zur Ruhe kommt. Er wird diese Farbe bis zur Mündung nicht ablegen, auf seinem Weg wird ihn der Farbglanz von Eis und Schneefeldern begleiten. Der Grimmingbach, dem mein Weg durch Wälder und Pestwurzfluren folgt, biegt in eine Schlucht ein und wird dort zum Gebirgsbach mit großen Felsblöcken und Geröll. Eingebettet am Fuß einer steilen Felswand liegt er frühmorgens noch im Schatten. In der Schlucht hängt die Feuchtigkeit des letzten Regens und der Atem des Baches steigt in Schwaden auf. Der Tau auf den Nadeln der Lärchen glänzt silbern, das Wasser zieht alles Licht an. Frauenschuh blüht am Wegrand und ein schwarzer Salamander tastet langsam nach diesem neuen Tag.
Die Feuchtigkeit ermöglicht ihnen das Leben zwischen den hellen Steinen, ohne das Wasser könnten sie nicht existieren, denn es kann heiß werden in der Schlucht. Kein Moos ist mehr auf den Felsen zu sehen, kein weiches, sandiges Ufer, nur noch Helligkeit, Felsen und glatt geschliffene Holzstämme, die im Spiel der Kräfte in Nischen gelandet sind und so aussehen, als wären sie immer schon dort gelegen. Die Schneeschmelze ist schon länger vorüber, in der Gestalt der Holzstämme kann ich ihr Tosen noch vernehmen.

Ich sehe kleine Scharten am Weg, wo Gerinne dem Bach zufließen, sehe eine Felswand, braun gefärbt von Algen, wo das Wasser wahrscheinlich bei starken Niederschlägen seinen Weg in die Schlucht findet, sehe die schmale Spur, wo der Bach sich teilt und in eine Kerbe des Berges abzweigt. Ich sehe alles auf einmal und doch nicht vollständig. Der Fluss, der hier noch als Bach bezeichnet wird, legt einen unbegreiflichen Weg zurück. Die Schichten und Kerben, die sein Wasser sammeln, gehen zurück in geologische Zeiten, die an einem hellen Sommertag unwirklich erscheinen. Sein Weg ist eine Entstehungsgeschichte, schmelzende Eismassen, Prozesse des Aushöhlens und der Erosion haben ihn geprägt. Sein Weg ist uralt, er kreuzt unser Zeitalter zwar, doch sein Fließen kommt aus anderen Zeiträumen. Sein Weg ist eine Ganzheit und bildet eine Gestalt, die wir nie vollständig erfassen, denn der Fluss wandelt sie ständig. Wir können sein strömendes Wesen, das mit dem ersten Tropfen beginnt, der einer Kerbe zufließt, nicht in seiner Gesamtheit verstehen. Etwas an ihm ist wild und frei, immer neu geboren und dennoch uralt. Später am Nachmittag liege ich in der hohen Wiese und bin so zufrieden wie schon lange nicht mehr — ich habe für einen kurzen Moment erfahren, was ein Fluss ist. Ein Fluss ist keine Linie auf der Landkarte, kein Strich in der Landschaft, sondern ein verzweigtes Netz, das wie die Wurzeln eines Baumes in das Land ragt und ein pulsierendes Leben führt.

Abends, wenn die Sonne ihr letztes Licht durch die Zweige schickt, leuchtet die Pfütze rosa, morgens hingegen glänzt silbern der Tau. Auf den Blättern der Pflanzen sammeln sich Tropfen und Tröpfchen, sie spiegeln eine morgenfrische Welt. Das Wasser bietet uns Einblicke in detailreiche Muster — vergänglich, belebend und schön.

Von kleinsten Gewässern, Tauperlen und Wassertröpfchen – dem Marginalen Beachtung schenken

5

In unserer Einfahrt breiten sich zwei Pfützen aus, die dem Regen noch ein, zwei Tage nach seinem Abklingen die Treue halten. Die größere wird jedes Jahr tiefer, die kleinere dafür größer. Dunkel und plattgedrückt ruhen die Blätter der Kastanie auf ihrem lehmigen Grund. Im Juni schwimmen die Blüten des Holunders auf der Wasseroberfläche und nachts badet die Kröte im Mondlicht. Der Boden der Pfützen ist schlammig, regnet es länger nicht, trocknen sie aus und wir sehen Sprünge und Risse an ihrem Grund. Bei der Heimkehr nach einer Reise zeigen sie uns den Wasserstand. Wir wissen, ob wir den Garten gießen müssen oder die Nacktschnecken das Gemüse dezimiert haben.

Das Lob der Pfützen oder Lacken, wie sie in Österreich heißen, kann gar nicht weit genug verbreitet werden, denn allerorts werden sie vernichtet. Ihr Untergang liegt in ihrer Bescheidenheit, niemand – außer Kindern – nimmt sie bewusst wahr und wenn sie uns auffallen, dann nur negativ: Autofahrer ärgern sich über die Vertiefungen in den Straßen und Fußgänger meiden den Gatsch und Matsch, der ihre Schuhe beschmutzt. Lautmalerisch werden die Pfützen damit in Verbindung gebracht. Diese Wörter veranschaulichen, was wir hören, wenn wir mit Gummistiefeln den lehmigen Grund einer Pfütze durchwaten. Es matscht und gatscht.
Welchem Umstand verdanken wir die unscheinbaren, stehenden Gewässer, die kurzlebig nach einem Regen auf Straßen und Wegen entstehen? Jede Pfütze befindet sich auf dichtem Untergrund, der das Wasser blockiert und am Versickern hindert. Sie deutet auf Erosion hin, irgendetwas oder irgendjemand hat eine Vertiefung geschaffen.

Bremsende Autos, grabende Tiere, Bäume, die im Traufbereich ihrer Krone das Wasser am Boden sammeln oder Fußgänger, deren Wege sich kreuzen. Eine erste kleine Vertiefung wird in der Folge weiter verdichtet, von Tieren zum Trinken aufgesucht, und mit der Zeit vergrößert sie sich. Auffallend ist, dass Pfützen selten ihren Platz wechseln.
Jeder Spaziergang nach einem längeren Regen bringt neue Erkenntnisse über eine Umgebung, die uns hinlänglich bekannt erscheint. Ich habe den Weg ins Dorf genommen, diesmal nicht zum Einkaufen, sondern auf der Suche nach Lacken. Die zwei in der Einfahrt begrüße ich wie alte Bekannte. Dort, wo der Asphalt beginnt, kündet eine weitere Lacke von den Lichtverhältnissen. Das Straßeneck liegt beständig im Schatten. Das dürfte im Winter zu Eisbildung und zum Bruch der Asphaltdecke geführt haben. Nun hält sich dort das Wasser und arbeitet weiter an den entstandenen Fugen. Bis die Straße repariert wird, trinken hier die Spatzen. Auf der Schotterstraße entstehen Vertiefungen, die nicht so leicht erklärbar sind. Eine Veränderung im Untergrund oder eine Delle, verursacht durch einen schweren Lkw. Im weichen Grund eines Feldweges hat ein Traktor in seiner Fahrspur eine tiefe Rinne hinterlassen, die das Wasser willig aufnimmt. Erstaunlich, wie viele kleine und kleinste Vertiefungen nach einem Regen kurzzeitig auftauchen und wie sie mit unterschiedlicher Geschwindigkeit wieder verschwinden.
Wer Kinder hat, wird den Wert von Pfützen neu entdecken, denn manchmal kommt man neben einer von ihnen dazu, mit der Nachbarin oder der Freundin in Ruhe ein Gespräch zu führen, während die Kinder selbstvergessen spielen, indem sie Schiffchen schwimmen lassen, Steine werfen oder einfach darin herumspringen. Der Gatsch und Matsch, der uns abschreckt, bereitet ihnen Freude. Das Wasser fasziniert Kinder, weil es ihnen antwortet. Ein kleiner Stein, in die Pfütze geworfen, erzeugt kreisförmige Wellen. Beim Durchlaufen spritzen die Fontänen auf, ein Holzstück wiederum schwebt auf der Oberfläche. Kinder begegnen einem Element, das wie das Feuer seinen eigenen Gesetzen folgt.
Von Pfützen können wir viel über die dynamischen Fähigkeiten des Wassers lernen. Es verändert seine Umgebung. Pfützen neigen dazu, immer größer zu werden. Gut für alles, was dort leben kann. Was passiert im Detail? Das stehende Wasser weicht den Untergrund zunehmend auf. Wird die Pfütze befahren oder laufen Tiere hindurch, spritzt schlammiges Wasser in die Höhe, der Untergrund wird weiter vertieft und Tonteilchen schwappen mit dem Wasser zurück in die Pfütze und dichten sie ab. Selbst wenn das Wasser an heißen Sommertagen rasch verdunstet, der nächste Regen füllt die Vertiefung wieder auf.

Pfützenleben

Und damit beginnt die Lacke nicht nur zu wachsen, sondern zu leben. Jede Wasserstelle, und sei sie auch noch so winzig, bildet einen eigenen Lebensbereich. Schon nach wenigen Stunden wird sie von mikroskopisch kleinen Organismen bevölkert: Bärtierchen, Rädertierchen, Pantoffeltierchen, Wimperntierchen und unzählige Kleinstformen der Krebstiere wie Wasserflöhe finden sich ein. Sie alle sind nur unter dem Mikroskop zu erkennen. Die Entdeckung dieser Lebensformen galt zu Beginn des 18. Jahrhunderts noch als eine Sensation. Heute, wo wir alle Möglichkeiten der

Vergrößerung und Analyse haben, denkt niemand daran, dass Pfützen ein Biotop darstellen. Ein Becher voll Pfütze sieht einfach nur aus wie schlammiges Wasser, in Wirklichkeit wimmelt es von Leben.

Bleibt eine Wasserstelle länger erhalten, transportieren Wind und Regen, vorbeiziehende Tiere oder Autoreifen weitere Sporen und Samen zur Lacke. Wasserläufer kommen angeflogen und Stechmücken finden sich ein. Die Larven der Stechmücken entwickeln sich je nach Temperatur innerhalb von wenigen Tagen oder mehreren Wochen, das Wasser in den seichten Vertiefungen erwärmt sich rasch und bietet damit eine Art Brutkasten. Pfützen sind den meisten Vögeln der Umgebung bekannt, sie rasten, baden und trinken dort. In naturnaher Umgebung finden sich sogar Gelbbauchunken ein. Wenn die Pfütze langsam austrocknet, verändern sich die Bedingungen und damit die Bewohner. Schmetterlinge besuchen den lehmigen Grund und saugen am feuchten Erdreich. Wimperntierchen bilden Trockenstadien aus, indem sie sich einkapseln, und Bakterien entwickeln Sporen, die in weiterer Folge vom Wind zur nächsten Pfütze verbreitet werden.

Pfützenbeobachtungen bieten noch ein weiteres Erlebnis. Wir lernen die optischen Eigenschaften von Wasser besser kennen. Betrachten wir die Wasseroberfläche aus einem senkrechten Blickwinkel, können wir unterschiedliche Dinge wahrnehmen. Wir sehen unser Spiegelbild, wir sehen gleichzeitig den Grund der Pfütze, vielleicht sehen wir auch Blätter oder Blüten, die auf dem Wasser treiben. Wir können je nach Fokussierung unserer Augen in der Pfütze einen Spiegel oder alles, was im Wasser schwebt oder an dessen Boden liegt, betrachten. Sobald wir uns aber entfernen, wird die Wasseroberfläche nur noch zum Spiegel, den Grund der Pfütze können wir nicht mehr erkennen. Das hängt mit dem Reflexionsvermögen von Wasser zusammen. Dieses nimmt bei einem flacheren Einfallswinkel zu, dabei wird das Licht an der Oberfläche fast vollständig reflektiert. Die glatte Wasseroberfläche der Pfützen fängt dadurch unerwartete Bilder ein und öffnet neue Horizonte. Der Himmel spiegelt sich auf der glatten Wasseroberfläche, die Wolken durchqueren sie und der Mond schwimmt darin.

In einem 2023 erschienenen Buch über *Die Wunderwelt der Pfützen* wird eine andere Form der Pfützenbeobachtung vorgestellt. Im englischen Ort Newcastle upon Tyne zeigte ein Live-Stream Menschen beim Überqueren einer großen Pfütze. Dabei offenbarten sich unterschiedliche Spielarten — vom vorsichtigen Zehenspitzengang über wagemutige Sprünge bis zu Scherzbolden, die mit einer Luftmatratze Späße machten. Die kreativen Lösungen im Umgang mit der großen Pfütze wiesen offenbar so viele spannende Facetten auf, dass über 20 000 Menschen den sechsstündigen Stream verfolgten. Diese Verspieltheit, die wir uns so selten erlauben, dürfte mit dem schottischen Sprichwort gemeint sein, wenn es heißt: „When life gives you a rainy day, play in the puddles."

Für Fotografen sind Pfützen aufregende Motive. Die Spiegelungen, die unerwarteten Perspektiven und das schillernde Licht — Pfützen sind fast so etwas wie das Kaninchenloch in dem Buch *Alice im Wunderland* von Lewis Carroll (1832–1898). Sie öffnen ein neues Fenster in die Landschaft und lassen uns erleben, wie das Wasser mit dem Licht spielt.

Pfützen haben jedoch noch weit mehr zu bieten. Diese kleinen Gewässer, die früher in ländlichen Regionen zur Grundausstattung von Wegen und Bauernhöfen zählten, sind für den Nestbau der Schwalben unersetzlich. Wenige Menschen wissen, dass der

Verlust der lehmigen Lacken, die uns so unnötig erscheinen, direkt mit dem Rückgang der Schwalben zu tun hat. Wer sich bislang immer noch nicht für Pfützen begeistern konnte, der denke zumindest an die Schwalben – faszinierende Flugkünstler und Symbol für den Sommer, der mehr als eine braucht. Mehl- und Rauchschwalben benötigen für ihren Nestbau feuchten Lehm und Pflanzenstängel. Über tausend kleine Lehmbatzen verarbeiten sie für ihre Nestkugeln, die sie als perfekte Lehmbaumeister, vom Regen geschützt, am liebsten unter die Dächer oder in offene Ställe setzen. Zwei Wochen dauert der Bau der Nester, die immer wieder am gleichen Ort angebracht werden, denn Schwalben kehren zu ihrem Nistplatz zurück, selbst wenn sich dieser negativ verändert hat. Sie bauen in ihrer Not Nester aus Sand und Erde, die möglicherweise abstürzen, weil sie nicht anhaften. Schwalben galten lange Zeit als Glücksboten, wurden in der Antike verehrt und durften sogar an Tempeln und Staatsgebäuden nisten. Klagen über Schwalbendreck an den Fassaden sind aus dieser Zeit nicht überliefert.

Pfützen schaffen, damit Schwalben fliegen

Ich stehe vor einer künstlich angelegten Pfütze, rund geformt, mit Steinen eingefasst und eindeutig nicht natürlichen Ursprungs. Warum ist es nötig, auf über 1 600 Meter Seehöhe künstliche Gatschlacken anzulegen? Die Antwort lautet, weil sogar in einem idyllischen Almgebiet bestehende Pfützen mit Schotter zugeschüttet werden. Dies hat Auswirkungen auf eine Mehlschwalbenkolonie, die an einem Gästehaus mit über 40 Nestern ihren traditionellen Sommerwohnsitz angelegt hat. Ohne Gatsch und Matsch kein Material für den Nestbau und ohne Nester keine Jungschwalben. Daher wurde eine ansässige Familie aktiv. Mit Schaufelarbeit und einigen Kübeln Lehm konnte eine Pfütze angelegt und zugleich verdichtet werden, weitere sollen folgen. Für den Bau der Nester sind lehmige Lacken nötig und die künstliche Pfütze scheint kein vollwertiger Ersatz zu sein, denn Beobachtungen zeigen, dass ein Teil der kugeligen Nester mit dem halbrunden Einschlupfloch zerfallen oder große Löcher aufweisen. Ein eindeutiges Zeichen, dass den Schwalben das passende Material fehlt. Es fällt nicht leicht, etwas künstlich nachzubilden, womit uns die Natur unbeabsichtigt und selbstverständlich versorgt. Wir gehen lang im Almdorf herum und suchen nach geeigneten Plätzen für Lacken. Wir versuchen, wie Schwalben zu denken und uns nach dem Wasser zu richten. Natürlich gelingt uns dies längst nicht so gut, wie es nach Vorgabe des Geländes vom Wasser und der Erde von selbst geschaffen wird — solange Menschen keinen Schotter darauf kippen.
Manchmal frage ich mich, wie lang der Weg ist, den wir zurücklegen müssen, um das zu verlernen, was wir als „normale und selbstverständliche" Naturzerstörung in uns gespeichert haben. Wir umrunden das Almdorf ein zweites Mal und diesmal blicke ich in den Himmel, folge den einzelnen, jungen Schwalben auf ihrem Flug, mit dem sie am Himmel eine Kalligraphie des Sommers zeichnen. Wir werden versuchen, weitere Lacken zu errichten. Die Familie erkennt mittlerweile die Spuren, die die Schwalben hinterlassen, wenn sie den Lehm von den Lacken aufnehmen. Zarte Abdrücke ihrer Schnäbel, Zeichen, an denen wir ablesen können, ob unser Projekt gelingt — verfasst in der Sprache der Glücksboten.

Was bewegt sich im Pfuhl?

Abseits von geschotterten Forststraßen bilden sich im Wald manchmal langlebige Pfützen in alten Fahrspuren. Das kühle Waldklima verzögert oder verhindert ihr Austrocknen. Dort ziehen Tierarten ein, die sich auf solche neu geschaffenen Kleingewässer spezialisiert haben. Dazu zählt eine Amphibienart, die sich gut beobachten lässt, daher wissen wir über ihre Verbreitung ein wenig besser Bescheid als über viele andere Organismen der Pfützen. Amphibien oder „Lurche", wie eine andere Bezeichnung lautet, führen ein Doppelleben. Die Larven atmen mit Kiemen und drängeln sich im Wasser, werden sie erwachsen, klettern sie an Land und atmen mit Lungen. Wissenschaftler vermuten, dass sie zu den ersten Lebewesen zählen, die begonnen haben, das Land zu erobern. In Österreich existieren 18 Amphibienarten, alle gelten als mehr oder weniger gefährdet. Ihre enge Verbindung zu und ihre Abhängigkeit vom Wasser macht sie zu den Indikatoren unseres Umgangs mit diesem Element.

Im Wald, dort wo der Schatten auf die Forststraße fällt, liegt eine große Pfütze, die den Weg mit ihrer glatten Fläche unterbricht. Im Wasser, das nach dem Regen eine schlammige Farbe hat, spiegeln sich die Baumkronen und mittendrin erscheint der Kopf eines kleinen Tieres. Beim Näherkommen verschwindet er. Das Tier taucht mit einer blitzschnellen Bewegung ab und wirbelt dabei Schlamm vom Grund der Pfütze auf. Die Wellen zeigen noch, wo es verschwunden ist. Etwas Geduld ist nötig, bis wieder eine Bewegung im Wasser das neuerliche Auftauchen ankündigt: Eine Gelbbauchunke schwebt fast reglos im Wasser, so als wäre nichts geschehen. Sie hat die Haltung einer entspannten Schwimmerin mit perfekter Beinstellung (und langen Flossen) ein-

genommen. Nur der Kopf mit den aufgewölbten Augen ragt über die Wasseroberfläche hinaus. Aus einer Perspektive knapp über dem Wasser betrachtet, wirkt sie wie ein Krokodil in Miniformat mit rundlicher Schnauze. Die warzige Haut der Unke hat die Farbe dunkler Walderde. Sie kann sich dem Gewässer anpassen und ein lehmiges Braun, Graubraun oder fast Schwarz aufweisen. Natürlich gilt es, ebenso den Bauch zu erwähnen, den ein harmloser Beobachter allerdings nie zu Gesicht bekommt. Dafür muss die Unke gefangen werden oder in Gefahr sein, dann zeigt sie das warnende Gelb, das in unregelmäßigen Mustern ihre Unterseite zu einem jeweiligen Unikat macht. In der Not scheidet sie ein giftiges Hautsekret ab. Daher empfiehlt es sich, diese Tiere nur aus der Nähe zu betrachten, aber nicht zu berühren.

Seit ich als Kind den *Räuber Hotzenplotz* von Otfried Preußler (1923–2013) gelesen habe, bin ich begeistert, wenn ich eine Unke entdecke. Sie erinnert mich an die verzauberte Fee, die in einem Unkenpfuhl lebt und mit ihrer Weisheit allen bösen Zauber bricht. Das Wort „Pfuhl", altmodisch und kaum mehr verwendet, beschreibt einen schattigen Ort, eine lehmige, etwas unheimliche Wasserstelle und ist außerdem eine Metapher für Sünde und allerlei Schmutziges. Es ist Ottfried Preußler dafür zu danken, dass er den Unkenpfuhl zu einem Ort der Verwandlung und die Unke zur lichten Hauptfigur in seinem Kinderbuch erkoren hat. Damit hat er die alten Bilder von Sünde und Schmutz hinter sich gelassen. Vielleicht faszinierte den Schriftsteller die bemerkenswerte Eigenschaft der Unke, nicht sofort zu flüchten, wenn man sich vorsichtig nähert. Manchmal gelingt das, was bei den wenigsten Tieren glückt — ein Blick in ihre Augen. Dabei fällt etwas Besonderes auf: Die Pupillen sind herzförmig und goldumrandet. Es könnten durchaus Feenaugen sein.

Die Gelbbauchunke hat sich auf unbeständige Wasserstellen und neu entstandene Kleingewässer spezialisiert. Sie gehört zu den unsteten Wanderwesen, die im Sommer nach einem langen Winterschlaf kleine Gewässer suchen. Sie nehmen jede neue Wasserstelle an, Hauptsache dort leben keine Fische, die zu den Fressfeinden der Kaulquappen zählen. Hat ein Männchen einmal ein geeignetes Wasserreich gefunden, beginnt es zu rufen. Unablässig und sehnsuchtsvoll, ein dunkler melodischer Klang, der sich in eigenem Rhythmus wiederholt. Unkenrufe werden als klagend und melancholisch beschrieben. Zusätzlich markiert das Männchen mit dem Schlagen der Hinterbeine und einem daraus entstehenden Wellenmuster sein Revier. Findet ein Weibchen den Weg zu dem Gewässer, wird es bis zu zwei Tage lang vom Männchen mit einem Hüftklammergriff festgehalten. Daher können Unkenpaare oft in dieser Umklammerung beobachtet werden. Es gehört offenbar zur Natur der Unken, sich entweder blitzschnell oder fast gar nicht zu bewegen. Der Laich wird in Klümpchen mit jeweils bis zu 30 Eiern an Wasserpflanzen geheftet. Danach sollte der Wasserstand bis zu acht Wochen in der Pfütze annähernd erhalten bleiben, damit sich die Kaulquappen entwickeln können. Inzwischen sind die Elterntiere wahrscheinlich schon weitergewandert, bis zu fünf Kilometer wurden bei diesen Streifzügen dokumentiert. Wie die Tiere die kleinen Wasserstellen finden, wie sie Wanderungen über Straßen und durch ausgedehnte Siedlungsgebiete überleben und wie sie ein Alter von bis zu 15 Jahren in einer immer intensiver genutzten Kulturlandschaft erreichen, zählt zu den Rätseln der Unkenwelt. Es ist kein Unkenruf, wenn wir von einer starken Gefährdung dieser Tiere sprechen.

Inzwischen ist ein großer Geländewagen durch die Lacke im Wald gefahren. Von der Unke fehlt jede Spur. Da er das Wasser aufgewirbelt hat, fällt es schwer, sie zu entdecken, sie kann relativ lange abtauchen. Ich konnte auf die Seite treten, die Unke konnte das nicht. Ihr Instinkt hat ihr Überleben bislang gesichert, doch er warnt sie nicht vor den Dingen, mit denen wir neuerdings durch den Wald fahren. Die Unke im schattigen Pfuhl — hat sie kein Recht auf ein ungestörtes Dasein?

Insektenbrunnen oder Venusbecken – wenn Pflanzen Wasser sammeln

Zu den kleinsten Wasserstellen zählen Phytotelmen und Dendrotelmen. Diese Fachbegriffe geben ihnen einen wissenschaftlichen Anstrich und bedeuten so viel wie „Pflanzenpfützen" und „Baumpfützen". Wer denkt, dass dies wohl eine übertriebene Auffassung eines Gewässers sei, der irrt sich, denn diese kleinen Wasseransammlungen sind durchaus langlebig und bilden eine eigene Lebenswelt. Insgesamt wurden Hunderte Arten beschrieben, die in wassergefüllten Astlöchern oder an der Stammbasis alter Bäume (vor allem an Buchen) leben können. Für die Wissenschaft sind diese kleinsten Biotope von Interesse, da es sich um Systeme handelt, in denen verschiedene Organismengruppen zusammenleben: Wie entsteht ein Gleichgewicht? Wer verdrängt wen und was passiert, wenn sich eine neue Art ausbreitet? Fragen, deren Beantwortung auch für größere Systeme Gültigkeit haben. Neben wassergefüllten Baumhöhlen bietet die Karde, eine heimische Blütenpflanze, an der Basis ihrer verwachsenen Blätter eine winzige Wasserstelle an.

In unserem Garten wachsen zwei Arten von Karden. Sie teilen sich fein säuberlich den Raum. Außerhalb des Zaunes wächst die Schlitzblättrige Karde und innerhalb die Wilde Karde. Letztere blüht auffallend lila und ihre Stängelblätter sind ungeteilt. Aufrecht und mit Stacheln an ihrem Stängel ausgerüstet gehören die Karden zu den eindrucksvollen und wehrhaften Pflanzen des Gartens. Sie haben sich hier angesiedelt, seit wir ihre Samen vor über 20 Jahren unbeabsichtigt mit der Erde ausgebracht haben. Seitdem breiten sich jedes Jahr im Herbst große, runde Blattteller aus, die bereits den Platz für das kommende Jahr reservieren. Was innerhalb eines Sommers emporwächst, wird so groß wie ich.

Wir lassen sie gern gewähren, denn Karden zählen zu den interessanten Pflanzen. Heuer lehnt sich eine an die Regentonne an und ihre spitzen Stacheln piksen manchmal beim Wasserschöpfen. Dafür beobachten wir Schmetterlinge, die ausdauernd an den kleinen Blüten saugen, die auf dem stacheligen Köpfchen ringförmig von der Mitte aus nach oben und unten wandern. Gestern war es ein Marienkäfer, der — geschickt den einzelnen Stacheln ausweichend — seinen Weg im Zickzackkurs bis an die oberste Spitze erklomm. Die Karde schult die Aufmerksamkeit. Sie lässt mich nicht einfach vorbeigehen, damit ich noch schnell dies und das erledige. Stachelig und aufrecht hält sie mich zur Vorsicht an. Dieser kurze Moment bringt einen Augenblick des Innehaltens. Ich stehe vor ihr, von Angesicht zu Blütengesicht, und tauche den Finger in den kleinen Brunnen am Grund ihrer Blätter wie in ein Weihwasserbecken der Pflanzenwelt.

Diese kleine Wasseransammlung, die sich nach einem Regen in den unteren, zusammengewachsenen Blättern bildet, stellt eine Besonderheit der Karden dar. Das Wasser bleibt dort lange erhalten, so lange, dass bald schon Insekten darin schwimmen und ertrinken. Daher liegt die Vermutung nahe, dass diese freundliche Tränke auch eine Falle sein könnte und zusätzliche Nahrung in Form sich zersetzender Insekten liefert. Neuere Untersuchungen zeigen aber, dass dies nicht der Fall sein dürfte. Ganz anders die Theorie, dass diese kleinen Wasserbecken einen Schutz gegen flügellose Insekten darstellen, die diese Barriere nicht überwinden können, dazu zählen Ameisen und Blattläuse. Vielleicht stimmen alle diese Theorien nicht und wir werden nie erfahren, warum die Karden das Wasser sammeln. Eine völlig andere Sichtweise dürften Gelehrte in der Antike und dem Mittelalter gehabt haben, denn das Wasser der Karde galt ihnen als heilsam, als Labsal für Wanderer, daher der Name, *Dipsacus*, der sich vom griechischen Wort für Durst ableitet. In der mittelalterlichen Kräuterkunde wird in dem Wasser ein Schönheitsmittel gesehen und die zusammengewachsenen Blätter werden als „Venusbecken" bezeichnet. In jüngster Zeit hat sich die Karde hingegen als Mittel gegen Borreliose einen Namen gemacht. Wolf-Dieter Storl hat der Pflanze ein eigenes Buch gewidmet. Im Herbst, wenn die Karden verblühen, werden die Venusbecken langsam aufgelassen. Die Blätter biegen sich nach außen und vertrocknen. Dafür picken bunte Distelfinken die Samen aus dem trockenen Fruchtstand, der bei der Weberkarde, einer Kulturform der Karde, für das Aufrauen von Wollgewebe verwendet wurde.

Die Kleinstgewässer in den Venusbecken der Karde bieten einen Lebensbereich für Bakterien, Algen und Urtierchen. Sie gelangen als Sporen durch den Wind in die Phytotelmen. Flugfähige Insekten hingegen suchen die Karden gezielt auf und verbreiten so die Sporen weiter. Selbst wenn diese minimalen Wasseransammlungen kaum beachtenswert erscheinen, so dienen sie doch für kleine Wasserlebewesen als Trittsteinbiotop in der Landschaft. Vielleicht löschen sie den Durst — wie es der Name andeutet — von Wesen, deren Lebensweise und Herkunft uns unbekannt sind. Der Regen der letzten Nacht hat die Insektenbrunnen in unserem Garten wieder gut gefüllt, das Wasser ist klar und ich sehe Dinge darin schwimmen, die ich nicht zuordnen kann. Jedes einzelne Becken ein Lebensort voller Geheimnisse.

Morgentau – die Ernte der Nacht

Beim morgendlichen Gang durch den Garten ziehe ich eine grüne Spur durch den silbrigen Glanz des Grases. Ich zerstöre die kunstvolle Anordnung der Tauperlen. Dort, wo ich gegangen bin, wirkt das Gras nur noch nass und nicht mehr silbern. Neben meiner Spur funkeln kleine Tropfen auf allen Blättern, eindrucksvoll hängen sie an den Spinnennetzen und auffallend groß sammeln sie sich in jeder Vertiefung. Sobald die Sonne aufgeht, können wir zusehen, wie sich die Tropfen langsam in Luft auflösen, durchsichtig und kaum beachtet, aber dennoch – eine Gabe des Wassers, nicht zu unterschätzen und nicht zu vernachlässigen.

Der Morgentau besteht aus Tropfen und Tröpfchen, die sich durch die Abkühlung in klaren, windstillen Nächten bevorzugt auf Gräsern und Blättern ansammeln. In kühlen Nächten kondensiert der überschüssige Wasserdampf in der Luft und legt Tauperlen auf alles, was sich anbietet. Der Morgentau zeigt uns das vergängliche Antlitz des Wassers, bescheiden und unauffällig, aber dennoch lebensspendend. Wir verbinden ihn mit einem erfrischenden Gefühl an den Fußsohlen, wenn wir frühmorgens barfuß durch den Garten gehen oder mit einer lästigen Angelegenheit, die unsere Socken nässt. Für viele Pflanzen und Tiere stellt der Tau eine wesentliche Wasserquelle dar. Und dabei handelt es sich nicht nur um kleine Tiere. Auf den weitläufigen Almen des Karstplateaus des Toten Gebirges, wo es kaum Quellen und nur wenige Gewässer gibt, sorgt der Morgentau bei den Rindern für eine zusätzliche Wasserversorgung, das Gleiche gilt für Hasen oder Rehe. Bei vielen kleinen Lebewesen können wir davon ausgehen, dass sie im Sommer auf den morgendlichen Tau angewiesen sind. Auch Moosen und Flechten, die keine Wurzeln für die Wasseraufnahme besitzen, liefert der morgendliche Tau Feuchtigkeit. So tränkt er Pflanzen und Erde und bewirkt dies meist unbemerkt und ohne viel Aufhebens. Seine Wirkung ist bedeutender und essenzieller, als wir es uns vorstellen. Eine Welt ohne Tau wäre eine andere Welt.

Ich besuche vor Sonnenaufgang ein Feuchtgebiet, wo die Sibirische Schwertlilie wächst. Ein Fotograf hat mir dazu geraten, die Pflanze in den frühen Morgenstunden zu besuchen. Das Erlebnis bietet mir mehrfache Erkenntnisse. Die Wiese ist nicht feucht, sondern nass und meine Kleidung nach kurzer Zeit ebenso. Jede Oberfläche ist mit Tautröpfchen besetzt und in der Wiese scheint alles jede Menge an Oberfläche aufzuweisen: Die feingliedrigen Strukturen der Grasblüten mit ihren Verzweigungen von Ästchen zu Ästchen, alle Blattränder, alle Blatthaare- und härchen, alle Stängel, alle Spinnennetze und alle Grashüpfer sind mit Tau überzogen. Beim Betrachten der Fotos wird zudem offenkundig, wie filigran die Welt der Tautröpfchen ist. Die Blütenblätter der Schwertlilie sind mit feinen Tauperlen so dicht besetzt, dass jedes Blatt eine schimmernde Umrahmung erhält, fast so, als hätte jemand ihren Umriss sorgfältig mit kleinen Perlen bestickt.

Jede Pflanzenart weist eine unterschiedliche Oberflächenstruktur auf, um den Morgentau aufzufangen. Alle Zähnchen, Buchten, Kerben an den Blatträndern, alle Härchen, aber auch die Blattoberfläche spielen dabei eine Rolle. Ausgeprägte Taufänger sind in unseren Breiten die Lärchen, die mit ihren dünnen Nadeln nicht nur den Morgentau, sondern auch den Abendnebel einfangen. Manche Pflanzen entwickeln Strukturen, um die Tropfen zu sammeln, zu vergrößern und ab einer gewissen Größe am Stamm abzuleiten. Der Kohlrabi beispielsweise lässt Tautropfen entlang einer Rinne in der Mitte des Blattes abgleiten. Damit kann die Wasserversorgung bei geringem Niederschlag durchaus verbessert werden. Manche Blätter werden nur benetzt, sie glänzen feucht, andere sind wasserabweisend und auf ihren Blättern sind einzelne große Tropfen zu sehen, besonders eindrucksvoll kann das bei den Blättern der Seerosen beobachtet werden. Jede Wiese wirkt als effektiver Taufänger, solange sie nicht gemäht wird. In ihrer filigranen und vielschichtigen Struktur verfangen sich Abertausende Tropfen. Das kühlt den

Boden und hält die Feuchtigkeit in der Landschaft. Ein kühler Boden kann das Regenwasser besser aufnehmen und damit ein rasches Abfließen verhindern. Wenn auf einen Schlag viele Hektar Wiesen unter die Mähwerke kommen, wird die Landschaft daher nicht nur ärmer an Blumen, Insekten und Vögeln, sie wird auch wesentlich trockener.

Ein Spiegel für Frühaufsteherinnen

Zu den schönsten „Morgentaupflanzen" gehören die verschiedenen Arten des Frauenmantels. Sie sammeln nicht nur den Tau, sondern erzeugen Wasserkügelchen, die aufgereiht an den fein gezähnten Blatträndern sitzen wie kleine Perlen. An windstillen, taufeuchten Morgen können die Blätter so nahe am Boden kein Wasser verdunsten. Damit aber der Sog aus den Wurzeln und damit der Nährstofftransport erhalten bleibt, pumpen die Pflanzen stattdessen Wasser zu kleinen Öffnungen an den Blattspitzen. Diese sogenannten Guttationstropfen schimmern mit den kleineren Tauperlen auf den Blattflächen um die Wette. In der Vertiefung des Blattes, das eigentlich wie ein Trichter geformt ist, liegt meist ein einzelner großer Tropfen. In der Antike galt er als Spiegel der Göttin Venus, die damit zu den Frühaufsteherinnen gezählt werden kann.
Von den Alchemisten des Mittelalters leitet sich der lateinische Name *Alchemilla* für die Gattung der Frauenmantelarten ab. Für sie besaßen die morgendlichen Tropfen an den Blättern Zauberkräfte. Das „Himmelswasser" fand in geheimen Rezepturen seine Anwendung. Mittelalterliche Kräuterbücher priesen darüber hinaus die Wirkung der Tropfen zur Schönheitspflege der Haut. In den mantelförmigen Blättern sahen sie den Umhang Marias, der Schutz bietet. Dementsprechend galt und gilt die Pflanze als wichtiges Heilmittel für Frauen. Von seiner früheren Beachtung ist der Frauenmantel heute weit entfernt. Er versteckt sich bescheiden und unauffällig in artenreichen Wiesen und mageren Weiden, die allerdings immer seltener zu finden sind. Eine Pflanze der Morgenstunden, die das Wasser auffängt, ihm eine Schale bietet und es in seinem Kreislauf für eine Weile ruhen lässt — gerade lang genug, damit wir es bestaunen können.

Ein heißer Sommertag kündigt sich an, von den vielen Tauperlen fehlt jede Spur. Die Welt des Morgentaus bietet ein Gleichnis für die Vergänglichkeit aller Erscheinungen dieser Welt. Niemand hat dies besser zum Ausdruck gebracht als der japanische Haiku-Poet Kobayashi Issa (1763–1828). Er widmete dem Morgentau eine große Zahl an Haikus. Eines der bekanntesten schrieb er nach dem Tod seiner kleinen Tochter.

Diese Welt aus Tau
ist nur eine Welt aus Tau —
und doch, und doch ...

... ist sie die einzige, die wir haben — möchte man hinzufügen.

Traditionelle Methoden — Tau fangen und Wasser versprengen

Weltweit wird nach Möglichkeiten gesucht, trockene Regionen mit Wasser zu versorgen. Der Blick der Forscherinnen und Ingenieure wendet sich dabei zunehmend traditionellen Techniken zu. Schon in der Antike gab es Anlagen, die der Kühlung der Luft durch die Kondensation von Wasser dienten. Sogenannte Luftbrunnen förderten aber nicht nur die Kühlung von Gebäuden, sondern ebenso die Gewinnung von Wasser aus der Luft durch das Sammeln von Tau. Diese traditionellen Systeme werden heute in Form von außergewöhnlichen Wassersammelstellen nachempfunden. In Lima, Peru, wird neuerdings versucht, mit Hunderten Netzen das Wasser aus dem Nebel einzufangen. In Tunesien wollen Forscherinnen und Forscher vermehrt von Pflanzen lernen, wie der Tau am besten zu gewinnen ist. In Äthiopien wurde der Warka Tower entwickelt, ein Turm aus Netzen, der Tau, Nebel und Niederschlag einfangen soll. Im Mittelmeerraum werden Olivenbäume und Weinstöcke mit zusätzlichem Wasser versorgt, indem Kalksteine rund um den Stamm gelegt werden. Auf der großen Oberfläche der Steine fängt sich der Tau. Diese Projekte eint ihr Verständnis für die Gabe des Wassers, seine Umgebung zu befeuchten und zu kühlen.

Auf den ersten Blick scheint der japanische Brauch, Wasser vor den Hauseingängen zu versprengen, nur von marginaler Bedeutung zu sein. Uchimizu, eine Tradition aus dem 17. Jahrhundert, wird heute wiederbelebt. Dabei geht es darum, die Luft in den Hitzeinseln der Städte durch die Verdunstung von Wasser zu kühlen. Millionen Menschen sind dazu aufgerufen, unter der Einhaltung von hygienischen Bedingungen ihr Brauchwasser zu sammeln und auf den Straßen mit Eimer und Kelle zu verspritzen. Wissenschaftliche Untersuchungen zum Kühleffekt von Uchimizu lesen sich wie komplizierte Forschungsarbeiten. Der Effekt lässt sich schwer erfassen, manchmal versickert das Wasser schneller, als es verdunstet, manchmal sind die Oberflächen so heiß, dass der Kühlungseffekt nur gering ausfällt, manchmal jedoch, im Schatten von Bäumen, konnten durch die Praxis des Uchimizu beachtliche Temperaturunterschiede festgestellt werden (bis zu 8 Grad Celsius).
Normalerweise verschwindet das Brauchwasser in Abflussrohren und dunklen Kanälen, dort kann es seine Wirkung nicht mehr entfalten. In Tempeln und Gärten hingegen wird es wieder aufsteigen, die Pflanzen benetzen, die Pflaster dunkel färben, den Staub an die Erde binden und dem Abend seine Kühle schenken. Uchimizu bringt ein Verständnis der Gaben des Wassers, die sich entfalten, wenn es mit Erde und Luft in Verbindung kommt. Das rituelle Versprengen von Wassertröpfchen hat einen meditativen Charakter, es beruhigt die von der Hitze aufgewühlten Sinne und leitet zum Abend über — zur blauen Stunde.

Das Wasser lehrt uns, den kleinsten Dingen Bedeutung zu schenken: Ein Wasserbecken am Fuß einer alten Buche oder in den Blättern der Karde, die filigranen Kunstwerke aus Morgentau oder der einzelne große Tropfen in der Blatthülle des Frauenmantels — auf diese Weise lebt das Wasser seinen Kreislauf, so füllen sich die Quellen.

Kleine Stillgewässer
sind Meditationen,
spiegelgleiche
Wasserflächen, auf
denen der Wind
Muster formt und der
Regen Kreise malt.
Ihre Ufer sind dicht
gewebt und ihr Leben
pulsierend.
Sie finden im kleinsten
Garten einen Platz
und in der Landschaft
keinen mehr.

Stille Wasser – Tümpel, Teich und Weiher

6

Weil sie unbeachtet, wenig spektakulär und meist nicht geschützt sind, haben viele stehende Gewässer ihre Bedeutung in der Landschaft verloren. Wo liegt der nächste Weiher inmitten von Wiesen, wo der Tümpel im tiefen Schatten oder der Teich vor der Mühle? Es gab keinen langen Abschied, über Nacht war das kleine Gewässer verschwunden, zugeschüttet und aufgefüllt mit Bauschutt und anderen Dingen, die nicht legal sind. Nach und nach haben sich Frösche und Kröten verabschiedet. Molche und Unken waren davor schon geflohen, einsam jagen nur noch Libellen. So oder ähnlich liest sich die Geschichte vieler kleiner Stillgewässer. Es ist eine Geschichte des Verlusts. Aus der Schweiz beispielsweise liegen Daten vor, dass 90 Prozent der Feuchtgebiete in den letzten 140 Jahren verloren gegangen sind. Weltweit sind seit 1970 mehr als ein Drittel aller Feuchtgebiete vernichtet worden. Die Ursachen dafür sind vielfältig, liegen aber zumeist in einer veränderten Landnutzung und massiven Trockenlegungen.
Wir glauben nicht mehr an das Wasser und sein vielfältiges Leben in der Landschaft. Wir brauchen keine Tümpel, Teiche oder Sumpflandschaften, und was wir nicht brauchen, vermissen wir nicht. Angesichts der wachsenden Probleme, die ein gestörtes Klima mit sich bringt, werden die Auswirkungen von Dürre und Trockenheit in vielen Regionen deutlicher. Daher ist es an der Zeit, den Weg wieder zurückzugehen, die verpassten Abzweigungen aufzusuchen und dort zu graben, wo wir zugeschüttet haben. Es ist an der Zeit, Tümpel, Teich und Weiher zu schützen und, wo es möglich ist, neu anzulegen. Für manche Lebewesen der Stillgewässer ist es höchste Zeit, denn sie sind hochgradig gefährdet und viele Arten vom Aussterben bedroht.

Es ist es auch an der Zeit, uns wieder mit dem Wasser anzufreunden, und wo mag dies besser gelingen als an einem stillen Teich? Abends geht etwas von dem ruhigen Wasser aus, das einer kühlen Hand gleicht, die über eine erhitzte Stirn streicht. Während des Tages verbreitet sich eine schwirrende Geschäftigkeit. An einem Stillgewässer passiert alles zugleich. Es ist Jagdgebiet für smaragdene Libellen, bildet eine Oberfläche für Wasserläufer und ein Becken für Rückenschwimmer, dient als Kinderstube für vielerlei Wesen, bietet Beete für Seerosen und Hafenbuchten für Blattschiffchen.

In unserem Sprachgebrauch und unserer Namensgebung für kleine Stillgewässer herrscht eine Vielfalt und ein Durcheinander an Begrifflichkeit. Was der eine ein „Biotop" nennt, gilt für den anderen als „Teich". „Weiher", „Tümpel", „Sumpf", „Pfuhl", „Lacke", „Senke" oder einfach „Binnengewässer" beziehungsweise „kleiner See" vervollständigen das vielfältige Vokabular. Daher ist eine Begriffsbestimmung für die Beschreibung hilfreich. Zu unterscheiden sind vor allem natürlich entstandene Stillgewässer, dazu zählen alle Formen der Tümpel (zu denen Pfuhl, Senke und Lacke gehören) sowie Weiher. Weiher sind natürlich entstandene, großflächige und flache Stillgewässer. Sie unterscheiden sich von kleineren Seen dadurch, dass ihnen die Tiefenschicht fehlt. Das Licht dringt überall bis zum Grund vor und ermöglicht so ein reichhaltiges Wachstum an Wasserpflanzen. Teiche hingegen werden künstlich geschaffen und sind in vielfältiger Form zu finden, seien es große Teichanlagen, die an Seen erinnern, Fischteiche, Dorfteiche oder kleine Gartenteiche.

Wo das Wasser auf Land trifft

Stillgewässer und Landschaft existieren in wechselseitiger Verbindung: Entlang der Ufer breiten sich Feuchtwiesen mit seltenen Orchideen aus und reichen mit ihren Wurzeln in den anstehenden Wasserspiegel; Wasserpflanzen bilden einen Übergang vom tiefen Wasser zum Land; im Röhricht und Schilfdickicht nisten Vögel zwischen Wasser und Land und im Frühling ziehen Frösche, Kröten und Unken vom Land ins Wasser. Der kontinuierliche Übergang vom Wasser zum Land prägt jedes Stillgewässer. Manchmal als breiter Gürtel aus Großröhricht mit Schilf oder Rohrkolben ausgestattet, manchmal als schmaler Saum mit Ried- oder Sauergräsern ausgebildet, legt er sich wie eine schützende Einfassung um die Wasserfläche. Ein Ring aus aufrechten Gräsern, der eine schimmernde Wasserwelt einfasst. In der Landschaft bildet der Ufergürtel letzte Zonen der Wildnis, die sich jeglicher Nutzung entziehen. Der Schilfstreifen am Uferrand, der nicht gemäht werden kann, weil er schon im Wasser steht; die bogenförmigen Äste der Weidengehölze, die sich weit über das Wasser beugen oder der Streifen aus harten, schneidenden Seggen und Simsen, der undurchdringlich und wehrhaft das Ufer beschützt. Wasser und Land bilden in wechselseitigem Dialog einen Saum, der sich nach dem Wasserstand und der Steilheit des Ufers richtet.
Solche Lebensräume zu beobachten, kann Sommernachmittage füllen, wenn wir die Muße dazu haben und auch den dementsprechenden Teich: Eine Ringelnatter, die sich

am Ufer träge schlängelt und im Wasser eine erstaunliche Geschwindigkeit entwickelt, den Kopf immer ein wenig über die Wasseroberfläche streckend. Die leere Hülle oder Exuvie einer Großlibelle, die an einem Stängel hängt wie ein Geist. Ein Teichrohrsänger, der geschickt an den Halmen des Schilfs emporklettert, oder ein Grasfrosch, der abrupt abtaucht. Die Fülle der Eindrücke, die Vielfalt der Formen, Farben, Bewegungen und Stimmen ist kaum zu überbieten. Im Übergang vom Wasser zum Land zeigt sich das Leben in erstaunlicher Mannigfaltigkeit.
Überall, wo Menschen die Befestigung von Uferzonen als nötig erachten und senkrechte Verbauungen oder Mauern eingesetzt werden, reduziert sich die natürliche Vielfalt tiefgreifend. Viele befestigte Ufer zeigen uns, dass die Auseinandersetzung mit dem Wasser eine harte Grenze entstehen ließ, die nicht als Bindeglied, sondern als Trennung fungiert. Hier prallt das Wasser an grob geschlichtete Steinmauern, manche sogar ohne Ritzen und Fugen in Beton verlegt. Algen und Moose zählen zu den wenigen Pflanzen, die an den Steinen gedeihen können. Diese Art von Ufer bildet kein Kontinuum, sondern eine Unterbrechung. Wann immer es möglich ist, sollten wir ein Ufer als Übergang gestalten und nicht als Barriere.

Wo das Wasser auf Land trifft, passieren auch die bedeutendsten Veränderungen, denn mit der Zeit wird das Land jeden Tümpel, Teich oder Weiher erobern. Je flacher das Ufer ist, desto rascher kann der Zugriff des Landes voranschreiten. Schwimmblattpflanzen breiten sich aus und Röhricht hält Einzug.

Das bewirkt eine Dynamik, die ein flaches Gewässer schon in wenigen Jahren in einen Sumpf verwandeln kann: Schilf wandert ein, Binsen und Seggen verkleinern die Wasserfläche zusätzlich und erste Inseln wachsen scheinbar aus dem Nichts, in absehbarer Zeit ist kein offenes Wasser mehr zu sehen. Nur große und tiefe Gewässer können sich dem Zugriff des Landes auf Dauer entziehen. Auch dort, wo Zu- und Abfluss die Nährstoffe und Sedimente minimieren oder die Gärtnerin und der Gärtner den Abtransport von abgestorbenen Pflanzenmaterial aus dem Gewässer vornehmen, kann die Verlandung hinausgezögert oder verhindert werden.

Die Warnung der Stillgewässer

Stehende Gewässer gleichen Familien, jede ein System für sich, jede einzigartig, aber dennoch vergleichbar. Und wie Familien können sie aus dem Gleichgewicht geraten. Etwas nimmt überhand und etwas anderes wird zurückgedrängt. Stehende Gewässer mit ihrer geringfügigen Wassererneuerung reagieren empfindlicher auf Belastungen als Fließgewässer. Ein Absenken des Grundwasserspiegels durch Wasserentnahme, der Eintrag von Dünger oder gar Schadstoffen sowie eine sommerliche Hitzewelle kann Stillgewässer zum Kippen bringen. Durch die Nährstoffeinträge (etwa durch abgestorbenes Pflanzenmaterial) wird das Wachstum von Algen gefördert. Ein dicker Teppich überzieht dann die Oberfläche des Gewässers. Damit gelangt kein Licht mehr zu den Organismen im Wasser und der Sauerstoff wird knapp. Die absterbenden Algen können nicht mehr

abgebaut werden, denn die Organismen bräuchten dazu Sauerstoff. Steigende Temperaturen beschleunigen diese Prozesse, da die Löslichkeit von Sauerstoff im Wasser mit höherer Temperatur abnimmt. Kaltes, bewegtes Wasser enthält mehr Sauerstoff. Der Algenschlamm beginnt zu faulen und ein entsprechender Geruch breitet sich aus, denn Methan und Schwefel entweichen. In dieser Phase kann sich das Gewässer nicht mehr selbst regenerieren, es ist gekippt und wer das beobachtet, erschrickt.

Ist das geschehen, kann das Gewässer von allein keinen stabilen Zustand mehr erreichen. Die längeren Hitzeperioden führen dazu, dass wir in Zukunft unsere Gewässer vor zusätzlichen Belastungen schützen müssen, um ihre Wasserqualität zu erhalten. Sie benötigen schattenspendenden Uferbewuchs, und der Düngeeintrag aus Nachbarflächen muss stark reduziert oder ganz eingestellt werden. Das Kippen eines Gewässers hat etwas Endgültiges, es ist der Gegensatz zu den Kräften der Selbstreinigung, Selbstregulation und Resilienz, die in natürlichen Systemen vorhanden sind. Stillgewässer zeigen im Kleinen, was im Großen gilt: Es gibt Grenzen der Belastbarkeit.

Stillgewässer erschrecken uns nicht nur, wenn sie kippen, sondern manchmal, wenn wir beobachten, wie eine Ringelnatter die Kaulquappen dezimiert oder räuberische Libellenlarven und Gelbrandkäfer — fast wollte ich schon schreiben — „ihr Unwesen treiben", indem sie alles fressen, was in ihre Greif- und Beißwerkzeuge gerät. Was wir als „Unwesen" bezeichnen, gehört aber zu den elementaren Lebenskreisläufen und es ist im Gegenteil ihr eigentliches Wesen, das die räuberisch lebenden Tiere ausüben. In dem 1782 veröffentlichten Fragment über die Natur, dessen Autorenschaft Johann Wolfgang von Goethe (1749–1832) zugeschrieben wird, steht ein Satz, der mich immer wieder zum Nachdenken anregt, wenn Be- und Verurteilungen natürlicher Kreisläufe mich bedrängen. Er schreibt über Natur: „Leben ist ihre schönste Erfindung, und der Tod ist ihr Kunstgriff, viel Leben zu haben." In der überschaubaren Welt eines kleinen Gewässers erscheint dieser „Kunstgriff" dichter und näher, deshalb erkennen (und beurteilen) wir das Geschehen. In der Landschaft vermeiden wir es, diese Spuren zu sehen, unsere eigene Rolle wird erfolgreich verdrängt. Dass auch wir in den Kreislauf von Leben und Tod eingebunden sind, wollen wir am wenigsten wahrhaben. Dennoch, so lautet es in dem Fragment: „Ungebeten und ungewarnt nimmt sie [die Natur] uns in den Kreislauf ihres Tanzes auf ..." Am Teich gelingt es, wenn auch ungebeten und ungewarnt, diesen Tanz zu beobachten.

Der Weiher — voller Licht und ohne Tiefe

Ich kann mich glücklich schätzen, dass in meiner Umgebung noch eine Vielfalt an Stillgewässern zu finden ist: neu angelegte Teiche in großer Zahl, alte Tümpel im Flusstal und ein großer Weiher. Am nächsten gelegen und weithin sichtbar ist Letzterer. Wie ein großer Spiegel liegt er inmitten der grünen Wiesen, die bis zum Waldrand ziehen. Im Frühjahr schmückt ihn ein blühender Pflanzenteppich und im Frühsommer breitet sich die Sibirische Schwertlilie an seinen Rändern aus. Nur die tiefsten Stellen halten das Wasser auch über den Sommer und dort wachsen schlanke, hohe Teichbinsen.

Wahrscheinlich dürfte ich das Gewässer nur noch „Tümpel" nennen, die Leute hier sagen überhaupt „Lacke" dazu, doch seine hoffnungsvolle Ausdehnung im Frühling und sein offensichtliches Potenzial machen ihn für mich zum Weiher. Manchmal ist es die Vision, die den Namen prägt. Weiher unterscheiden sich von Tümpeln dadurch, dass sie ganzjährig Wasser halten und von kleineren Seen durch die fehlende Tiefenschicht mit mehr als zwei Metern Wassertiefe. Das Licht dringt daher bei einem Weiher bis zum Grund vor und ermöglicht so ein reichhaltiges Wachstum an Wasserpflanzen.
Es ist die Weite, die den Weiher so anziehend macht, nicht nur für mich, auch Stockenten landen dort gern und Molche durchtauchen ihn. Bis auf eine malerische Gruppe an Grauerlen liegen die Ufer offen und sanft geneigt da. Manchmal, wenn der Regen mit der Schneeschmelze um die Wette strömt, ragt das Wasser weit hinaus auf die angrenzenden Wiesen und bietet sich als Retentionsraum an, ein Raum, der dem schmelzenden Schnee Platz bietet. Kein schönes Wort für ein ästhetisches Erlebnis, denn in der großen Wasserfläche spiegelt sich mit den ersten Sonnenstrahlen der hohe Berg im Hintergrund mit seinem schneebedeckten Grat, während die Enten plantschen und die Frösche knurren. Ein Geräusch des wiedererwachenden Lebens im Frühjahr, das mich fast jeden Tag zum Weiher lockt.
Ich höre die Frösche lange, bevor ich sie sehe. Das Geräusch erinnert an das Brummen eines Motors – oder vielleicht würden Löwen in dieser Lautstärke schnurren? Das Knurren erzeugt ein Vibrieren, das mich erfasst. Obwohl es nicht an mich gerichtet ist, spüre ich es in der Magengrube. Wenn ich mich nähere, sehe ich einen Tumult im Wasser, es quirlt und rumort, doch sobald ich zu nahe komme, ist der ganze Zauber vorbei.

Es wird mit einem Schlag still. Alle Frösche sind abgetaucht. Erst nach einiger Zeit erscheint ein Kopf zwischen den langen Gräsern, dann ein zweiter. Die Augen ragen über die Wasseroberfläche hinaus und ich fühle mich genau betrachtet, wenn nicht sogar angestarrt von goldenen Augen. Die kleinste Bewegung von mir veranlasst die Frösche sofort wieder unterzutauchen. Danach heißt es erneut warten. Vor mir sehe ich Laichballen im Wasser schweben, sie wurden auf Blättern der Seggen abgelegt, die wie ein eleganter Vorhang aus langen Haaren im Wasser schwingen. Neben den Laichballen der Grasfrösche ist auch die Perlenschnur einer Kröte zu sehen, die ihre Eier in Ketten ablegt und nicht in Ballen. Im Sitzen und Warten wird mir die feuchte Luft bewusst, der erdige Geruch nach dem ersten Regen dieses Frühjahrs. Das Wasser breitet sich aus und es kommt mir vor, als löse es sanft und beständig die Erstarrungen des Winters. Gerade schiebt sich ein Sonnenstrahl durch die Wolken, beleuchtet die Gräser und erwärmt den Laich. Der Moment am Weiher hat die Aura einer Geburtsstunde, alles entwickelt sich aus einem innewohnenden Rhythmus und Gesetz.

Wenn das Froschjahr gelingt

Der Grasfrosch besiedelt große Teile Europas und ist in vielen Lebensräumen verbreitet. Er ist anpassungsfähig und seine Laichplätze sind erstaunlich variabel, sie reichen von wassergefüllten Fahrspuren über Gartenteiche und Seen bis zu langsam fließenden Bächen. Der flache, sonnige Weiher gehört zu den idealen Fortpflanzungsbiotopen, ihm verdanken wir die große Zahl an Amphibien, die heute noch in seinem Umland vorkommen. Der Weiher ist eine Wiege für Myriaden von Kaulquappen und eine Speisekammer für die Enten. Im Frühjahr sammeln sich an seinen seichten Ufern so viele Frösche, dass ihre „Laichteppiche" Ausmaße von mehreren Quadratmetern annehmen können. Es ist fast nicht mehr möglich, die einzelnen Ballen zu unterscheiden oder gar zu zählen. Danach beginnt ein Wettlauf mit der Zeit. Die Grasfrösche laichen immer an den flachsten und wärmsten Stellen des Ufers. Dort entwickelt sich zwar der Laich rascher, aber das Wasser verdunstet auch schneller und die vertrockneten Laichklumpen bilden einen traurigen Anblick am Ufer. Es sieht nach verlorenen Bemühungen aus, nach Verlust und Vergeudung, doch in der Fülle und im Überfluss der Laichballen ist der Ausfall schon einkalkuliert. Jedes Jahr beobachte ich diesen Wettlauf. Wenn er sich dramatisch zu Ungunsten der Frösche entwickelt, gibt es in diesem Jahr weniger Kaulquappen. Hierbei spielen die steigenden Temperaturen eine entscheidende Rolle und können die Bedingungen zu Ungunsten des Froschnachwuchses verändern. Minimale Abweichungen mit deutlichen Auswirkungen. Die Zukunft des Weihers und die Zukunft der Frösche hängt verkettet an dem seidenen Faden unserer eigenen Zukunft. Ich frage mich, welche Tragfähigkeit das Gewebe hat, das wir gerade fertigen?
Wenn das „Froschjahr" günstig verläuft, mit vielen regnerischen, aber dennoch milden Tagen, schlüpfen die Larven nach drei bis vier Wochen. Bei genauerem Hinsehen wuselt es von Tausenden Kaulquappen, die nicht größer als einen Zentimeter sind. Je nach Wassertemperatur vergehen circa drei Monate, bis sich aus ihnen kleine Frösche entwickeln. Die große Zahl an Kaulquappen wird schon im Wasser gründlich dezimiert.

Eine einzige Ringelnatter genügt, um einen Gartenteich leerzuräumen. An Land wird die Zahl der Tiere, für die der kleine Frosch einen Leckerbissen darstellt, noch größer. Was ein ausgewachsener Grasfrosch schon erlebt haben mag, würde wahrscheinlich einige Naturdokumentationen füllen. Im Herbst und Winter suchen die Grasfrösche ihre Überwinterungsplätze auf. Erdhöhlen oder der schlammige Grund von Gewässern dienen ihnen als Unterschlupf. Am Boden eines Gewässers sind sie sicher vor Fressfeinden. Indem sie ihre Körperfunktionen reduzieren, ist die Atmung über die Hautoberfläche während der Winterstarre ausreichend, ihre Bewegungsfähigkeit aber stark eingeschränkt. Sie können nicht flüchten. Die Auswahl des Verstecks ist daher entscheidend für ihr Überleben und ihre Wiederkehr im Frühling.
Geht es nach der Statistik, hat ein Grasfrosch nur eine geringe Chance zu überleben. In einem Gebiet mit vielen Straßen und in der Nähe von Siedlungen sinkt seine Überlebensrate weiter. Kein Wunder, dass er in Österreich und einigen deutschen Bundesländern als gefährdet gilt. Noch im letzten Jahrhundert waren in manchen Gegenden Frösche massenhaft in überschwemmten und feuchten Wiesen zu finden. Dort fielen im Frühjahr die Störche nach ihrem langen Flug aus den Winterquartieren ein, wie wir in eine gefüllte Speisekammer nach einer anstrengenden Wanderung. Wir haben die Speisekammer der Störche geleert und wünschen dennoch, dass „Adebar" uns Glück und Kinder bringen möge.
Heute finden sich Störche in den Marchauen noch in größerer Zahl ein. Wenn der Auwald überschwemmt wird, bietet er den Vögeln reichhaltige Nahrung. Im Nationalpark Neusiedler See kann man die Storchennester in Rust bewundern, wo im Frühling jährlich die größte Weißstorchkolonie des Burgenlandes einzieht und die Dächer des historischen Stadtkerns in Besitz nimmt. Nahrung finden die Vögel auf den ausgedehnten Feuchtwiesen und an den flachen Uferzonen des Sees.

Der Tümpel — alles andere als permanent

Wenn der Fluss ein Tal für sich hat, besitzt er auch jede Menge Tümpel. Wenn der Fluss den Platz hat, seine Schlingen zu ziehen, begleiten ihn flache Flutmulden, die sich periodisch mit Wasser füllen und im Lauf des Sommers austrocknen. In naturnahen Auwäldern und entlang von Flüssen, die ihre Mäander ausbilden können, finden sich diese Tümpel im Frühjahr in großer Zahl. Eis- und Schneeschmelze bringen Hochwasser, der Fluss dehnt sich aus und bei seinem Rückzug hinterlässt er sein Wasser in Senken und tieferen Mulden. Diese stehen mit dem Fluss in Verbindung. Fische, die dort nach einem Hochwasser gefangen sind, werden schon bald die Beute von Reihern oder Kormoranen, dafür können verschiedene Amphibien in den kleinen Tümpeln ein ungestörtes Dasein führen.
In einer alten Fluss-Schlinge, die längst begradigt wurde, hat sich in einem Schutzgebiet ein Retentionsraum erhalten, der mit Tümpeln noch reichhaltig ausgestattet ist. Im Frühling verwandeln sich die Flutmulden neben dem Fluss in dunkelgrüne Beete voll Bitterem Schaumkraut und in Kinderstuben für Kaulquappen. Das niedergedrückte Schilf zeigt die Spuren des letzten Hochwassers. Das nächste wird kommen, wenn die Schneeschmelze voll einsetzt.

In den Zweigen der Erlengebüsche hängen Plastikreste, die der Fluss mitgebracht hat. Es gibt keine Uferlandschaften mehr ohne diese Mitbringsel. Doch davon abgesehen liegt der Raum, den der Fluss vor langer Zeit geschaffen hat, unbeachtet und in vielen Teilen auch unzugänglich vor mir. Das Wasser füllt jede Mulde und in der Vielfalt der Nischen bilden sich die unterschiedlichsten Tümpel: schattige Wasserstellen neben dichtem Weidengestrüpp, seichte Senken, von Schilf durchzogen und von Wasserlinsen besiedelt, langsame Gräben, die immer wieder aufgestaut werden, von Totholz und Seggenhorsten umgeben. Es ist das Land der Tümpel und ihre Vielzahl ist nur im Frühling zu beobachten. Im Sommer bleiben nur wenige, tiefe Mulden mit Wasser gefüllt, ihr Wasserstand gleicht sich dem Fluss an, der dann ebenfalls tief steht. Es ist auch das Land der Graureiher, die hier eine kleine Kolonie bilden und mit schweren Flügelschlägen über das Tal ziehen.

Tümpel in Wiesen und Waldgebieten haben eine andere Entstehungsgeschichte und jeder seine eigene Wasserversorgung vorzuweisen. In den flachen Senken von Wiesen und Weiden kann sich bei dichtem Untergrund im Frühjahr Schmelzwasser ansammeln. Im Wald finden sich Tümpel in der Hohlform, die umgekippte Bäume nach einem Windwurf hinterlassen, wenn der gesamte Wurzelteller ausgehebelt wurde. Auch Überschwemmungen und Unwetter tragen zur Entstehung neuer Wasserstellen bei. Während alte Tümpel zuwachsen, entstehen zugleich neue. Allerdings nur dort, wo sich die Wasserwelt eines Landes dynamisch entwickeln kann — und wo ist das heute noch der Fall?

In einem vorrangig landwirtschaftlich genutzten Gebiet wird erschreckend deutlich, was fehlt: Tümpel, Senken und Lacken. Wir suchen nach der Gelbbauchunke, die früher hier verbreitet war. Wir hören keinen einzigen Unkenruf. Maisäcker wachsen dicht gepflanzt, Wiesen strecken sich nach der Mahd wie braune Brachfelder weithin aus. Kein Wasser in Sicht. Die Organismen der Gewässer benötigen den genetischen Austausch und dafür brauchen Stillgewässer eine Verbindung mit dem Gewässersystem einer Landschaft durch Trittsteine und Korridore. Alle gekappten Verbindungen bedeuten Isolation und Verarmung. Wir sollten die Landschaft einmal aus dem Blickwinkel der Wassertiere betrachten. Wo liegt der nächste kleine Tümpel, von der Sonne erwärmt, wo ein Gewässer mit einem flachen, breiten Uferstreifen, wo ein Bach, der immer wieder aus dem Ufer tritt und wo der Fluss, der neue Tümpel schafft? Nur wenn die Landkarte viele verschiedene Gewässer in ausreichender Verbindung aufweist, kann die Wasserwelt einer Landschaft lebendig pulsieren wie das Blut in unseren Adern — und Tiere wie die Gelbbauchunke überleben.

Woher kommt der grüne Teppich?

In einem Naturschutzgebiet ist die Oberfläche eines Tümpels von einem grünen Pflanzenteppich überzogen. Die Stockenten, die hier landen, fressen sich satt. Sie ziehen eine dunkle Wasserspur durch den schwimmenden Rasen, ihre Schnäbel mit Wasserlinsen verziert. Abends, wenn die Unke an Land krabbelt, trägt auch sie grünen Kopfschmuck. Die Wasserlinsen haben dieses Gewässer erobert. Die kleinen Pflanzen schweben und wurzeln im Wasser — und nicht am Gewässerboden. Luftgefüllte Hohlräume ermöglichen das Schwimmen der Blätter auf der Wasseroberfläche, die Wurzeln wirken wie der Kiel eines Bootes und stabilisieren die Pflanze. Wasserlinsen benötigen nährstoffreiche, besonnte Gewässer. An warmen Tagen vermehren sie sich mit atemberaubender Geschwindigkeit. So kann die Kleine Wasserlinse bei günstigen Bedingungen ihre Biomasse innerhalb eines Tages verdoppeln. Sie gilt als die am schnellsten wachsende Blütenpflanze. Die wenigsten Menschen haben sie aber je blühen gesehen, denn die Wasserlinsen vermehren sich hauptsächlich durch seitlich hervorwachsende Sprosse und werden durch Vögel oder andere Tiere zu neuen Gewässern verschleppt. In Gartenteichen können sie das Gewässer so stark abdecken, dass kein Licht mehr auf den Grund gelangt. Die Pflanzen sinken im Winter ab und tragen somit zur Verlandung bei. Wer das verhindern will, muss entweder Wasserlinsen abschöpfen oder das Wasser durch eine Pumpe oder einen Springbrunnen in Bewegung halten.

In Fischteichen oder in Gebieten mit Wasservögeln werden die Pflanzen auf natürliche Art und Weise regelmäßig reduziert. Ihr Proteingehalt und ihr Geschmack ist vergleichbar mit dem von Erbsen. Als Futter für Geflügel, Schweine und Fische, aber auch für die menschliche Ernährung werden Wasserlinsen in Südostasien schon lange aus stehenden Gewässern abgeschöpft. Angesichts der Klimakrise, die auch zu Ernährungskrisen führt, gerät die Wasserlinse als Eiweißlieferant gerade in den Fokus der Wissenschaft. Da die Pflanzen auch Schadstoffe aus den Gewässern filtern, ist ihr Einsatz noch nicht ausgereift. Dafür ist ihre Eignung zur Abwasserreinigung bereits erprobt. Neuere Forschungen zeigen, dass die Kleine Wasserlinse auch ein guter Indikator für verschiedene Arzneimittel in Gewässern sein könnte. So viel Potenzial in einer Pflanze von gerade einmal fünf Millimetern ist bemerkenswert. Die Enten scheinen das schon länger zu wissen.

Wenn Kinder spielen und Biologen planen

Eine Schulexkursion hat mir zu denken gegeben. In einem Feuchtgebiet nahe einem Fluss mit Wiesen, Gehölzen, kleinen Auwäldern und Tümpeln frage ich die Kinder, welchen Lebensraum sie am liebsten bewohnen würden. Fast alle wollen in den Tümpeln leben und ein Mädchen, das gern ein Biber wäre, hat vorgeschlagen, im Fluss Staudämme zu errichten, um die Tümpel zu vergrößern. Bald schon sind alle voller Begeisterung dabei, ein Wasserland zu planen. Was die Kinder sich an diesem Nachmittag ausdenken, ist eine Renaturierung der Tallandschaft in großem Stil, ein ökologisches Vorzeigeprojekt – und leider eine Fantasie. Die landwirtschaftlichen Nutzflächen zu überschwemmen, den Fluss frei fließen und den Biber arbeiten zu lassen, gehört nicht zu den Zielen der Grundbesitzer. Mit großen Augen sehen mich die Kinder an, als ich ihr Wasserland lobe. Sie denken, dass sie ja nur „gespielt" haben. Doch in Wirklichkeit haben sie nicht nur für Abwechslung und Abenteuer, sondern gleichzeitig für ökologische Vielfalt, für Korridore und Dynamik gesorgt.

Wie richtig sie damit liegen, zeigen die Ergebnisse großer Naturschutzprojekte, die sich der Renaturierung von Feuchtlebensräumen widmen. Dabei wird dem Wasser und seiner dynamischen Gestaltungskraft Spielraum gegeben und nicht anders als bei den Kindern entsteht ein „Durcheinander". So werden Lebensräume gebildet, die aus der zunehmenden Monotonie unserer Kultursteppe ausbrechen, die nicht nur zu trocken, sondern auch zu eintönig geworden ist. In den renaturierten Feuchtgebieten wechseln sich Flussaufweitungen und Tümpel, Schotterinseln, Totholzhaufen, flache Ufer und tiefe Kolke ab. Dort werden Naturerfahrungen möglich, die verschüttet in unserer eigenen Kindheit liegen. Bei mir sind es Glimmerschiefer am Grund eines Bergbaches mit goldenem Glanz und eingeschlossenen Granaten; das Geräusch von Schilf, wenn der Wind hindurchfährt; die großen Schalen der Teichmuschel oder der Geruch des Sees an einem endlosen Sommertag. Welche Erlebnisse ermöglichen wir unseren Kindern und wie werden ihre Erinnerungen einmal aussehen? Diese Überlegungen führen mich zu einem anderen Tümpel und einer weiteren Begegnung am Wasser.

Der Molch und das Mädchen

Ein Mann und ein Mädchen stehen am Ufer eines großen Karsttümpels, der sich alljährlich zur Zeit der Schneeschmelze füllt. Die beiden fallen mir schon von Weitem auf, sie starren ins Wasser, das sich in der flachen Senke großzügig ausbreitet. Bald sehe auch ich, was die beiden so fasziniert. Molche tauchen zwischen den Wasserpflanzen auf wie kleine Drachen. Der Tümpel beherbergt gleich mehrere Arten. Besonders eindrucksvoll ist der Alpen-Kammmolch. Dem Männchen wächst in der Paarungszeit ein Kamm und verleiht ihm ein unwirkliches Aussehen, wie einem Urtier aus den längst vergangenen Zeiten der Saurier. Seine Hautfarbe reicht von dunklem Grau bis Schwarz, nur der Bauch ist gefleckt und auffällig gefärbt, in Farbtönen von zitronengelb bis feuerrot. Der Kamm, den er trägt, setzt sich auch am Schwanz fort. Ohne Hochzeitskamm zeigt er nur einen bescheidenen Streifen am Rückgrat, der bei Weibchen und Jungtieren auch hell gefärbt sein kann. Jetzt stehen wir zu dritt am Tümpel und sehen den Molchen zu. Manchmal schweben sie im Wasser, alle viere von sich gestreckt, kurz darauf tauchen sie blitzschnell ab, legen ihre Beine eng an den Körper und bewegen sich mit kräftigen Bewegungen ihres Schwanzes fort.

Vater und Tochter besuchen diesen Tümpel, um das Schauspiel der Molche zu beobachten. Es hat etwas Verschwörerisches, wie die beiden einem Naturschauspiel Aufmerksamkeit schenken, das außer ihnen nicht viele Menschen wahrnehmen. Die erwachsenen Molche verstecken sich tagsüber unter Steinen oder Wurzeln, daher bekommen wir sie selten zu Gesicht. Nur zur Paarungszeit ist es leichter möglich, sie zu sehen. Molche leben als Larve bis zu drei Monate in den Gewässern. Die Kiemenbüschel seitlich des Kopfes unterscheiden sie erkennbar von den Kaulquappen der Frösche, Unken und Kröten.

In Österreich leben drei Arten des Kammmolches, überall gelten sie als gefährdet und sogar vom Aussterben bedroht. Warum das so ist, liegt an ihrer Anpassung an alte Gewässer, flache Weiher oder große Teiche und Tümpel, die keine Fische beherbergen.

Sie zählen zu den Schwimmern und Tauchern, die sich gern durch ein Gewirr an Wasserpflanzen bewegen und nicht zu den Pionieren, die auch in einer Lacke leben können. Idealerweise liegt ein passender Landlebensraum direkt angrenzend an das Gewässer und auch das ist heute immer seltener der Fall. Molche sind zwar geschützt, aber haben sie dadurch das Recht auf freie Wanderung, auf einen Verbund ihrer Lebensräume oder auf die Reduktion von Barrieren? Ich weiß diese Fragen nicht zu beantworten. Die Zerschneidung von Wanderrouten durch Straßen und Bauten hat unsere Landschaft überall erfasst. Wir wissen nichts von den heimlichen Wegen, den jahrtausendealten Pfaden, die unser Land durchziehen. Die Wege des Wassers und die Routen der Tiere sind eng verbunden. Das Mindeste wären Bemühungen, Korridore entlang von Gewässern zu erhalten, Lebensräume durch Raine und Hecken zu vernetzen und Gärten naturnahe zu gestalten.

Molche leben räuberisch, sie verzehren ausschließlich tierische Kost und alles, was kleiner ist als sie selbst, kann zur Beute werden. Im Garten können sie hilfreich sein bei der Reduktion der Nacktschnecken. Wir könnten ihre Hilfe gut gebrauchen. Ich denke an den Vater, der mit seiner Tochter über eine Stunde weit fährt, um ihr das Schauspiel der Molche zu zeigen. Er knüpft dabei ein Band zu ihr und zur Natur. Warum ist es so viel schwieriger, solch ein Band zu knüpfen, als es zu zerschneiden? Denn das bedeutet es, wenn wir ohne Rücksichtnahme Natur verbauen.

Der Teich — aufgestaut oder gegraben

Das Wort „Teich" zeigt in seiner Verwandtschaft zum Deich (Damm) die Arbeit, die früher händisch und heute mit schwerem Gerät verrichtet werden muss, um die Mulden und Vertiefungen zu schaffen, die das Wasser in weiterer Folge füllen soll. Teiche in der Landschaft neu anzulegen bildet meist nur auf den Listen von Naturschutzorganisationen eine Priorität. Ich habe das Glück, inmitten einer solchen „Prioritätenliste" zu wohnen. Im Zuge eines großen EU-Naturschutzprojektes wurden über 50 Teiche angelegt, die wir hier alle „Tümpel" nennen. Versteckt oder offen gelegen stellt jeder einzelne Teich seine Einmaligkeit unter Beweis. In einem Fall herrschen Algen vor, in einem anderen Rohrkolben, klares Wasser im tiefen Schatten, besonntes Algengrün oder blühende Teichrosen, jedes Gewässer bildet eine eigene wimmelnde Lebenswelt, die wie in den Kinderbüchern voller Suchrätsel steckt: Wo schlüpfen die Libellen, wo laichen die Grasfrösche, wo kreisen die Schwimmkäfer? Das Erstaunliche an diesen neu geschaffenen Stillgewässern ist ihre Eigenständigkeit, keine Pflanze wurde ein-, kein Frosch ausgesetzt, kein Wasserläufer benötigte eine Einladung. Mit ihren uns unbekannten Sinnen werden die Wasserstellen von den unterschiedlichsten Tieren so schnell gefunden und besiedelt, dass man sich fragt, ob dies durch große Not oder großes Geschick passiert — wahrscheinlich durch beides. Wenn ich die Teiche besuche, muss ich mich mancherorts durchkämpfen, denn meterhoch stehen die Gräser und Stauden, die das Gewässer umrahmen. All das entsteht, ohne dass wir einen Finger rühren müssen.

Auch in unserem Garten entwickelt ein kleiner Teich ein Eigenleben, dem wir nur mehr mit Staunen und nach einiger Zeit auch mit entsprechendem Arbeitsgerät begegnen können. Mit Teichfolie ausgelegt und sorgfältig mit größeren Steinen eingefasst, bot die bescheidene Wasserstelle anfangs ein freundliches Bild. Eine Bekannte brachte mit einer Wasserpflanze unbeabsichtigt auch die Wasserlinse mit. Sie überwucherte in nur einem Jahr die kleine Wasserfläche und es benötigte drei Jahre, um sie wieder loszuwerden. Die Wasserlinse beteiligt sich zwar an der Verarbeitung der Nährstoffe eines Teiches, wenn sie jedoch überhandnimmt, kommt kein Licht mehr in das Gewässer. Ursprünglich war auch die Freude über den gelb blühenden Gilbweiderich groß, der sich ohne Einladung von selbst ansiedelte. Ein Jahr später hat er die Herrschaft übernommen und wächst mit den ebenfalls nicht eingeladenen Rohrkolben um die Wette. Wir müssen es zugeben: Mit den Jahren gerieten die Uferzonen zu undurchdringlichem Röhricht. Vom Wasser sehen wir nur im Frühjahr noch den dunklen Grund. Nach der Blüte der gelben Iris gerät alles außer Kontrolle. Nun heißt es verhandeln, wo werden wir eingreifen und wo zulassen. Zu erwarten ist, dass diese Verhandlungen jedes Jahr aufs Neue geführt werden müssen. Wir ahnen, dass es nicht zu den Stärken unseres Teiches zählt, längerfristige Abmachungen einzuhalten — er verändert sich laufend.

Ich gestehe, es gibt Favoriten unter den neuen kleinen Gewässern rundherum, dazu gehört ein Teich, den der Förster in einem Niedermoor angelegt hat. Ein wenig Algengrün, strahlendes Himmelblau und rötliches Pfeifengras bilden im Herbst ein Farbspektrum voller Kontraste und Harmonie. Erst nach einiger Zeit bemerke ich, dass der Teich die Form eines Herzens hat. Es schlägt nicht, sondern es leuchtet in der späten Sonne und die Schatten der Gräser betonen die ungewöhnliche Form, die der Förster gewählt hat (warum hat er mir nicht verraten). Rundliche Käfer sausen am Grund entlang, ein Wasserläufer überquert die glatte Oberfläche, so als hätte der Teich eine elastische Haut, gerade fest genug, die langen Beine zu tragen. Großlibellen jagen nach Insekten, sie jagen sich auch gegenseitig und kommen wie flirrendes Licht nie zur Ruhe. Der Teich hingegen zeigt sich glatt und unberührt. Kein Windhauch ist zu spüren, der den makellosen Spiegel voller Himmel und Algen stören könnte. Ein stiller Ort, das Sirren der Libellenflügel ist das einzige Geräusch am Teich. Die Ruhe erfasst mich, ich könnte lange bleiben und in das Wasser starren, bis mein eigenes Herz so glatt und ruhig schlägt und das letzte Licht einfängt.

Historische Teichlandschaften

Gerade erreicht mich die Nachricht, dass neu angelegte Teiche zugeschüttet wurden. Ob beabsichtigt oder im Zuge von Arbeiten an der benachbarten Forststraße bleibt unklar. Dort, wo der dunkle Grund eines kleinen Teiches im Schatten geruht hat und seine Bewohner vor uns verborgen ihr wuselndes Dasein geführt haben, leuchtet ein heller Schotterhaufen aus den Stauden hervor. Es ist heiß und die Steine scheinen die Hitze zu verdichten, die von der Forststraße ausstrahlt. Ich stehe vor einem Haufen Schotter und versuche zu verstehen, was passiert ist.

Ich suche nach Antworten in der Vergangenheit. Teiche haben in der Geschichte unserer Kulturlandschaft nicht immer eine untergeordnete Rolle gespielt. Die ersten Hinweise auf die Anlage von Teichen stammen aus der Antike. Sie dienten damals der Fischzucht und wurden mit einem Fluss oder einer Quelle verbunden, um die Wasserqualität und den Durchfluss zu gewährleisten. Werden Fischteiche klug angelegt, regulieren und versorgen sie sich selbst. Eine einfache Möglichkeit, um an nahrhafte Speisen zu kommen, ohne viel mehr Aufwand als den des Fischens, und das betrachten Menschen bis heute als eine angenehme Freizeitbeschäftigung.
Auf die antike Tradition der Fischzucht bauten im Mittelalter die Klöster auf. Ein Motiv für die Anlage großer Fischteiche lag in den religiösen Fastengesetzen, die den Verzehr von Fleisch, aber nicht von Fisch verboten. So erreichte der klösterliche Teichbau zwischen dem 13. und dem 16. Jahrhundert seine Blüte. Die mittelalterlichen Teichschütter machten sich natürliche Senken zunutze und legten Teiche dort an, wo mit kurzen Dämmen eine möglichst ausgedehnte Wasserfläche überstaut werden konnte. Manchmal bestanden mittelalterliche Teichanlagen aus einer großen Zahl an Teichen und ausgedehnte Kanalsysteme versorgten die einzelnen Becken mit Wasser. Gezüchtet wurden meist Karpfen, Forellen konnten nur dort gehalten werden, wo ein Durchfluss von frischem Wasser möglich war. In Niederösterreich gehen die von Hand gegrabenen Teiche auf die Tradition der Zisterzienser zurück. In den Annalen des Stiftes Zwettl findet sich die erste urkundliche Erwähnung eines Fischteiches aus dem Jahr 1280.

Die größte mitteleuropäische Teichlandschaft liegt in Südböhmen und im nördlichen Waldviertel, wo insgesamt über 8 000 Teiche mit einer Fläche von über 30 000 Hektar eine einzigartige Kulturlandschaft prägen. Auch diese Teiche stammen aus dem Mittelalter und der frühen Neuzeit. Der Rosenberg-Weiher beispielsweise wurde Ende des 16. Jahrhunderts angelegt und wies zu dieser Zeit eine Größe von über 1 000 Hektar auf, so groß wie der Ossiacher See in Kärnten. Diesem Umstand verdankt er den Namen „Südböhmisches Meer". Gigantische Erdbewegungen (in Handarbeit) waren notwendig, um den zwei Kilometer langen Damm zu errichten, der das Wasser aufstaute. Die Motivation für das Projekt, an dem 800 Menschen fünf Jahre lang arbeiteten, lag im Hochwasserschutz und der Karpfenzucht. Heute weist der Rosenberg-Weiher immer noch beeindruckende 490 Hektar auf, vergleichbar mit dem Obertrumer See in Salzburg.
Die außergewöhnliche Teichlandschaft Südböhmens und des nördlichen Waldviertels beherbergt heute Naturreservate mit einer artenreichen Flora und Fauna und ist ein Refugium für Zugvögel. Warum, frage ich mich, wurde damals so groß gedacht, obwohl die technischen Möglichkeiten so gering waren? Mit Schaufel und Schubkarre würden wir heute keinen Teich mehr anlegen. War es Ausbeutung menschlicher Arbeitskraft, war es Not oder war es eine große Vision, die diese Teiche entstehen ließ?

„Die Teichlandschaft lässt uns erkennen", so Universitätsprofessor Christian Hanus, „dass artifizielle Werke sehr wohl im Einklang mit der Natur stehen können, dieser gar zum Vorteil sind und dabei auch die Bedürfnisse der Menschen gedeckt werden — und dies über Jahrhunderte". Ein kulturelles Erbe, das einen anderen Umgang mit dem Wasser in der Landschaft zeigt, als wir ihn in den weiträumig entwässerten Tälern der Alpen beobachten können. Die Teichlandschaft bekommt durch die Klimakrise eine besondere Bedeutung als Wasserspeicher, sie steht allerdings auch vor neuen Herausforderungen. Ändern sich die Niederschlagsmengen erheblich, so verlieren die Teiche zu viel an Wasser. Ein Gleichgewicht, das über viele Jahrhunderte angedauert hat, ist gefährdet. Um sicherzustellen, dass für folgende Generationen die Teichlandschaft im Waldviertel und Südböhmen erhalten bleibt, wird derzeit eine Aufnahme als UNESCO-Welterbe angestrebt.
Auch in Deutschland, in der Oberpfalz, entstand im Mittelalter eine ausgedehnte Teichlandschaft. Das „Land der tausend Teiche" beherbergt heute noch an die 4 700 Gewässer mit einer Fläche von 2 000 Hektar. Viele dieser historischen Teichanlagen geben Zeugnis von höchster Wasserbaukunst. Heute dienen sie nicht nur der Fischzucht, sondern auch dem Naturschutz und der Erholung.
Im Süden Englands finden sich historische Teichanlagen, die im Mittelalter aufgrund des Wassermangels in den Karst- und Kalkhügeln angelegt wurden. Solche „Tauteiche" oder „dewponds" wurden traditionell mit der Hand gegraben, mit einer Schicht Kalk, einer weiteren aus Stroh und Lehm und einer abschließenden Schicht aus Splitt oder Kiesel ausgekleidet. Die Entstehung der dewponds ging auf die notwendige Wasserversorgung der großen Viehherden von Sussex zurück. Das Kalkgestein ist wasserdurchlässig, daher fehlen Quellen, Bäche oder kleine Gewässer. Zum Tränken der Tiere wurden die Teiche in mühevoller Handarbeit angelegt und gewartet. Viele dieser runden Teiche

bilden heute einen wertvollen Aspekt der landschaftlichen Ausstattung und ein wichtiges Habitat für Wassertiere. Obgleich ihr Name auf den Tau hinweist, werden sie hauptsächlich von Regenwasser gespeist, möglicherweise fördern sie aber die Taubildung in einem Ausmaß, das diesen Namen begründet. Die Beschäftigung mit traditionellen Techniken des Teichbaus ergibt neue Fragen und alte Antworten auf das Problem des Wassermangels. Suchen wir nach alten Teichen, nach einer Teichkultur, so müssen wir uns auch den Dörfern zuwenden. Im Zentrum vieler Ortschaften lag der Dorfteich oder am Rand ein Weiher, um das Vieh zu tränken, um Gänse und Enten zu halten, aber auch um das Dorf rasch mit Löschwasser versorgen zu können. Im Winter diente der Dorfteich zur Gewinnung von Eisblöcken, die in Erdkellern bis in den Sommer gelagert werden konnten. Zu den Fisch-, Lösch-, Eis- und Dorfteichen gesellten sich Mühlteiche oder Teiche, die für die Holztrift gestaut wurden.

Für Kinder waren Teiche elementare Spielplätze. Dort wurden Flöße gebaut, Rindenschiffe versenkt und das Leben im und am Wasser erforscht und seine Gefahren ausgelotet. Kinder wachsen heute nicht mehr am Wasser spielend auf und verlernen dadurch nicht nur die altmodischen Spiele, sondern auch den Respekt vor den Gefahren des Wassers. Der Dorfteich hat seine Funktion verloren, was er bieten konnte, wurde durch Wasserleitung, Feuerwehr und Kühlschrank ersetzt. „Das Wasser hat heute nur einen Wert, wenn es durch ein Rohr fließt", so der markante Ausspruch von Andreas Habsburg-Lothringen, der sich für das „Erbe der Teichlandschaft" einsetzt.

Teiche in Schlossgärten und Parkanlagen

Der Weg der künstlich angelegten Stillgewässer führt über die Teichlandschaften des Mittelalters und der frühen Neuzeit zu den Schlössern und Gärten des Adels. Die Teichbaukunst erlangte dort einen hohen Stellenwert und eine neue Bedeutung. In Schlossgärten und Parkanlagen wurden erstmals Wasseranlagen errichtet, die nicht der Fischzucht, sondern der Erbauung dienten. Ausgehend vom Mittelalter bis in den Barock überwiegen formale Becken, in regelmäßigen Formen gestaltet und mit strenger Uferbegrenzung aus Stein oder Holz versehen. Im Gegensatz dazu entwickelten sich die in freier Form der Natur nachgebildeten Wasserflächen in den ersten Landschaftsgärten des 18. Jahrhunderts. Hermann Fürst von Pückler-Muskau (1785–1871), ein Wegbereiter der Landschaftsgärten, beschreibt die Bedeutung des Wassers für diese Gartenanlagen mit eindringlichen Worten: „Kann man aber frisches Wasser irgendwoher in den Bezirk seiner Besitzungen leiten, gibt das Terrain nur irgend die Möglichkeit dazu her, so wende man ja das Äußerste daran ... einen so großen Vorteil zu erringen, denn nichts gewährt so sehr wie das Element Wasser eine dem Beschauer nie ermüdende Abwechslung."

Dieser Eigenschaft des Wassers zur „nie ermüdenden Abwechslung" verdanken wir die große Zahl an berühmten Parkanlagen mit Teichen, Brunnen, Grotten und Wasserspielen. Sie zeigen die Bedeutung, die man dem Element Wasser in der Gestaltung von Erholungs- und Repräsentationsflächen zuschrieb. „Wie unverzichtbar Wasseranlagen, welcher Form oder Größe auch immer, in historischen Gärten sind, wird auch dem seltenen Gartenbesucher dann besonders deutlich, wenn sie aus irgendwelchen Gründen plötzlich fehlen." So drückt es Dieter Hennebo in seinem Standardwerk der *Gartendenkmalpflege* pointiert aus. Wir haben uns daran gewöhnt, Wasserspiele und Teichanlagen zu sehen, sobald wir historische Anlagen betreten, dass wir uns wenig darum bemühen, die ursprünglichen Leistungen und den damit verbundenen Aufwand in der Erhaltung zu würdigen. Erst wenn das Wasser in den öffentlichen Parks und Gärten verloren ginge, würden wir anfangen, uns darüber Gedanken zu machen.

Von den Wasserspielen der Renaissance ...

Im großen Wasserparterre haben sich türkise Becken mit buntem Laub geschmückt, das rund um die Tritonen treibt, die aus ihren Muscheln unermüdlich einen Wasserstrahl ergießen. Enten und Karpfen können in allen Farben des Herbstes schwimmen. Ich beneide sie. Der Zier- und Lustgarten am Fuß des Hellbrunner Berges in Salzburg gilt als eine der wichtigsten manieristisch-frühbarocken Gartenanlagen Europas. Dort ließ Erzbischof Markus Sittikus von Hohenems (1574–1619) nach italienischem Vorbild „die vernachlässigten Gaben der Natur mit Mauern umgürten, mit Theatern schmücken; aus einem Sumpf sammelte er all die verschiedenen Quellen und widmete sie der Nachwelt", so dokumentiert es die Inschrift einer Brunnenanlage aus dem Jahr 1613. Und wirklich, ein Großteil der vielgestaltigen Wasserspiele, der Grotten, Wasserläufe, Becken, der Figuren, Springbrunnen und der versteckten Wasserspritzen werden zum Staunen und zur Überraschung der Besucher noch heute betrieben. Ich stehe vor dem Fürstentisch mit seinen „Wasserscherzen" und würde mich gern mittels einer Zeitreise

unter die damaligen Gäste mischen. Da ich aus der Epoche des Rasensprenklers stamme, ist mir die Erfahrung wohl verwehrt. Spritzende, sprühende Wasserspiele überraschen und erstaunen uns heute nicht in dem Maße, wie sie es vor 500 Jahren getan haben. Die Qualitäten dieses Parks wirken im 21. Jahrhundert indirekt auf die Besucher, indem uns die großen Wasserflächen mit den ruhig dahingleitenden Karpfen zur Ruhe kommen lassen. In Summe, so liest man es in einem Text aus dem Jahr 1673, „findet man allhier, was man in den Elysischen Feldern und Gärten suchen oder beschreiben mag" — und dort durften bekanntlich nur Helden und Halbgötter wandeln.

... über barocke Parterres ...

In einer anderen Gartenanlage, aus der Zeit des Spätbarocks, ziehen große, formale Becken den Blick auf das, was sie spiegeln — das Schloss Belvedere. Wie immer beim Betreten dieses historischen Geländes bin ich in seiner Perspektive gefangen. Für einen Augenblick geht mir der Zeitbezug verloren und gleichzeitig öffnet sich vor mir der Horizont. Der südliche Teil der Anlage wird von einem großen Wasserbecken dominiert, das auf kunstvolle Weise die Fassade des Schlosses widerspiegelt. Das nach Norden abfallende Terrain wurde in Terrassen gestaltet, die von kleineren Becken dominiert werden. Die abschüssige Lage erlaubte es, Wasserkaskaden zu gestalten, die einen Übergang von den einzelnen Terrassen bilden. Beim Durchwandern werde ich von der barocken Starrheit der Becken, Wege und Beete beeindruckt, aber auch ermüdet. Alle Wege scheinen sich endlos hinzuziehen. Im Abstieg neben einer der Kaskaden klingt das Geräusch des Wassers daher erfrischend. Ein Sonnenstrahl und der aufkommende Wind, der eine Fontäne ergreift, gibt dem Spiel des Wassers auf den glatten Steinen eine neue Lebendigkeit: Der Schwall bauscht sich, die Tropfen funkeln, das Wasser fällt glucksend in das tiefer liegende Becken, so als hätte es gerade die beste Laune. Gerade in diesem Garten, wo nichts dem Zufall überlassen und alles dem Herrschaftsanspruch untergeordnet wird, ist die Lebendigkeit des Wassers intensiv zu spüren. Die kurze Rast im Funkeln und Rauschen wirkt. Ich bin wieder aufnahmebereit für die Betrachtung der Gärten, die gemeinsam mit der Architektur der Belvedere-Schlösser zu den wichtigsten barocken Ensembles Europas zählen.

... zu den Wasserfällen der Landschaftsgärten

Fast ein Jahrhundert später erlangte ein anderer Schlosspark durch seine Wasseranlagen (und eine Dampfmaschine) Berühmtheit. Wer heute den Eisenstädter Schlosspark betritt, ahnt nicht, dass dort vor über 200 Jahren eine technische Meisterleistung in Form eines ausgeklügelten Wasserleitungssystems errichtet wurde. Wie viele andere Anlagen wurde auch diese gegen Ende des 18. Jahrhunderts in einen englischen Landschaftsgarten umgestaltet. Zentrales Gestaltungselement neben den Wegen und Baumgruppen war das Wasser.

Da nur der Maschinenteich auf natürliche Weise durch Quellen gespeist wird, mussten Bachläufe bis zu fünf Kilometer zugleitet werden, um weitere Teiche anlegen zu können. Damit das Wasser in einem Kreislauf über verschiedene Teiche und einen Wasserfall geführt werden konnte, wurde 1804 die erste Dampfmaschine in den Ländern der Habsburgermonarchie installiert. Die Maschine pumpte das Wasser auf die Kuppe des

Hügels. Dort „bricht es plötzlich hervor und stürzt über hohe Felsen mit Gemurmel herunter. In der Tiefe arbeitet es wieder aus den Felsenmassen hervor, sammelt sich, und bildet einen schönen, sehr grossen Teich gegenüber von dem Schloss ...", so ein Auszug aus dem Tagebuch des Erzherzogs Franz Karl. Mehrere große Teiche und ein künstlicher Wasserfall machten den 50 Hektar großen Park nach seiner Fertigstellung 1820 zu einer der meistbewunderten Anlagen der Monarchie. Nachdem Fürst Nikolaus II. Esterhazy 1833 starb, hinterließ er einen Schuldenberg und einen der schönsten Landschaftsgärten Österreichs.
Wie in vielen Parkanlagen begann auch im Eisenstädter Schlosspark in der zweiten Hälfte des 20. Jahrhunderts eine Periode des Verfalls. Durch die Zerstörung der Wasserleitung trockneten die Teiche aus. Erst in den letzten Jahrzehnten ist es gelungen, sie zu sanieren. Das Wasser ist zurückgekehrt in den Park mit seinen Spiegelungen, die einen alten Tempel in den Teich zeichnen wie ein Märchen aus anderen Zeiten und Ländern; mit seinen Geräuschen, wenn Enten plantschen und kleine Wellen ans Ufer schwappen, und mit seinen Farben, gemischt aus dem blauen Schimmer des Himmels und dem Schatten der Bäume. Eine Farbe, die Kühlung und Erfrischung verspricht.

Die Wanderungen durch Parks und Gärten zeigen, wie eng die Gartenkunst mit der Kunst der Wassergestaltung verbunden ist. Eine Kunst, die wir heute nicht mehr als solche wahrnehmen, da die andauernde Versorgung mit frischem Wasser aus Leitungen, um die wir uns nicht kümmern müssen, für uns zur Selbstverständlichkeit geworden ist. Über Jahrhunderte und verschiedene Stilrichtungen hinweg wurde das Wasser in

das Zentrum der Gärten geleitet, mit viel Aufwand und großen Bemühungen errichtete man ihm eine Bühne, damit es dort seine Gaben entfalten und dem Besucher Abwechslung bieten konnte. „Das Wasser ist die Seele eines Gartens", schrieb der deutsche Gartengestalter und Stadtplaner Friedrich Ludwig von Sckell 1818 und weiter: „Wenn der Künstler auch nicht vermag, seinen Gärten große Flüsse zu geben, so sollte er doch alles aufbieten, dass seine Anlagen nicht ohne Wasser, das heißt nicht ohne Leben bleiben."

Wasser, Mondlicht und ein Frosch

Eine andere Form der Gartenkultur erzielt einen großen Teil ihrer Wirkung ebenfalls durch die Gestaltung von Teichen, Brunnen oder künstlichen Wasserfällen. In japanischen Gärten dient das Wasser nicht nur als Gestaltungselement. Der Anblick stiller Wasserflächen, aber auch die Geräusche, die es im Fließen verursacht, weisen auf eine tiefere Bedeutung und einen spirituellen Hintergrund hin. Die ästhetischen Kriterien für die Verwendung von Wasserfällen, Teichen oder kleinen Kaskaden lesen sich äußerst kompliziert. Laut einer Schrift aus dem 11. Jahrhundert, dem *Sakuteiki,* sollte ein Wasserfall das Licht des Mondes einfangen und ein Gewässer den Garten von Ost nach West oder von Norden nach Süden durchfließen und nicht umgekehrt. Wesentliche Elemente der Wassergestaltung

bilden Steine und Felsgruppen. Diese dienen auch dazu, den gewünschten Klang des Wassers zu formen, ein hörbares, harmonisches Rauschen. Traditionelle Teichanlagen besitzen außerdem eine kleine Insel, deren Form ebenfalls symbolischen Charakter hat. Diese Elemente in der Gestaltung der Wasserflächen erzeugen den Eindruck von Natürlichkeit, obwohl sie unter strengen Vorgaben künstlich gestaltet wurden. Ein Widerspruch, der sich auflöst, sobald man einen dieser Gärten betritt.

In einem der berühmtesten Haikus des japanischen Dichters Matsuo Bashō (1644–1694) spielt ein alter Teich eine bedeutende Rolle. Das Gedicht hat — wie alle Haikus — nur drei Zeilen, jedoch eine Dichte und Intensität, die gefangen nimmt. Basho kreiert das Bild eines alten, vielleicht verlassenen Teiches. Ein kühler Ort des Schattens, wo Stille herrscht und eine fast statische Ruhe. Da springt ein Frosch ins Wasser und das Gedicht endet mit nichts als dem „Geräusch des Wassers". Wir hören das Platschen, sehen die kleinen Wellen, vielleicht sogar einige Tropfen, die aufspritzen und im Licht funkeln. Der alte Teich, zuvor in vollkommener Ruhe gelegen, gerät in Bewegung. Der Frosch folgt seiner Natur, das Wasser ebenso, daraus entsteht ein Dialog des Lebens. Der Dichter hat ihn belauscht und in Worte gekleidet.

The old pond;
a frog jumps in –
The sound of the water.

Traditionelle Bewässerungssysteme — ein weiser Umgang mit dem Wasser

Ich stehe in Gedanken immer noch vor den zugeschütteten Teichen. Von den historischen Teichlandschaften, den Gärten und Parks führt meine Suche wieder in die Landschaft zurück. In Landschaften, die von Trockenheit geprägt und dennoch fruchtbar sind. In Länder, die einen anderen Umgang mit dem Wasser pflegen, zu Systemen, die ein weitreichendes Verständnis des Wasserkreislaufs offenbaren. Der Blick auf andere Kulturen und ihre Beziehung zum Wasser zeigt einmal mehr, wie weit wir uns in Europa von dem Verständnis seiner Gaben entfernt haben. Wir leben im Überfluss und kennen den Segen nicht.

Eine erfolgreiche Wasserbautechnik spielte in der Entwicklung vieler Kulturen eine bedeutende Rolle. Erst die Bewässerung durch Euphrat und Tigris machte aus der Wüste Mesopotamiens eine fruchtbare Landschaft. Ähnliche Beispiele existieren vom Nil oder vom Gelben Fluss in China, auch die südamerikanische Maya-Kultur besaß ein ausgeklügeltes System der Wasserversorgung während der Trockenzeit.
In Sri Lanka besteht bis heute ein intaktes Bewässerungssystem, das in seinen Ursprüngen auf das 3. Jahrhundert v. Chr. zurückgeht. Ausgedehnte Wasserreservoirs, die eine

Größe bis zu 1 000 Hektar erreichen, ermöglichen eine Wasserspeicherung während der kurzen Regenzeit. Sie sind durch Kanäle verbunden, die zum Teil unterirdisch verlegt wurden, um die Verdunstung zu verringern. Dadurch können Reisfelder auch in der Trockenzeit bewässert werden. Bis heute fungieren die Reservoirs als Wasserspeicher. Die Dichte der 30 000 künstlich angelegten Gewässer kann als die wichtigste landschaftliche Komponente der Trockenzone Sri Lankas angesehen werden, denn sie bilden reiche Ökosysteme mit einer einzigartigen Fauna und Flora. Das traditionelle Wissen für den Bau der Dämme und der langen Kanäle, die ein extrem niedriges Gefälle aufweisen, gibt heute noch Rätsel auf, denn es waren damals keine Vermessungsgeräte bekannt. Auch die Erfindung von Schleusenanlagen zur Regulierung des Wasserstandes vor über 2 200 Jahren zählt zu den erstaunlichen Leistungen dieser Kultur. Zusätzlich war der Einsatz des asiatischen Elefanten für den Bau und die großen Erdbewegungen maßgeblich. In seiner Gesamtheit kann das Wassermanagement Sri Lankas mit der Erhaltung und dem Schutz der Wälder im Quellgebiet der großen Flüsse und mit der Schaffung von großen Wasserreservoirs und Wasserläufen als der Lebenspuls und die Überlebensstrategie dieses Landes gesehen werden.

Mit einer anderen traditionellen Bewässerungstechnik ist es Rajendra Singh, dem „Waterman of India", im indischen Rajasthan gelungen, ausgetrocknete Böden in entlegenen Dörfern wieder fruchtbar zu machen. Anstelle immer tiefere Brunnen zu graben und das Grundwasser zu entleeren, setzte er auf alte Methoden. Mit kleinen, gemeinschaftlich angelegten Reservoirs wird das Regenwasser gesammelt, mit Dämmen aufgestaut und über kleine Kanäle geleitet. Aus Ziegeln gebaute und mit Lehm verputzte Zisternen speichern das Regenwasser, welches von Dächern oder anderen Oberflächen abgeleitet wird. Gefiltert und belüftet dient es der Trinkwasserversorgung einzelner Familien. Durch die Wiederbelebung dieser traditionellen Techniken in über 850 Dörfern wurde auch der Grundwasserspiegel gehoben. Ein deutliches Zeichen für die Verwandlung der Landschaft gelang, als der über 60 Jahre ausgetrocknete Arvari-Fluss 1995 wieder ganzjährig zu fließen begann. Der wiedergeborene Fluss wurde in der Folge von der Regierung als Staatseigentum beansprucht, was zu heftigen Protesten der Dorfgemeinschaften am Fluss führte, die für seine Renaturierung hart gearbeitet hatten. Der Konflikt wurde mit der Gründung eines lokalen Parlamentes beendet, das sich um ein verantwortungsvolles Wassermanagement am Fluss bemüht. Rajendra Singh erhielt für sein Engagement im März 2015 den „Wassernobelpreis".

Was viele traditionelle Techniken der Wasserbaukunst eint, ist ihr weiser Umgang mit dem Wasser. Die alten Methoden der Speicherung und Verteilung ermöglichen es, das Grundwasser zu schonen und aufzufüllen, das Regenwasser zu speichern und in der Landschaft zu verteilen, bevor es abfließt oder verdunstet. Das Verständnis traditioneller Systeme bietet daher eine wertvolle Grundlage für Visionen und Projekte zur Regeneration von Landschaften, die von Dürre bedroht sind. Der Auftrag lautet: Kein Regentropfen soll zum Meer fließen, ohne dass er zuvor in der Landschaft seine Wirkung entfalten konnte.

Wasserlandschaften der Zukunft

Und wer sich je ins silbergraue Vließ
der Regentage schmiegt –
spürt tief in seinem Herzen den Kreislauf
einer unaufhörlichen Liebe,
weil wieder einmal – der Kreatur zum Trost –
der Engel mit dem Wasser redet.

Christine Busta (1915–1987)

Auf diese Weise beschreibt Christine Busta in der Legende *Der Regenengel* den Wasserkreislauf. Wenn der Engel mit dem Wasser spricht, kann das Wasser seine Gaben entfalten, es steigt als Dunst auf, befeuchtet die Luft, verbindet sich mit dem Land, wird zu Regen, durchfeuchtet den Boden und füllt das Grundwasser auf. Für viele Regionen der Erde, die unter zu wenig Niederschlag leiden, ist der Regen von größter und vitaler Bedeutung. Der Text von Christine Busta offenbart die Ehrfurcht vor der lebenspendenden Kraft des Wassers und seines Kreislaufs. Wer sie zu nutzen weiß, kann Wunder wirken.

Rasch abfließender Niederschlag hingegen füllt weder das Grundwasser auf, noch versorgt er Pflanzen oder Bodenleben, im schlimmsten Fall führt das abfließende Wasser zu Überschwemmungen. Viktor Schauberger hat dafür den Ausdruck „halber Wasserkreislauf" geprägt. Auch Waldrodungen führen zu einem „halben Wasserkreislauf", denn der stark besonnte Waldboden wärmt sich auf, trocknet aus und kann dann nur wenig Niederschlag aufnehmen. Das Wasser fließt ab und sickert nicht in den Boden ein.

In einem schattigen Wald hingegen bleibt der Boden kühl. Der Niederschlag wird durch die Bäume zerstäubt und kann langsam in den Boden einsickern. Mit Nährstoffen und Mineralien angereichert steigt das Wasser durch die Wurzeln wieder auf und ernährt die Bäume. Von den Blättern wird das Wasser schließlich wieder an die Luft abgegeben. Im Aufsteigen kühlt es ab und bildet Regenwolken. Dies wäre nach Viktor Schauberger ein „voller Wasserkreislauf".

Das Wassermanagement und die Herstellung eines vollen Wasserkreislaufs bietet eine Grundlage für die Renaturierung von Landschaften. In verschiedenen Wasser-Retentionslandschaften, die beispielsweise in den letzten Jahren in Portugal oder Spanien entstanden sind, sorgen unterschiedlich große Teiche für die Speicherung des Niederschlags im Winter. Hinter Dämmen aus gestampfter und gewalzter Erde sammelt sich das Regenwasser bis in den trockenen Sommer. Der Boden der Retentionsräume wird nicht mit Beton oder künstlichem Material versiegelt und das Wasser kann langsam, aber stetig in den Erdboden einsickern. Im Erdkörper füllt es das Grundwasser, wird gereinigt, mineralisiert und von den Pflanzen aufgenommen — ein voller Wasserkreislauf entsteht. Zusätzlich gedeihen Bäume in den vom Wasser versorgten Gebieten und sorgen für eine weitere Verbesserung des Mikroklimas. Diese Projekte erzählen die Geschichte der Wiederbelebung von Landschaften, die bereits zu Halbwüsten degradiert waren.

Die Methoden, das Regenwasser in der Landschaft zu speichern und zu verteilen, sind vielfältig und können miteinander kombiniert werden:

- Mit Dämmen aus lehmiger Erde kann der abfließende Regen zu Teichen gestaut werden, die über Kaskaden und Kanäle verbunden sind, um zur Bewässerung zu dienen.
- In „Regengärten" bieten kleine Senken Sickerwasserbereiche für das Regenwasser, das von Dächern oder befestigten Wegen abfließt. Dort werden Pflanzen angesiedelt, die mit einer zeitweisen Überschwemmung zurechtkommen und das Wasser aufnehmen, filtern und wieder verdunsten.
- Das „Schwammstadt-Prinzip" beruht auf einer Bauweise, die an Straßen oder Plätzen einen unterirdischen Retentionsraum für Niederschlagswasser schafft. Dadurch wird es möglich, große Bäume im Siedlungsbereich mit ausreichend Wasser zu versorgen und zu einer Kühlung und Beschattung der Städte beizutragen.
- Mit offenen Gräben oder Retentionsgräben (Swales), die entlang der Höhenlinien verlaufen, kann der Wasserabfluss verlangsamt oder in Reservoirs geleitet werden.
- Schmale Furchen (Keylines), die auf sanft geneigtem Gelände quer zum Hang verlaufen, können den oberflächlichen Wasserabfluss auffangen.
- Mit der Anlage von Terrassen gelingt es, das Wasser in einem steilen Gelände zurückzuhalten, bevor es abfließt.
- Neue Drainagesysteme leiten das Wasser nicht sofort in einen Abflussgraben, sondern in eine schmale Pufferfläche, die entlang der Grundstücke mit einer Breite von nur wenigen Metern angelegt wird und das Wasser der Drainagen aufnimmt, bevor es endgültig abrinnt.
- Dynamische Sperrbauwerke bei Drainagen nasser Wiesenflächen können den Abfluss so regeln, dass nur rund zwei Wochen vor der Mahd das Wasser abgelassen wird, um den Boden befahrbar zu machen.

Richtiges Wassermanagement wird auch im Wald immer wichtiger. Das zeigt ein Projekt im bayerischen Staatswald, wo man neue Wege geht. Seit die ersten Buchen vor den Augen einer Försterin vertrockneten, legt sie Tümpel im Wald an. Über 300 Feuchtbiotope mit einer Fläche von insgesamt rund 26 Hektar verbessern das Kleinklima und erhöhen die Artenvielfalt. Einen zusätzlichen Faktor bei der Wasserspeicherung stellt das Totholz dar, so können beispielsweise dicke Stämme von Tannen pro Kubikmeter über 50 Liter Wasser speichern. Die langsame Verdunstung führt zur Kühlung und schafft ein günstiges Klima für die Wiederbewaldung und sogar einen Schutz vor Waldbränden.

Was die Projekte zur Wiederherstellung eines vollen Wasserkreislaufs eint, sind die Möglichkeiten, mit lokalen Mitteln und kleinen Maßnahmen in jedem Garten, jeder Gemeinde, jedem Wald und jeder Landwirtschaft eine positive Wirkung zu entfalten. Dabei werden Synergien geschaffen, indem Dürreprävention mit einem Schutz vor Starkregenereignissen und einer gleichzeitigen Förderung der Biodiversität einhergehen. Vielfache Prozesse der Regeneration werden in einer Landschaft mit der Schaffung von Wasserflächen in Gang gesetzt. Die Ergebnisse zeigen: Das Wasser ist der entscheidende Faktor bei der Wiederherstellung von Ökosystemen und entscheidend im Umgang mit der Klimakrise. Der slowakische Wasseringenieur Michal Kravčík beschreibt in einem knappen Satz, was er das „neue Wasser-Paradigma" nennt, das er auch auf dem Weltklimagipfel vorgelegt hat: „Kein Regenwasser darf oberflächlich abfließen!" Auch die kanadische Aktivistin und Mitbegründerin des *Blue Planet Projects* sieht in unserem Umgang mit dem Wasser und vor allem in der Zerstörung des Wasserkreislaufs einen der Hauptfaktoren des Klimawandels. Die Wiederherstellung von regionalen Wasserkreisläufen zählt daher zu den wichtigsten Maßnahmen bei der Regeneration von Ökosystemen. Wenn das Regenwasser (oder Brauchwasser) nicht mehr ungenutzt abfließt, sondern zum Verweilen eingeladen wird, dann kann „der Engel wieder mit ihm reden."

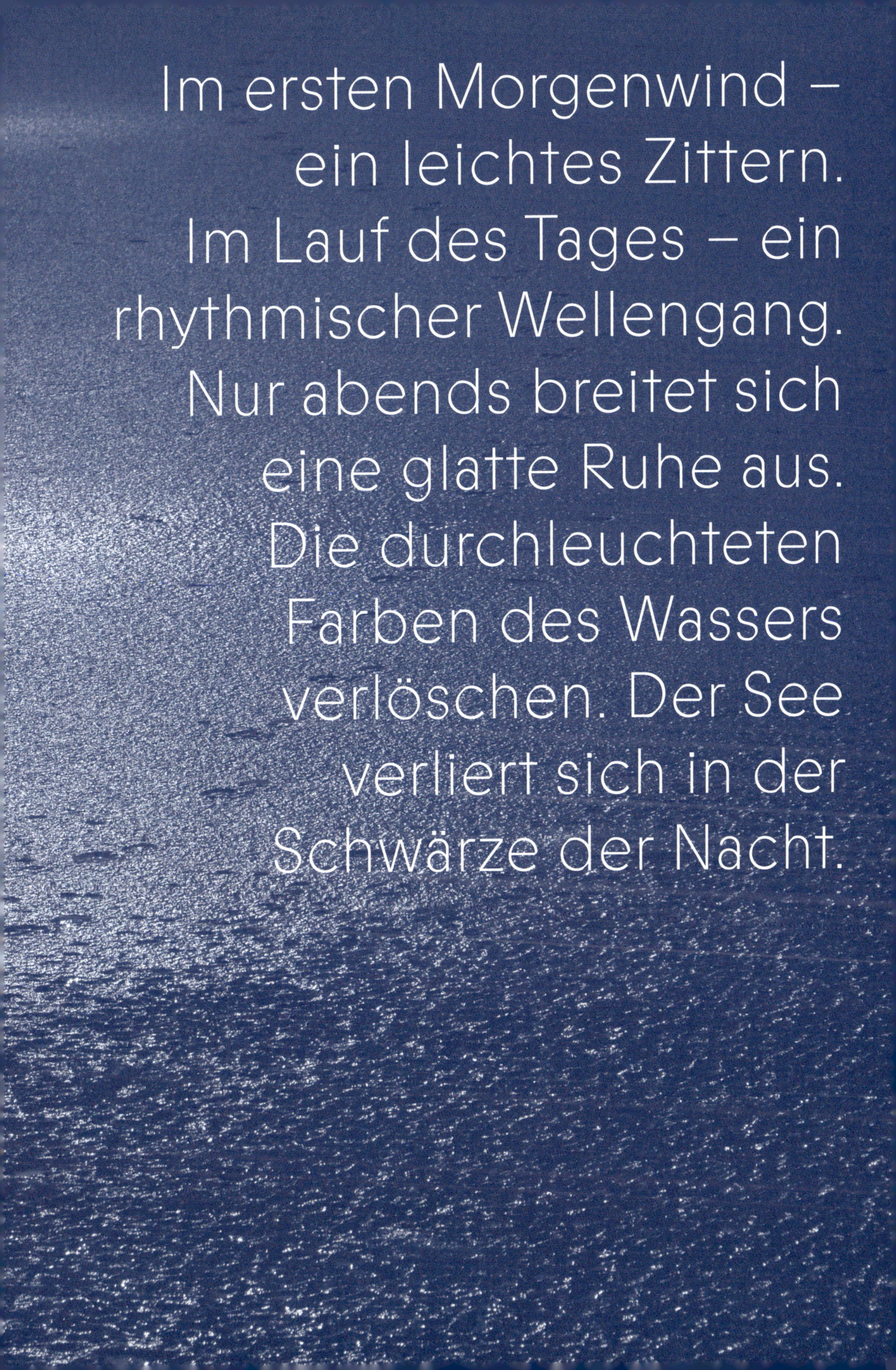

Im ersten Morgenwind –
ein leichtes Zittern.
Im Lauf des Tages – ein
rhythmischer Wellengang.
Nur abends breitet sich
eine glatte Ruhe aus.
Die durchleuchteten
Farben des Wassers
verlöschen. Der See
verliert sich in der
Schwärze der Nacht.

Königin
See

7

Ich kehre immer wieder zum Grundlsee zurück, nicht um etwas Aufregendes zu erleben, sondern einfach, um dort Zeit zu verbringen. Die Wellen plätschern leise und schwappen lauter, wenn ein größeres Boot vorbeifährt. Ich taste nach den gerundeten Kieseln, die am Ufer einen hellen Saum bilden. Die Sonnenstrahlen bringen die Wellenkämme zum Glitzern — Lichterketten des Sommers. Nichts passiert und doch verändert sich etwas. Die Weite des Sees dehnt die Zeit. Die Kühle des Wassers beruhigt den erhitzten Körper. Ich kann es nicht genau benennen, es ist wie Heimkommen. Die Anstrengungen lege ich ab wie zu enge Kleider. Die Rollen, die ich mir auferlege, verflüchtigen sich. Man muss nicht stark sein, um sich im Wasser treiben zu lassen. Einfach da zu sein genügt. Der See hat die Gabe uns anzunehmen, wie wir sind. Das können sonst nur gute Freundinnen oder wahre Freunde.
Der Grundlsee im Salzkammergut, der wegen seiner Größe auch „Steirisches Meer" genannt wird, liegt eingebettet in einer Landschaft voller Kontraste, schroffe Felswände und sanfte Hügel umrahmen ihn. Unverwechselbar prägt er diese Landschaft und ihre Geschichte. In meiner Erkundung der Seen kehre ich immer wieder zu ihm zurück. Er ist mir vertraut und nur ihn kenne ich in den vielen Facetten, die der Jahreslauf ihm schenkt. Allen Seen dieses Landes gerecht zu werden, sie einzeln zu schildern wäre ein riesiges Unterfangen und ist nicht mein Anliegen. Wie Berge besitzen Seen einen eigenen Charakter, den es zu erfassen gilt. Ich widme mich daher einzelnen Seen und versuche, sie auf verschiedenen Wegen näher kennenzulernen. Eine lange Wanderung am Ufer, eine Bootsfahrt oder das Schwimmen ermöglichen, unterschiedliche Blickwinkel und neue Facetten dieser großen Wasserkörper zu erfahren.

Ein Karsee

Bergseen sind entrückte Orte, erst nach langer Wanderung zu erreichen, einsam und voller Stille. Ein Karsee am Dachsteinplateau fasziniert mich in besonderem Maße. Dieser See erzeugt ein Gefühl von Zeitlosigkeit, er lässt mich zugleich in die Vergangenheit wie in die Zukunft blicken. Der See nimmt seinen Platz seit Jahrtausenden ein. Seine Form, seine ganze Existenz verdankt er dem Gletscher, der nach der letzten Kaltzeit eine Mulde ausgeschürft hat. In diesem Becken sammelte sich das Wasser. Seither liegt der See still. Seine Ufer werden von einem breiten Saum an Seggen eingefasst, die im Herbst einen goldenen Farbton annehmen. Schlanke Bergfichten schließen an den Ufersaum an, aufrecht, schmal und zäh. Dahinter leuchten die Lärchen zwischen schroffem Kalkgestein. Es ist kein Laut zu vernehmen, der See — ein dunkler Spiegel voller Wald und Schatten.

Das Geschichtsbuch dieses Kontinents ging spurlos an ihm vorüber. Kriege, Seuchen, große Not und großer Fortschritt, sein Dasein blieb davon unberührt. Der See liegt vor uns wie zu der Zeit, als vor 6000 Jahren Elche durch dieses Gebiet streiften. Zu Beginn des 20. Jahrhunderts wurden in der Nähe ihre Knochen gefunden. Da, wo wir heute rasten, haben sie geweidet und den See als begehrte Wasserstelle auf dem Karstplateau aufgesucht. Vielleicht wurde der Gürtel an Moosen und Seggen seither ein wenig größer und der See kleiner, vielleicht der Kreis der Bäume lichter, aber abgesehen

von dem Vorrücken der Moose und dem Sturz einer alten Fichte scheint die Zeit hier stehen geblieben zu sein. Doch dieser Eindruck hält nicht lange an, wenn ich an seine Zukunft denke. „In Seen verdichtet und vertieft sich die Gegenwartsgeschichte unserer Erde, sie schrumpft wie das Eis", schreibt Jessica Lee in *Mein Jahr im Wasser* (2017) und meint damit, dass wir gegenwärtig Veränderungen erleben, die an den Seen deutlich sichtbar werden. Das gilt auch für den Karsee. Die klimatischen Entwicklungen werden seine Verlandung vorantreiben, er wird aus seiner erdgeschichtlichen Zeit fallen. Er wird in unserer Zeit ankommen, die manche das „Anthropozän" nennen. Das Zeitalter, in dem der Mensch sich als geologischer Faktor definiert.
Weltweit hat sich das Wasser der Seen in den letzten 50 Jahren im Jahresdurchschnitt deutlich erwärmt. Es gibt kürzere Phasen der Eisbildung, eindeutige Fakten der Veränderung, die viele von uns beobachten können, ohne wissenschaftliche Daten zu analysieren. Gletscher schmelzen und in ihrem Rückzugsbereich entstehen neue Seen, gleichzeitig verlanden und vertrocknen Seen so schnell wie noch nie. Geringere Schneemengen, steigende Temperaturen und eine erhöhte Verdunstung werden die Verlandung weiter beschleunigen. Nur Seen mit großer Tiefe, mit einer niedrigen Sedimentationsrate oder einem ständigen Wasseraustausch durch Zu- und Abfluss werden bestehen bleiben. Wir werden uns von vielen Bergseen verabschieden müssen. Ihre stillen, klaren Spiegel werden von horstigen Seggen und schmalen Binsen erobert werden, ihr Licht wird verlöschen.

Eis am See

Für die Beobachtung des Klimawandels spielt die Eisbildung auf Seen eine wichtige Rolle. Während wir die Veränderung der Wassertemperatur subjektiv wahrnehmen, kann die Dauer der Eisbedeckung vieler Seen einfach und vergleichbar gemessen werden. Zu der längsten Zeitreihe von Messdaten gehört die Dokumentation von Eisereignissen (Seegfrörnen) am Bodensee, die seit dem Jahr 1830 aufgezeichnet werden. Zuletzt bedeckte 1963 eine geschlossene Eisdecke diesen großen See. Für den Lunzer See in Niederösterreich existieren seit hundert Jahren Aufzeichnungen zur Eisbildung. Bis in die 1990er-Jahre gab es kaum Veränderungen und durchschnittlich 100 Tage mit einer Eisdecke. 2007 war der See erstmals eisfrei und in den letzten 10 Jahren gibt es durchschnittlich nur noch 35 Tage mit Eisbedeckung. Daraus wird deutlich: Die Phase der Eisbedeckung hat sich im Lauf der letzten 30 bis 50 Jahre stark verkürzt. Menschen, die seit vielen Jahren an Seen leben, können Geschichten über zugefrorene Seen erzählen, die für uns heute kaum vorstellbar sind. Wer würde daran denken, dass der Bodensee zu Fuß oder sogar mit dem Auto überquert werden konnte. Sogar Flugzeuge landeten auf vereisten Seen. Aber auch die Entsorgung von Hausrat und Müll, der im Winter einfach auf das Eis gebracht wurde, um im Frühling dann sang- und klanglos (außer vielleicht mit Gurgelgeräuschen) zu verschwinden, gehört zu den — wenn auch unrühmlichen — Eisgeschichten. Nicht nur die Dauer, auch die Qualität der Eisschicht auf unseren Seen beginnt sich zu verändern. Friert ein See über Nacht zu, bildet sich schwarzes Eis. Es ist durchsichtig, spiegelglatt und stabil. Steigen die Temperaturen

tagsüber stark an, bildet sich weißes Eis. Es entsteht durch wiederholtes Auftauen und wieder einfrieren. Zum Eislaufen eignet es sich weniger gut, seine Oberfläche ist matt und körnig. Das Verhältnis von schwarzem zu weißem Eis beeinflusst die Tragfähigkeit der Eisdecke und hier beginnt sich einiges zu verschieben.

Ich habe lange darauf gewartet und fast nicht mehr daran geglaubt: Der See ist zugefroren. Glatt, gläsern und riesig liegt er in der Nachmittagssonne vor mir. Die Eisfläche lässt ihn größer erscheinen. Spuren der Schlittschuhläufer ziehen in schwingenden Mustern darüber. Die letzten Buchenblätter, die sich auf den See verirrt haben, werden von den Eiskristallen eingefasst und leuchten, als wäre die Herbstsonne gemeinsam mit ihnen von der Kälte eingefangen worden. Wenn sie sich befreien, bedeutet das Tauwetter. An den flachen Ufern lecken weiße Zungen aus Eis, an den größeren Steinen brechen sich die erstarrten Wellen in Schollen. Der Abend fällt ein, das letzte Licht bringt die körnige Struktur der Eisdecke zum Glitzern. Eine schmale Spur führt vom Ufer in den blauen Schatten des Sees. Der Gang eines Tieres, kristallisiert und bewahrt im Eis wie ein Versprechen. In der Nacht wird das Eis wieder wachsen und am Tag wird es singen. Es dehnt sich aus, zieht sich zusammen und erzeugt dabei Klänge, die zu den intensivsten akustischen Naturphänomenen gehören, die ich kenne. Sphärenklänge oder Urtöne, die Beschreibung fällt schwer. Manchmal schnellen die Geräusche über die Eisfläche wie ungeheure Peitschenschläge, manchmal knarzt und knarrt oder dröhnt das Eis. Diese Klänge können nur in der Phase der Entstehung von Schwarzeis vernommen werden, sobald Schnee auf dem Eis liegt, verstummt der See. Wieder ein Stück Welt, das verloren geht, wenn es wärmer wird.

Der Gang des See-Jahres

Der Haubentaucher verschwindet mit einer eleganten Verbeugung im See und ich beginne zu zählen: 10, 11, 12, 13 … vom Haubentaucher fehlt jede Spur. Ich versuche in ruhigem Rhythmus weiterzuzählen, so als hätte ich meine Hand am Puls. Dennoch werde ich unruhig und befürchte, dass ich ihn diesmal nicht mehr auftauchen sehe. Werde ich ihn überhaupt wiedersehen? Gerade, als ich bei 21 und 22 angelangt bin und aufgeben will, entdecke ich ihn. An einer weit entfernten Stelle schwimmt er ohne jegliche Aufregung weiter. Man sieht ihm nicht an, dass er blitzschnell unter der Wasseroberfläche verschwinden kann. Ein wenig später habe ich ihn endgültig aus den Augen verloren. Dafür fesselt das Plätschern der Wellen meine Aufmerksamkeit, ihr Muster hat sich verändert. Der See scheint Schatten zu tragen, die ersten Wolken ziehen auf. Ich muss gehen.

Die Farbe des Wassers, die Form und Verteilung der Wellen, die Spiegelungen, die Schatten der Wolken — der Gang des Jahres lässt sich an einem See in unendlich feinen Facetten ablesen. Jede Jahreszeit besitzt ihre Eigenart, ihre Höhepunkte und Schattenseiten. Im Lauf des Sommers werden die Farben des Wassers satter und dunkler, das hängt mit den Nährstoffen und der Vermehrung der Algen zusammen. Einige nährstoffarme Seen in kalkreichen Gebieten wie der Fuschlsee, der Wörthersee oder der Weißensee erscheinen im Sommer türkisblau. Diese Farbe entsteht durch feine Kalkkristalle, die von Algen erzeugt werden und das Licht reflektieren. Vor allem die seichten Uferbänke leuchten durchschimmernd. Im Spätherbst und Winter werden auch diese Seen Grautöne annehmen, sich dem Schneewind ergeben oder dem Eis. Im Gegensatz zu den Farben bleibt uns die umwälzende Dynamik verborgen, die der Wasserkörper eines Sees im Jahreslauf erfährt. Wie beim Haubentaucher, der unter der Wasseroberfläche verschwindet, sind diese Prozesse für uns nur zu erahnen. Für die Ökologie eines Sees sind die Veränderungen im Wechsel der Jahreszeiten jedoch von großer Bedeutung. Die meisten Seen unserer Breiten werden zweimal jährlich (im Frühling und im Herbst) vollständig durchmischt, dadurch werden Nährstoffe verteilt, die Temperatur ausgeglichen, Sedimente abgelagert und Sauerstoff angereichert. Die Ökologie eines Sees wird durch diese Veränderungen im Verlauf eines Jahres maßgeblich bestimmt.

Sommer

Der See ist von dunklem Blau, nur an den bewaldeten Ufern überlagern die Schatten des Waldes mit grünen und schwarzen Farben das Blau. Das Wasser ist warm und voller Licht. Alle Strände sind gefüllt, alle Segel gehisst und der Verkehrslärm erfüllt den Seeraum mit beständigem Dröhnen. Der Lärm schallt über die Weite des Sees, sanft plätschern dagegen die Wellen. Die Kinder sind nicht mehr dazu zu bewegen, aus dem Wasser zu kommen, und alles was Flügel, Flossen, Hände, Füße und das Können hat, schwimmt.

Im Sommer entstehen bei der Erwärmung des Wassers verschiedene Schichten: Die oberste, wärmste ist das Epilimnion, worin wir schwimmen. Die tiefste und kälteste ist das Hypolimnion (die hoffentlich tiefer liegt als unsere Zehenspitzen), dazwischen

entsteht eine instabile Sprungschicht, die Thermokline. An einem heißen Sommertag kann sich die oberste Schichte um einige Grad erwärmen, im tieferen Wasser bleibt die Temperatur stabil und gleichmäßig kühl. Die Temperaturunterschiede zwischen Oberfläche und Seeboden können bis zu 20 Grad Celsius betragen. Der See macht eine Sommerpause: Der Austausch zwischen den Schichten stagniert. Das ist wesentlich für viele Wassertiere wie zum Beispiel die Forelle, die ihr Temperaturoptimum bei 13 bis 18 Grad hat, bei 22 Grad stirbt der Seesaibling. Wenn es für uns gemütlich wird, müssen Forelle und Saibling in tiefere Schichten abwandern, dort sinkt aber der Sauerstoffgehalt, sie können daher den höheren Temperaturen nicht endlos ausweichen. Nur ein Beispiel dafür, wie die komplexe Welt der Seen mit ihren Schichtungen durch klimatische Veränderungen maßgeblich beeinflusst und verändert wird.

Herbst

Jetzt passiert alles Schlag auf Schlag. Es beginnt mit dem Licht, schroff und deutlich gezeichnet heben sich die Berge ab, die Bäume verfärben sich und weben ihre leuchtenden Farben in den dunklen Schatten am Ufer. Der Wind spielt mit den Wellen, anfangs so, als würde er seine Kräfte erst testen. Die Sonne verliert an Macht, das Wasser speichert noch für einige Zeit ihre Energie und hält ihre Wärme. Der See riecht nach Algen und Leben, er hat im Sommer viele Nährstoffe gebildet. Das Wasser schmiegt sich weich an den Körper. Wenn die Nächte länger und kühler werden, gewinnt es langsam an Schärfe. An einem windigen Herbsttag ist es so weit: Der Wind zeigt seine ganze Stärke, er fegt die Bäume kahl, zerstreut ihre Blätter auf dem See und fährt tief in die Wellenberge hinein. Der See ist umgeschlagen, der Wind hat ihn vollständig durchmischt und das Unterste nach oben gekehrt. Wer jetzt noch schwimmen geht, spürt die Veränderung und kann den Winter schon fühlen.

Mit dem Wechsel der Jahreszeit zirkuliert das Wasser vollständig: Ein Austausch zwischen den zuvor stagnierenden Schichten findet statt. Die Antriebskräfte für die Durchmischung sind der Wind und die Dichteunterschiede des Wassers, hervorgerufen durch die Temperatur. Im Übergang zum Winter werden auf diese Weise auch die Nährstoffe verteilt und der Sauerstoff kann von der Oberfläche in tiefere Schichten gelangen. Damit bereitet sich der See auf den Winter vor, das ist wesentlich, denn in der kalten Jahreszeit werden keine Nährstoffe erzeugt und der Sauerstoffgehalt nimmt wieder ab. Im Herbst wird Vorsorge für die dunkle Zeit des Jahres getroffen.

Winter

Der See atmet helle Nebel in der eisigen Luft. An ruhigen Tagen wirkt das Wasser dunkel, an stürmischen eisgrau, der Wind peitscht die Wellen. Der Schnee fällt leise und stetig auf den See, schmiegt sich kurz an seine Oberfläche und löst sich in den graublauen Farben des Wassers auf, ohne Spuren zu hinterlassen. Es ist still geworden, die Ufer sind kahl und gehören wieder den Tieren. Nach einer eisigen Woche beginnt der See, eine dünne Haut zu bilden. Solange es windstill ist, wächst die Haut zu den Ufern. Wenn das Wetter stabil und kalt bleibt, können wir auf ein Wunder hoffen: Spiegeleis.

Meist nur wenige Tage und nicht jedes Jahr zu erleben, gehört es zu den Höhepunkten eines Lebens am See. In dem gläsernen Schwarzblau sind die Tiefen des Wassers zu ahnen — der See ein Universum.

Sobald die Temperaturen weiter sinken, fängt der See im Winter wieder an, sich in Schichten zu ordnen. Die kälteste, jedoch leichtere Wasserschicht (unter 4 Grad Celsius) steigt nach oben und gefriert zu Eis, der See friert von der Oberfläche nach unten zu. Das ermöglicht es dem Wasser, unter der Eisschicht eine stabile Temperatur anzunehmen und damit für das Überleben der Wasserorganismen zu sorgen. Das ist der ideale Zustand für einen See im Winter: Die Eisdecke schützt, der See ruht. Wiederum sorgen die außergewöhnlichen Eigenschaften des Wassers dafür, dass die Ökosysteme der Stillgewässer den Winter beherbergen können, ohne Schaden zu nehmen.

Frühling

Der Wind und die Sonne leiten erneut einen Wandel ein. Das Wasser ist kristallklar und das Schwimmen im See ein letzter Gruß des Winters, nur das Gesicht wird von der Sonne gewärmt. Der Wind kann den See wieder durchwühlen und das Schmelzwasser aus den Bergen ihn durchfließen. Der Wasserstand ist hoch und die Wellen fassen an den Ufern nach allem, was der Winter dort liegengelassen hat, dunkles Laub und Äste. Mit dem fortschreitenden Frühjahr werden die Farben des Sees satter und ein grüner Schleier überzieht die Bäume an den Ufern. Es ist die Zeit der Vögel.

Wieder hat die Durchmischung Sauerstoff und Nährstoffe im See verteilt. Im Frühjahr sind die Temperaturunterschiede im See daher gering. Das Wasser ist kälter als die Luft, es erwärmt sich nur langsam, denn es ist zwar ein guter Wärmespeicher, aber kein guter Wärmeleiter. Pflanzen und Algen brauchen das Sonnenlicht, um zu wachsen und sich zu vermehren. Wenn es im Frühling wärmer wird, fangen sie an zu gedeihen. Der See ist bereit für den Sommer und fängt mit den steigenden Temperaturen an, die Wärme zu speichern und Schichten zu bilden. Der Kreislauf des Seejahres beginnt von Neuem.

Die Ausnahmen

Nicht alle Seen folgen diesem Muster im Gang des Jahres, doch die Ausnahmen sind selten. Zwei davon beschäftigen mich, weil ihre Ökologie und ihr Charakter unterschiedlicher nicht sein könnten. Gäbe es eine Skala der Differenzen, wären diese beiden an den entgegengesetzten Enden angeordnet. Gemeinsam ist ihnen, dass sie aus völlig unterschiedlichen Gründen nicht dem üblichen Muster der zweimal im Jahr stattfindenden Durchmischung und Umwälzung gehorchen. Gemeinsam ist ihnen auch, dass sie im Lauf ihrer Geschichte beeinträchtigt oder geschädigt wurden. Ihre Lage, ihre Wasserqualität, ihre Ökologie und der Eindruck, den sie uns bieten, unterscheidet sie jedoch gravierend. Ein See liegt in den Alpen, von Felswänden eingerahmt, seine Ufer unbegehbar, sein Wasser in schwindelnde Tiefen reichend. Der andere liegt weit und offen in einer pannonischen Landschaft, halb Steppe, halb Weinland, sein Wasser ist seicht und seine Ufer von ausgedehnten Schilfgürteln umrandet.

Toplitzsee

Dem See nähert man sich zu Fuß, nicht nur seine Lage, auch sein Charakter erschließen sich nicht schnell und mit dem Auto gar nicht. Den ersten Blick auf den See verdient man sich gehend. Scheinbar unberührt liegt er am Fuß des Toten Gebirges in einer Felsenkammer. Etwas Unantastbares haftet ihm an, er entzieht sich dem Getümmel. Die langen Schatten der Berge legen sich wie schützende Hüllen auf seine Oberfläche und färben die Tiefen mit samtiger Dunkelheit.

Der Toplitzsee, im steirischen Salzkammergut gelegen, ist nur 54 Hektar groß und knapp zwei Kilometer lang, beeindruckend ist seine Tiefe, die 100 Meter erreicht. Unterschiedliche Gründe führen dazu, dass sich der See nicht völlig durchmischt. An seiner Basis liegt Haselgebirge, ein salzhaltiges Mischgestein, das sich im Wasser löst. Das salzhaltige Wasser ist schwerer und mischt sich daher nicht mit dem Süßwasser. Seit der Eiszeit bleibt es in den Tiefen des Sees bestehen. Schon unterhalb von 20 Metern enthält das Wasser keinen Sauerstoff mehr, mit dem Salzgehalt steigt auch die Dichte des Wassers. Somit wird eine Durchmischung verhindert. Zusätzlich sorgt die windgeschützte Lage dafür, dass die Wasserschichten nicht umgewälzt werden können. Die steilen Felswände halten nicht nur den Wind ab, sie machen die Ufer auch unbegehbar, damit gehören diese — ausnahmsweise — nicht den Badegästen. Seltene Vogelarten wie der Weißrückenspecht und der Zwergschnäpper brüten hier in alten Bäumen. Von den schroffen Wänden stürzen Wasserfälle in den See. Dass hier einmal Unterwassersprengungen fast den gesamten Fischbestand auslöschten, ahnt man nicht. Schlagzeilen, Mythen und Falschmeldungen über einen in den letzten Wochen des Zweiten Weltkrieges versenkten Schatz waren für die Öffentlichkeit von größerem Interesse. Was von der Schatzsuche blieb, sind Kisten mit gefälschten Pfundnoten und der Fund einer neuen Wurmart, die in der Tiefe des Sees ohne Sauerstoff leben kann. Das Tauchen im See ist streng verboten und gefährlich, da verkeilte Baumstämme im See treiben und die Tauchgänge behindern. Außerdem liegt er in einem Naturschutzgebiet und damit werden viele Nutzungen aus Rücksichtnahme eingeschränkt.

Wer den Toplitzsee mit der Plätte überquert, findet an seinem Ende eine weitere Sehenswürdigkeit. Ein Triftkanal zur Holzbringung, der den See mit dem oberhalb liegenden Kammersee verbindet, stellt die älteste Anlage zur Holzbringung in Österreich dar. Der über 100 Meter lange Kanal wurde 1549 fertiggestellt und mittels Schlägel und Eisen in den Felsen gehauen. Die nahezu senkrechten Wände ragen sechs bis neun Meter über den Kanalboden hinaus. Während der Schneeschmelze konnten hier in den Felsen eingelassene Klausentore das Wasser stauen und so einen Holztransport vom Kammersee ermöglichen. Von Natur aus besitzt der Kammersee keinen Abfluss zum tiefer gelegenen Toplitzsee. Der schmale Gang zeigt die Visionen unserer Vorfahren, die Kraft des Wassers nutzbar zu machen. Es ist kaum vorstellbar, wie die damaligen Kenntnisse und Mittel ausreichen konnten, solche Projekte umzusetzen. Die Holztrift ist eine der Fertigkeiten, die im Umgang mit dem Wasser zu erstaunlichen Leistungen führte. Heute betrachten wir die Verbindung der beiden Seen kaum als

Menschenwerk, denn die Felswände sind mit dichten Moospolstern bewachsen und fügen sich in die Landschaft ein. Der enge Korridor, der die beiden Seen verbindet, wirkt wie ein Gang in eine andere Zeit. Am Ende des Durchbruchs erwartet uns eine Welt, die keine offensichtlichen Zeichen menschlicher Zivilisation trägt. Nur eine Sitzbank und die schmalen Pfade am Seeufer zeigen noch Spuren von Besuchern. Die Reise über den Toplitzsee ist dazu befähigt, uns aus der Zeit fallen zu lassen. Wir blicken in eine uralte Welt.

Neusiedler See

Die Farbe des Wassers ist das Erste, was auffällt, denn an einem windigen Tag wirkt der See aus der Ferne wie ein Meer aus Sand und Schlamm. Beim Näherkommen verwandelt sich die Farbe in samtige Erdtöne, im Abendlicht in goldenes Ockerbraun. Der Horizont verschwimmt mit dem Himmel und der Wind kann den See in dem flachen Land umfassen, wie er will, seine Kraft in die Wellen tauchen, im Schilf branden und es tief beugen. Ich höre es rauschen.

Ginge es nur nach der Definition, wäre der große Steppensee im Osten Österreichs eigentlich ein Weiher, denn er ist durchschnittlich nicht mehr als einen Meter tief. Seine weite, offene Fläche ist dem Wind ausgesetzt, der ihn fast täglich durchwühlt.

Dabei werden feine Sedimente aufgewirbelt und schützen den See vor Algenbildung, indem sie das Sonnenlicht vom Grund abhalten. Der See zählt zu den nährstoffreichen Gewässern mit salzhaltigem Wasser. Ein erdiger, salziger Geruch nach Schlamm und Leben geht von ihm aus. Seine Ufer werden von ausgedehnten Schilfgürteln geprägt, sie bilden neben dem Donaudelta das größte zusammenhängende Schilfgebiet Europas. Die Bedeutung des Sees liegt auch an den Gästen, die ihn besuchen, um dort zu rasten oder zu brüten. Im Bereich des Neusiedler Sees leben mehr als 350 Vogelarten, davon 150 Arten an Brutvögeln. Das sind 40 Prozent aller europäischen und 80 Prozent aller österreichischen Vogelarten. Mit etwa 400 Brutpaaren befindet sich im Schilfgürtel der größte Brutbestand von Graugänsen in Österreich. Der fruchtbare See bietet ein reichhaltiges Nahrungsangebot und die riesigen Schilfbestände ausreichend Brutplätze. Eine schwirrende Welt, die uns vor Augen hält, was wir gern übersehen, der See gehört nicht nur den Seglern und Badegästen.

Rückblickend ist seine Geschichte eine Erzählung des Unvorhersehbaren. Der stark schwankende Wasserstand brachte die Menschen immer wieder in Not und reichte von Überflutungen bis zur völligen Austrocknung. Zusätzlich prägten die sich ständig ändernden Konturen durch Verschilfung und Verlandung seine Vergangenheit. Im 18. Jahrhundert begann man, mit Dammbauten und Kanälen neues Ackerland zu schaffen und von 1777–1780 wurde der „schwimmende Rasen“, der Hanság, der ursprünglich eine Einheit mit dem See gebildet hatte, durch einen Damm abgetrennt.

Der Neusiedler See wurde im Lauf seiner Geschichte als Wüste, als Fieber gebärendes Sumpfgebiet oder als Riesenlacke bezeichnet und man sah in seiner Trockenlegung die strahlende Zukunft der Region. Ende des 19. Jahrhunderts hieß es nämlich, „Der See muss weg", da die Landwirtschaft von den oft raschen Überflutungen des Sees gefährdet war — und die Trockenlegung wurde beauftragt. Der Bau des 38 Kilometer langen „Einserkanals", der 1910 fertiggestellt wurde, sollte dies bewirken. Weitere Eingriffe wurden aus Kostengründen abgebrochen. Der Versuch, die Wasserhöhe im See zu regulieren, ist bis heute ein Thema geblieben, wenn auch unter umgekehrten Vorzeichen. Nicht nur Überschwemmungen, auch die Austrocknung verursacht Probleme. Von 1864 bis 1870 fiel der See bis auf einen schmalen Streifen trocken. Der Bodenschlamm bildete eine Kruste mit starker Staubentwicklung und der salzige Staub legte sich auf die umliegende Landschaft. Doch gerade dieses Phänomen zählt zu einem wesentlichen Merkmal der sensiblen Ökologie dieses Steppensees. In seiner langen Existenz fungierte die Austrocknung wahrscheinlich als eine Art Entschlammungskur. Die angereicherten Sedimente wurden ausgeblasen und damit die Verlandung verhindert. Die Seewanne blieb über Jahrtausende erhalten. Nach der Austrocknung füllte sich der See wieder.

Ein Jahrhundert später, zwischen 1970 und 1975, wurde das Schicksal des Sees durch die Planung einer Seebrücke zwischen Illmitz und Mörbisch, mit einer Länge von 3,2 Kilometern, erneut herausgefordert. Die Brücke wurde als „Fremdenverkehrsattraktion ersten Ranges" bezeichnet, der Seewinkel würde an Schönheit gewinnen. Die Zeit des „Brückenkampfes" führte zu starkem Widerstand und in weiterer Folge zur Gründung des Nationalparks Neusiedler See — Seewinkel im Jahr 1978. Aus heutiger Sicht ist dieses Projekt abwegig in seiner Hybris und seiner fehlenden Sensibilität. Dabei ist aber zu betonen, wie positiv der damalige Widerstand retrospektiv zu bewerten ist.

Ein halbes Jahrhundert später scheint der See wieder an einem Kipppunkt zu stehen. Der Neusiedler See ist kein Süßwassersee, er weist mit 0,2 Prozent eine erhöhte Salzkonzentration auf. Der Grund für den Salzgehalt ist auf die Geologie des Seebeckens zurückzuführen. In der Eiszeit wurden salzhaltige Sedimente abgelagert und das Grundwasser steigt durch diese Schichten nach oben und reichert sich mit Salz an. Durch die vieldiskutierte Zuleitung von Donauwasser sollen der zurückgehende Wasserspiegel angehoben und damit Tourismus und Region gerettet werden. Ökologen warnen aber eindringlich vor der Zuleitung von kalkhaltigem Wasser in den salzhaltigen See. Wieder bilden sich Fronten und erneut werden technologische Projekte zur Rettung angepriesen. Dabei wird neuerlich auf das sensible Ökosystem des Sees und seine enge Beziehung mit dem Umland und dem Wasserhaushalt der gesamten Region vergessen. Der See atmet und lebt in der Verbindung mit seiner Umgebung.

Das Schicksal des Sees und seiner Lacken geht daher heute wieder einer ungewissen Zukunft entgegen. Von den über 120 Salzlacken, die Ende des 19. Jahrhunderts im Gebiet des Seewinkels dokumentiert wurden, existieren nur noch an die 30 und diese gelten ebenfalls als gefährdet. Die Salzlacken bilden mit ihrer außergewöhnlichen Flora und Fauna das Herzstück des Nationalparks. Sie ziehen im Frühjahr die Wattvögel an, die in den seichten Lacken genügend Nahrung finden. Die sumpfigen Niederungen mit ihrer einzigartigen Vegetation leiden unter Trockenheit und steigenden Temperaturen. Wenn Lacken verschwinden oder der Neusiedler See von sinkenden Wasserständen betroffen ist, gerät das Gefüge des Landes ins Wanken. Sichtbar wird dies beim Zicksee. Der kleine Steppensee im Seewinkel hat die Schlagzeilen erobert, als er 2022 auszutrocknen begann. Seit 2015 ist der Grundwasserspiegel gesunken, die Nutzungen im Umland nehmen jedoch weiter zu. Eine Bilanz, die sich negativ auswirken muss.

Zicksee

Fast wären wir an dem See vorbeigefahren, nur eine Tafel mit einer großen blauen Fläche in der Mitte hat uns am Vorbeifahren gehindert. Blau, das war einmal. Vor uns liegt eine Landschaft in der prallen Sonne, vom Grundwasser getrennt und der Dynamik des Klimas und der umgebenden Nutzungen ausgeliefert. Ich steige vom Rad und gehe in den See. Steige über altbekannte und unbekannte Pflanzen, die wie Wellen von Herbstfarben den Seeboden besiedeln. Bizarre Pflanzenformationen sprießen in uralten Mustern auf dem kargen, salzhaltigen Boden. Vor der Offensichtlichkeit dieses Bildes wäre es zu einfach, hier den Zeigefinger zu heben. Der Verlust des Sees ist schwerwiegend und das sich bietende Bild drastisch genug. Da ist keine Stelle im See, die wir nicht durch unseren Umgang mit dem Wasserhaushalt der Landschaft beeinflussen. Ich drehe dem verschwundenen See den Rücken zu und frage mich, was die Zukunft dieser Region bringen wird? Ich denke an einen Satz, den ich in Florenz als Graffiti auf einer mittelalterlichen Steinfliese gelesen habe: „Zur Normalität können wir nicht zurückkehren, denn sie ist ein Teil des Problems."

Rettende Ufer

Ein See wird nicht nur durch seine Veränderungen im Jahreslauf, sondern auch durch seine Konstanten geprägt. Er wird bestimmt vom Boden, der ihn umgibt, vom Zulauf, der ihn speist, von allem, was in ihm lebt und vom Ufer, das ihn umhegt. Jeder See benötigt ein naturnahes Ufer und jedes Bauwerk dort hat Auswirkungen. Doch dem wird selten Rechnung getragen. Der See wird allzu oft von seinem Ufer getrennt. Dort werden die Straßen geführt und die begehrten Immobilien gehandelt, die Stege gebaut oder Ufermauern, Plattformen und Ferienhäuser errichtet. Die Vernetzung des Sees mit seinem Umland wird dadurch unterbrochen, das Gewässer isoliert, der Zugang nur noch für wenige ermöglicht. Brütende Vögel, trinkende Wildtiere, Pflanzenleben in unterschiedlicher Abfolge, selbst Laichplätze für Fische oder Amphibien werden dadurch gestört oder sogar vernichtet. Der See wird auf seinen Wasserkörper reduziert.
Die Veränderung der Seeufer im Siedlungsgebiet hat eine lange Geschichte und geht auf die ersten Rodungen der Uferwälder in der Bronzezeit zurück. Damit kam es zur Ausbreitung von Schilfgürteln. Jahrtausende später wurden manche Seen künstlich

abgesenkt oder angehoben, was nachhaltige Auswirkungen auf die Ökologie des Gewässers und seines Ufers hatte. Schließlich veränderten Straßenbau und Freizeitnutzung die Ufer. Viele der großen österreichischen Seen besitzen daher kein naturnahes Ufer mehr. Über 80 Prozent der Uferbereiche von Attersee oder Mondsee sind deutlich beeinträchtigt, nur fünf Prozent können als naturnah eingestuft werden und sind mit typischer Ufervegetation ausgestattet, mit Schilfgürtel, Schwimmblattzonen, Binsen oder Weidengebüschen. Unter diesen Gesichtspunkten ist der sorgfältige Umgang mit den letzten naturnahen Uferstrecken eine Pflicht, wenn wir das Ufer als Teil des Sees, als Teil seiner Gesamtheit und Intaktheit betrachten. Bei der Nutzung der Ufer für den Tourismus und die Entwicklung von Immobilien wird diese Sichtweise jedoch vernachlässigt. Dabei vergessen wir auch, dass die Wasserqualität vom Zustand der Ufer beeinflusst wird. Die Beschattung reduziert eine Erwärmung, ausgedehnte Schilfgürtel reinigen das Wasser, Totholz und Strukturreichtum am Ufer bieten Rückzugsorte und Laichplätze für Tiere.

Das Ufer ist ein Teil des Sees und sein schützender Rand. Naturnahe oder gar wilde Uferstreifen zu erleben ist nur noch bei wenigen Seen möglich. Dort sehen wir breite Ufersäume, von Seggen und Binsen bewachsen; da und dort ragt ein Gewirr an Weidenästen in den See und überall, wo Waldlebensräume angrenzen, sind die Uferlinien von umgefallenen Bäumen durchbrochen. Große Stämme, die im See liegen, ausgebleicht wie die Knochen riesiger Tiere, bieten ein Versteck für Jungfische oder einen Laichplatz für Amphibien. Schilfgürtel und Röhricht wie beim Neusiedler See bilden ausgeprägte Uferzonen, die den Wasservögeln als Brutplatz dienen. Schwingrasen und Niedermoore zählen zu den naturnahen Ufern von Moorseen. Dort blühen Orchideen in großer Zahl und seltene Moose breiten ihre Teppiche aus. Das alles sind rettende Ufer für die Artenvielfalt.

Jedes Jahr wird am Ende der Badesaison am Altausseersee zurückgelassener Müll, der von Zigarettenstummeln über Flaschen und Dosen bis zu einer ganzen Campingausrüstung reicht, von der Feuerwehr eingesammelt. Die Menge und Größe der Müllsäcke erzählt von der fehlenden Wertschätzung, die wir den Seen und ihren Ufern entgegenbringen. Für viele Besucher ist nicht offensichtlich, dass Uferzonen zu den Gaben des Wassers zählen, die wir besonders achtsam behandeln sollten. Vom Gletscher ausgeformt, durch ständig wechselnde Wasserlinien geprägt, stellen sie Elemente der Landschaft dar, die in langen und langsamen Prozessen entstanden sind. Unwetter und der Wind, die Reibung des Wellenschlags und der Vormarsch des Landes mit Schilf und Seggen sowie der Druck des Eises auf alles, was sich ihm in den Weg stellt, erzeugen durch mahlende Erosion Uferlinien und Strukturen, die in ihren Schichten diese Prozesse bewahren. Die Ufer der Seen tragen ihre Geschichte wie ein Baum seine Ringe, in Sand und Schotter festgepresst. Es ist ein Ergebnis langer Dialoge zwischen den Elementen — dem Land, dem Wind und dem Wasser.

Ich kehre immer wieder zu einem Uferstreifen am steilen Abhang eines Waldes am Grundlsee zurück — ein kleines Stück Wildnis. Dort liegt ein alter Buchenstamm im See und der Zunderschwamm bildet eine Kolonie auf seinem Rücken. Binsenhorste formen große und kleine Inseln, Schotterflächen und Felsblöcke bilden eine Struktur wie in einem Zen-Garten. Weidengebüsche und einzelne, knorrige Mehlbeerbäume beugen sich über das Wasser. Es ist ein schattiges Ufer, wild und unbehelligt von Besuchern. Vielleicht gehört es dem Nöck, wie der Wassermann hier genannt wird? Der Nöck ist launenhaft und verführerisch wie das Wasser, er kann Geschenke machen oder Schaden bringen, Menschen retten oder ertränken.

Wer in der Nähe von Seen und Stillgewässern lebt, kennt Geschichten über das Ertrinken. Ich wollte, ich würde solche Geschichten nicht aus eigener Erfahrung und nur vom Hörensagen kennen, nicht so nahe, nicht so persönlich. Einer der schönsten Seen Österreichs, ausgebreitet vor dem Gletscher des Dachsteins, von Felsen und Wald umgeben, hat meine Freundin genommen. Es ist wie mit Unfällen im Gebirge, etwas war größer als wir, eine Gefahr haben wir nicht kommen gesehen. Zufall oder Bestimmung, der falsche Platz, die falsche Bewegung, ein Stein, der sich löst oder ein Versagen des Herzens beim Sprung in das kühle Wasser? Wir wissen es nicht, werden es nie erfahren. Ertrinken ist eine reale Gefahr. Wir müssen das Schwimmen lernen, es ist uns nicht angeboren wie vielen Landtieren. Wir müssen die Gefahren richtig einschätzen lernen, den Umgang mit dem Wasser nicht allzu leichtfertig pflegen. Das gilt vor allem für Kinder. Die Anziehungskraft des Wassers auf sie sollte nie unterschätzt werden. Vielleicht rühren daher die Sagen vom Nöck, der Kinder ins Wasser zerrt, wenn sie zu nahe am Ufer spielen. Alte Warnungen in Gestalt eines unheimlichen Sagenwesens des Wassers. Wir sollten Kinder dennoch nicht vom Wasser trennen, sondern sie achtsam begleiten. Wasser spricht immer eine Einladung aus, jedes Kind versteht diesen Ruf und möchte ihm folgen, nicht immer ist das ungefährlich, manchmal ein Alptraum. Und wer kennt nicht das Gefühl, das einen plötzlich befallen kann, wenn man sich allein schwimmend, weit vom Ufer entfernt hat? Eine kurze Panik, die Erkenntnis, dass einen nichts hält in dem Element, dem man sich ausgeliefert hat. Eine Urangst vielleicht wie die vor durchdringender Dunkelheit oder der Begegnung mit großen Raubtieren. Doch die Panik flaut meist so schnell ab, wie sie gekommen ist und eine Leidenschaft für das Leben, das Überleben, lässt einen mit starken Tempi und tiefen Atemzügen dem Ufer zustreben, dem rettenden Ufer.

Uferbewohner

Dort, wo wir manchmal schwimmen gehen, lebt eine Schlange. Mindestens einen Meter lang, muskulös und unwillig, uns in ihrer Nähe zu dulden. Wenn wir uns nähern, schwimmt sie schlängelnd, schnell und zugleich elegant von uns fort. Sie sucht sich einen ungestörten Platz. Sie hält nicht viel von uns. Die Schlange erkenne ich nicht an ihrer Zeichnung, grau mit schwarzer Musterung, sondern an ihrem Kopf. Ihn schmückt ein halbmondförmiges, helles Muster im Übergang zum Körper und identifiziert sie eindeutig als Ringelnatter. Wem es möglich ist, dieser Schlangenart in die Augen zu sehen, der wird die großen, runden Pupillen bemerken, im Gegensatz zu den Augen der Kreuzotter, die senkrechte, schlitzförmige Pupillen aufweisen. Die runden Pupillen geben dem Schlangenkopf ein friedliches Aussehen und dies entspricht auch ihrem Temperament. Ringelnattern sind friedliebend, gefährden den Menschen nicht und er-

nähren sich vor allem von Amphibien, Fischen und Kleinsäugern. Sie leben in der Nähe von Gewässern und sind wie alle Schlangen gute Schwimmer. Die Ringelnatter zählt zu den häufigsten Schlangen in Österreich, ist aber wie alle Arten gefährdet. Vor allem der stetige Verlust an Gewässern in der Landschaft hat ihren Lebensraum in den letzten Jahren verschlechtert und eingeengt. Sie lebt im und vom Wasser. Da sie tagaktiv ist, stellen Menschen an einem naturnahen Seeufer ein Problem für sie dar. Dort, wo die Schlange im Juni noch ungestört jagen konnte, sonnen sich nun die Badegäste. Wenn es keine Rückzugsräume an weniger stark besuchten Ufern gibt, dann wird sie den See nicht mehr als Jagdgebiet nutzen können. Doch wohin kann sie ausweichen?

Ringelnattern können mit ihrer Länge eindrucksvoll und respekteinflößend wirken, trotzdem flüchten die scheuen Tiere meist, so rasch sie können. Nur einmal konnte ich eine von ihnen lange betrachten. Auf einem kleineren Felsen zusammengerollt in der Morgensonne liegend, ist sie mir schon von Weitem aufgefallen. Die Schlange war schwarz und ihre Schuppen an der Unterseite mit grauen Schattierungen eingefärbt, elegante Farben, dachte ich damals. Auch die Art und Weise, wie sie auf dem Stein lag, bot ein ästhetisches Bild. Sie war eingerollt wie ein Seil, nur der Schwanz ragte hervor und hing nicht gerade, sondern in Schlangenart sanft gewunden herunter. Der muskulöse Körper strahlte gleichzeitig Ruhe und Spannung aus. In Erwartung ihrer Flucht näherte ich mich vorsichtig, Schritt für Schritt. Es änderte sich nichts an ihrer Haltung. Sobald ich praktisch vor ihr stand, sah ich des Rätsels Lösung. Das Auge, das sie mir zuwandte, war von einer matten Trübung überzogen. Ein Auge war erblindet!

Wie gelingt ihr die Jagd nach Beute, die einer genauen räumlichen Einschätzung bedarf? Wie entkommt sie dem Fuchs, der Katze des Nachbarn oder den Greifvögeln? Wir sehen selten Tiere mit Beeinträchtigungen, da sie wenig Überlebenschancen haben. Wir sehen wenig von dem Leid, an dem wir des Öfteren selbst beteiligt sind. Unsere Mitgeschöpfe leiden an allem, was auch uns betrifft: Krankheit, Alter und Schwäche. Wir leben in einer Welt voller Wunden und Narben. Dennoch leuchten zwischen den gebrochenen Linien manchmal Splitter der Vollkommenheit auf, so wie die Schuppen auf dem Schlangenkörper, die von makelloser Schönheit sind.

Die Qualität des Wassers

Für mich fühlt sich das Wasser in jedem See anders an, dennoch gibt es Ähnlichkeiten und Unterschiede: hartes Wasser, seidiges Wasser, geschmeidiges, neutrales oder in seltenen Fällen auch salzhaltiges Wasser. Diese Merkmale werden vom Untergrund, den aufgelösten Stoffen, der Sauerstoffversorgung und den Organismen eines Sees beeinflusst. Ein wesentlicher Faktor der Wassergüte ist der Nährstoffgehalt. Jeder See erfährt im Zuge seiner langen Existenz eine Anreicherung an Sedimenten und Nährstoffen. Je kleiner und flacher er ist, desto stärker wirken sich die Nährstoffeinträge aus. Die großen, tiefen Seen der nördlichen Kalkalpen mit ihrem klaren, kalten Wasser weisen wenige Nährstoffe auf. Ihr sauerstoffreiches, reines Wasser hat manchmal sogar die Güte von Trinkwasser. Der Zufluss aus den Bergen bringt frisches, kaltes Wasser, es ist durchsichtig und klar. Diese Durchsichtigkeit ist nicht steril oder leblos, sondern eher rein wie Wasser, das direkt aus der Quelle stammt. Es hinterlässt ein glattes Gefühl auf der Haut. Nur wenige Pflanzen wachsen im Wasser, es gibt keine Schwimmblattfluren. Aufgrund des begrenzten Pflanzenwachstums ist auch die Anzahl an sichtbaren Wassertieren gering. Das Wasser wirkt belebend, manchmal scharf und schneidend, aber immer reinigend.

Klarwasserseen, wie dieser Seentyp noch genannt wird, zeigen eine Erfolgsgeschichte des Umweltschutzes. Durch die angrenzende landwirtschaftliche Nutzung, die Abwässer der Siedlungen, die Begradigung der Fließgewässer und die damit fehlende Selbstreinigung gelangten früher immer mehr Nährstoffe in das Wasser. Der Bodensee beispielsweise, ein typischer Klarwassersee, war durch Nährstoffeinträge stark belastet. Über Jahrhunderte wurden Abwässer ungeklärt in den See geleitet. Erst in den letzten 30 bis 50 Jahren konnte die Nährstoffbelastung durch Kläranlagen und Ringkanalisation reduziert werden. Heute weist der Bodensee kristallklares Wasser auf. Die Verbesserung der Wasserqualität an vielen mitteleuropäischen Seen ist das Ergebnis konsequenter Bemühungen, ähnlich der Eindämmung des sauren Regens durch Filteranlagen und Katalysatoren in den 1980er-Jahren. Viele Seen können heute daher wieder als nährstoffarm bezeichnet werden. Kristallklares Wasser — im Siedlungsgebiet vieler Alpentäler keine Selbstverständlichkeit, sondern eine Errungenschaft.

Ganz anders die Wasserqualität eines kleinen Moorsees. Sein Wasser unterscheidet sich deutlich von dem der Klarwasserseen, ein Unterschied fast wie Tag und Nacht. Der Spechtensee, am südlichen Rand des Toten Gebirges gelegen, zählt zwar ebenso zu den nährstoffarmen Seen, doch sein pH-Wert liegt unter fünf und damit ist sein Wasser leicht sauer. Durch den Einfluss des Moores weist es eingeschwemmte Huminstoffe auf, die zu seiner rötlichbraunen Farbe führen und in der Tiefe schwarz wirken. Das Wasser fühlt sich seidig an, wird im Sommer angenehm warm und besitzt eine weiche, anschmiegsame Qualität. Die Temperatur eines Sees wird von zahlreichen Faktoren beeinflusst, darunter auch seine Farbe und Trübung. Trübe Seen erwärmen sich schneller, da die Schwebstoffe das Licht absorbieren (und nicht reflektieren). Die Farbe dieses Sees ist dunkel und dicht, die Sichttiefe gering. Im seichten Ufer watet man durch Schlamm. Auch seine Ufer beherbergen andere Lebensgemeinschaften, sie sind von seltenen Pflanzen, wertvollen Niedermooren und Schwingrasen geprägt. Ein See, der zum Baden einlädt, aber nicht dafür geschaffen ist, denn seine Ufer fußen nicht auf festem Grund. Schwingrasen schwimmen auf dem Wasser, ein schwimmender Teppich, der einbrechen kann und dadurch zerstört wird. Die Belastung durch den Badebetrieb sieht man den niedergedrückten Moosen und den schlammigen Liegeplätzen an. Nur über einen Steg und eine Plattform ist das Schwimmen möglich, ohne dem Ufer zu schaden. Während an den Alpenseen die steinigen Uferböschungen der Betriebsamkeit standhalten, kommt dieser Moorsee schnell an seine Belastungsgrenze. Die Uferzone reagiert empfindlich auf Betritt und die Schwimmblattzone auf alle Aktivitäten im Wasser. Seine Bestimmung wäre es eigentlich, zur stillen Betrachtung einzuladen und nicht unbedingt zum Baden. Dies gilt in besonderem Maße für eine der schönsten Pflanzen dieses Sees.

Im Schlamm verwurzelt

Der See liegt in der schräg einfallenden Sonne, die langen Schatten des Fichtenwaldes verdichten die dunkle Farbe des Wassers. Dort, wo die Sonnenstrahlen die blanke Oberfläche des Sees erreichen, spiegelt er den blauen Sommerhimmel. Am Ufer wachsen Pflanzen, die mit ihren flachen Blättern die glatte Wasserfläche wie ein Mosaik durchbrechen. Die Blattflächen mit dem V-förmigen Einschnitt erinnern entfernt an schwimmende Untertassen. Auf einem der Blätter landet eine Kleinlibelle in leuchtendem Türkis zu einer kurzen Rast, ein Leichtgewicht. Sogar Frösche können auf den Blättern ruhen oder jagen, je nachdem. Für viele vom Wind auf das Wasser getriebene Insekten bieten sich die Blätter als rettende Insel an (falls dort nicht der Frosch rastet). Für manche Larven und Käfer dienen die Blätter als Nahrung, zahlreiche Fraßspuren erzählen davon. Wenn die Pflanzen blühen, lockt der Blütenstaub auch Hummeln und Fliegen hinaus auf den See. Die großen Blätter, die träge auf der Wasseroberfläche ruhen, unterscheiden sich deutlich von denen der Landpflanzen, obwohl es ihnen nicht anzusehen ist. Ihre Spaltöffnungen befinden sich an der Oberseite und nicht an der Unterseite, denn sonst könnten sie nicht atmen. Manchmal werfen gerade kleine Details große Fragen auf: Wie gelingt es im Lauf der Evolution Baupläne einfach auf den Kopf zu stellen?

Die Blätter zählen eigentlich nicht zu den Besonderheiten der Pflanze, obwohl sie im Herbst, wenn sie sich gelb färben, einen aufregenden Kontrast zum dunklen Wasser bilden. Es sind die Blüten, die seit jeher die Bewunderung auf sich ziehen. Nach den Überlieferungen der Antike verdanken wir diese Pflanzenschönheit einer unglücklichen Nymphe, die aus Liebeskummer starb. Wir fragen lieber nicht danach wie. Die Nymphe hinterließ eine Pflanze ihres Namens, *Nymphea alba,* die wir etwas fantasielos „Weiße Seerose" nennen. Sie erinnert uns daran, dass Kummer und Trauer die Schönheit dieser Welt nicht ausschließen, sondern uns manchmal vielleicht sogar empfänglicher dafür machen. Hier ragen die Blüten und Knospen der Seerosen über den Wasserspiegel hinaus und fangen gerade das letzte Licht ein. Es beleuchtet auch einzelne Stängel, die scheinbar grundlos im Schlamm verschwinden wie die Kette eines Ankers. Ein stiller Abend, kein Mensch mehr am See — nur die Seerosen baden.

Seerosen gedeihen in mäßig nährstoffreichen, nicht zu kalten und wenig bewegten Gewässern. Nach der Winterruhe treiben aus dem im Gewässergrund verankerten Wurzelstock neue Triebe, die zur Wasseroberfläche emporstreben. Dort vollzieht sich ein Wandel, denn die zarten Blätter werden von einer ledrigen, wasserabweisenden Oberfläche überzogen. Das bewirkt ihre Stabilität und die vielen luftgefüllten Hohlräume im Gewebe sorgen für Auftrieb. Von Juni bis August erscheinen die Blüten wie Laternen, die einzeln angezündet werden. Auch wenn dieses Motiv in vielen Darstellungen kitschig wirkt, hat eine Beobachtung in der Natur doch etwas Atemberaubendes. Die glatte, dunkle Wasserfläche und die schalenförmigen, cremeweißen Blüten scheinen nicht von dieser Welt zu sein. Ganz von dieser Welt jedoch ist ihr Status als gefährdete Pflanzenart, nicht nur in Österreich, auch in Deutschland findet sie immer seltener in naturnahen Gewässern ihren Platz. Ein Verlust, der nicht nur die Ökologie der Uferzonen, sondern auch unsere Erfahrungen von Schönheit verarmen lässt.

Auch Claude Monet (1840–1926) versuchte die Schönheit von spiegelndem Wasser und schwimmenden Beeten mit Seerosen in seinen Gärten und Gemälden festzuhalten. 1893 kaufte er dafür einen Nebenfluss der Epte und beantragte den Fluss in einen länglichen Teich umzuformen, um dort die Blütenteppiche zu kultivieren, die er malen wollte. Die Genehmigung wurde damals mit der seltsamen Begründung verweigert, die Pflanzen könnten das Wasser vergiften. Monet war außer sich vor Zorn. Durch einflussreiche Freunde konnte er seinen Plan doch noch umsetzen und der Welt den berühmten Wassergarten und die noch berühmtere Seerosen-Serie schenken.

Der See als System

Der Grundlsee liegt vor mir wie immer und wie immer ist er ein klein wenig anders. Wir wechseln vom hellen Sonnenschein in den umschatteten Raum einer Bootshütte. Im Wasser vor uns ein Schwarm junger Barsche. Hunderte etwa drei Zentimeter große Fische bewegen sich im Gleichklang wie ein dunkler Schatten oder wie Rauch, der sich andauernd wirbelnd verändert. Wie finden sie ihre gemeinsame Harmonie? Wer

verhindert ein Stocken? Wie kommt dieser fließende, sich drehende und wendende Tanz eines Schwarmes zustande? Im Schatten der Bootshütte erhellen die Lichtschimmer einzelne Fische mit silbrigem Glanz.

Auch wenn die Beobachtung der jungen Barsche beeindruckt, ihr Vorhandensein im Grundlsee und ihre große Zahl stellen ein Problem dar. Der Flussbarsch wurde in den 1980er-Jahren eingeschleppt und vermehrt sich seither massiv. Das hat negative Auswirkungen auf den ursprünglichen Fischbestand und die gesamte Ökologie des Gewässers. Nicht nur der Barsch, auch der Hecht gehört zu den eingeschleppten Arten, die erhöhten Raubdruck, Konkurrenz, neue Parasiten und neue Krankheiten in den See bringen. Einmal etabliert werden sie nie wieder aus dem Gewässer zu entfernen sein. Seen reagieren empfindlich auf Veränderungen, weil sie vergleichsweise abgeschlossene Systeme bilden. Was wir ihnen bringen, bleibt ihnen.

Hitzesommer in den Städten oder verdorrte Landstriche in manchen Landesteilen werden zukünftig noch mehr Menschen an die Seen flüchten lassen. Zusätzlich werden die großen Süßwasserreserven, die unsere Seen darstellen, einen anderen Stellenwert bekommen. Was das bedeutet, sollten wir zeitgerecht überlegen. Schon jetzt belasten eingebrachte Arten, Verbauungen und Störungen der Uferbereiche, hinterlassene Abfälle oder auch die verwendeten Sonnencremen die Ökosysteme der Seen. Die Lichtbecken der Landschaft, die Gaben der Gletscher — die wunderbaren Seen gilt es in Zukunft vermehrt zu schützen, um ihre Wasserqualität und ihre lebendige Vielfalt zu erhalten. Neue Werte im Umgang mit den Seen sind gefragt. Behutsamkeit, Langsamkeit und Stille, ein Gegenentwurf zu allem, was normalerweise unseren Alltag prägt. Das würde die Gewässer schonen und unsere Erholung vertiefen.

Die Farbe des Wassers

Anziehungskraft und Stimmung eines Sees haben viel mit der Farbe seines Wassers zu tun. Dunkle Moorseen, vom Wald eingefasst, lichtdurchflutete Gebirgsseen, von Felsen und Geröll begleitet, oder ein Steppensee in den erdigen Farben der umgebenden Landschaft, was könnte unterschiedlicher wirken?

Um die erstaunliche Palette der Farben des Wassers besser zu verstehen, kann ein Experiment helfen, das Tristan Gooley in *How To Read Water* (2016) beschreibt. Stellt man ein Glas mit Wasser auf den Tisch, so scheint das Wasser durchsichtig und dennoch von eigener Strahlkraft zu sein wie die Farbe eines Kristalls. In der Nacht verschwindet das Glas und in der Dunkelheit löst sich die Erscheinung des Wassers vollkommen auf. Es ist ebenso schwarz wie die Umgebung. Wir lernen daraus: Das Wasser besitzt keine eigene Farbe. Das Licht gibt ihm seine Nuancen und Facetten. Die azurblauen Tiefen, die smaragdenen Uferstreifen, die türkisen Buchten und der dunkelgrüne Schatten eines Sees, alles Erscheinungen des Lichts, das in seine Tiefen vordringt.

Wenn das Licht auf Wasser trifft, wird ein Teil davon reflektiert und ein Teil absorbiert. Alle roten, gelben und orangen Farbtöne werden geschluckt und die blauen zurückgestrahlt. Je tiefer und reiner das Wasser ist, desto mehr Blau wird reflektiert. Eine Badewanne zeigt maximal einen Hauch von Blau, ein Swimmingpool hingegen schon ein deutliches Hellblau, ein klarer See tiefes Blau. Doch nicht nur das Licht, sondern auch der Untergrund, die Umgebung, die Schwebstoffe im Wasser und der Blickwinkel beeinflussen die Farbe eines Gewässers. Auf diese Weise entstehen die türkisen Uferstreifen, denn dort ist der See nicht so tief und die Farbe des Untergrunds verwandelt den Blauton in ein smaragdgrünes Band. Die Huminsäuren und Schwebstoffe im Moorsee hingegen erzeugen die samtigen, dunklen Farben seines Wassers. Jeder See weist Übergänge auf und damit eine Vielfalt an Nuancen und letztendlich seine eigene Farbpalette. Diese wird auch durch das Wetter und die Jahreszeiten bestimmt. Eisiges Grau im Winter, das Wasser gepeitscht durch den Wind, kein Horizont in Sicht. Der See verschwimmt mit dem Himmel, die Wolken mit dem See. In der Nacht wiederum empfängt uns das Wasser mit tiefem, seidigem Schwarz. Im Herbst, wenn der See mehr Nährstoffe enthält, leuchtet er in mildem Grün, eingesprenkelt nur die roten und orangen Farbtöne der Bäume am Ufer. Wenn der Frühlingswind einzieht und der Schnee schmilzt, wird der See in helles Blau getaucht, das an Schnee und Eis erinnert. Man wird nie müde, die Übergänge und Facetten der Stimmungen zu betrachten, auch darin liegen der Zauber und die Faszination eines Sees.

Aus den verschiedenen Merkmalen eines Sees entstehen manchmal Kombinationen, die zu außergewöhnlichen Farben führen. Die schon erwähnten türkisen Farbtöne in den Sommermonaten verdanken manche Seen feinsten Kalkpartikeln im Wasser. Der Grüne See bei Tragöß in der Steiermark schimmert smaragdgrün, wenn er sich nach der Schneeschmelze mit Wasser füllt. Er wurde über Nacht berühmt, als ein amerikanischer Schauspieler sein Bild über soziale Medien teilte. Ein Jahr später wurde er bei einer TV-Show zum schönsten verborgenen Platz Österreichs gewählt. Seither werden bis zu 14 000 Besucher an Spitzentagen gezählt, aus diesem Grund müssen viele Aktivitäten wie das Schwimmen eingeschränkt werden. Man könnte fast meinen, dass dem kleinen See seine außergewöhnliche Farbe zum Verhängnis wurde. Er zählt immer noch zu den schönsten Plätzen, aber nicht mehr zu den verborgenen.

Ich werde nie müde, das Kaleidoskop der Farben im Grundlsee zu betrachten. Die länglichen Wellentäler, die dunkle Schatten tragen, die sanften Wellenberge in leuchtendem Blau, die Übergänge zum Ufer, wenn sich die Wellen verdichten und die durchschimmernden Steine am Grund des Sees sichtbar werden — ein Sommertag malt auf dem Wasser. Die Farben eines Sees fordern uns auf einzutauchen. Es geht etwas Unwiderstehliches von dem durchleuchteten Wasser aus, von den tiefen Blau- und Grüntönen. Vor allem, wenn es heiß ist, bilden sie den perfekten Kontrast zu flirrendem Sonnenschein. Der Uferstreifen liegt noch im Schatten der Bäume, ein dunkles Grün, dicht und schattig durchwebt, die Weite des Sees leuchtet stahlblau, durchbrochen von der glitzernden Spur, die die Sonnenstrahlen auf die Wellen legen — schwimmen!

Wir schwimmen ...

Seit wann schwimmen wir? Diese Frage stelle ich mir immer, wenn ich den Weg zum Badeplatz durch die Wiesen nehme und mich der Geruch nach Heu begleitet. Nicht nur der Geruch, ich sehe die Arbeiten auf dem Feld, den Traktor, der seine Schleifen zieht. Der Sommertag hat für die Bauern eine andere Botschaft als für mich: Heuernte und nicht Badewetter. So war es anscheinend immer, die Jahrtausende der Siedlungsgeschichte an den Seen hat die Tradition der Fischer und Bootsbauer hervorgebracht, aber keine Kultur der Schwimmer. Meine Fragen, ob Altbäuerinnen und -bauern, deren Höfe am Seeufer liegen, jemals schwimmen gehen, wurden meist verneint. Ein Bauer am Irrsee erzählte mir, dass sein Vater einmal ins Wasser fiel und alle verwundert waren, dass er offenbar schwimmen konnte, niemand aus der Familie hatte das vermutet. Die Wiesen seines Hofes neigen sich bis zum See, die Bootshütte steht schon seit Jahrhunderten an diesem Platz. Seit vielen Jahrzehnten kommen Gäste zum Badeurlaub auf den Bauernhof. Sie kommen wegen des Sees. Und auch ihr Weg zum Strand führt durch Wiesen, die bewirtschaftet werden. Während Heu gemacht wird, genießen sie ihren Badeurlaub. Vor zweihundert Jahren noch undenkbar, vor hundert noch eine Ausnahme.
Doch eigentlich schwimmen wir schon seit Tausenden Jahren. Der älteste Beleg dafür stammt ausgerechnet von einem Ort, an dem seit Jahrtausenden kein Wasser mehr fließt: aus der Libyschen Wüste. Erdfarbene Felsbilder in der Höhle der Schwimmer zei-

gen schwimmende oder tauchende Menschen, rotbraune Figuren, die schwerelos dahintreiben. Die Felszeichnungen stammen aus der Zeit der Grünen Sahara, etwa nach dem Ende der letzten Kaltzeit, als die heutige Wüste viele Seen aufwies. Die Höhle der Schwimmer wurde 1933 von dem ungarischen Forscher Ladislaus Almásy entdeckt.
Das Leben an Küsten, Seeufern und Flüssen brachte unseren Vorfahren Nahrung, Trinkwasser, Transportmöglichkeiten und nicht zuletzt auch kriegerische Vorteile. Forscherinnen und Forscher vermuten daher, dass die Fähigkeit zu schwimmen seit der Steinzeit verbreitet war. Auch altägyptische Hieroglyphen beschreiben das Schwimmen mit einem Wechselschlag der Beine, und die Römer besaßen schwimmende Helden und eine hoch entwickelte Badekultur.
Ich sehe noch heute die anfänglichen Schwimmversuche meines Sohnes vor mir. Die ersten freien Tempi ohne Schwimmflügel, das plötzliche Vertrauen in die eigene Fähigkeit, in die Möglichkeit, sich tragen zu lassen. Der Vorstoß ins tiefere Wasser und die Entdeckung der Unterwasserwelt mit Taucherbrille und Schnorchel. Meine eigenen Kindheitssommer werden lebendig, eine Wasserrattenzeit — im Wasser bleiben, bis die Zähne klappern und die Lippen sich blau färben, so viel Beglückung und Selbstvergessenheit. Wo können wir unseren Kindern solche Erlebnisse bieten, wenn nicht am Wasser? Doch ich bemerke auch, wie das Schwimmvermögen der Kinder abnimmt. Sie paddeln und plantschen, doch wenige beherrschen eine richtige Schwimmtechnik. Die Überwindung langer Distanzen auf dem Wasser erscheint fast unmöglich. Wir müssen uns immer wieder vor Augen führen: Schwimmen zu können ist keine Selbstverständlichkeit, aber ein tiefgehendes Erlebnis und nicht zuletzt manchmal lebensrettend.

In ihrem Buch *Why we swim* geht Bonnie Tsui dieser Frage nach. Die sinnliche Erfahrung des Eintauchens, das träumerische Element des schwerelosen Driftens, das Einssein mit einem Element und der stetige Rhythmus der Atmung tauchen in ihrem Buch als Motive der Schwimmerinnen und Schwimmer auf. Henry David Thoreau beschreibt es als religiöse Übung „and one oft the best things which I did", als er zwischen 1845 und 1847 in einer Hütte am See lebte und regelmäßig frühmorgens schwimmen ging. Schwimmen bedeutet immer eine Verwandlung, manchmal steigt man müde ins Wasser und kehrt voller Energie zum Ufer zurück, ein anderes Mal lösen sich Stress und Nervosität durch das Schwimmen in eine ruhige Stimmung auf. Schwimmen macht hungrig, energetisiert uns, führt uns in den Körper zurück, hilft uns, der Schwerkraft zu entkommen und in der Umarmung des Sees zu verweilen, aufgehoben und schwerelos zwischen den rhythmischen Bewegungen der Arme und Beine, nur zu atmen und — frei zu sein. Das Wasser löscht für einen Augenblick unsere Muster und Identitäten und in tieferen Schichten kann etwas Neues entstehen. Vielleicht ist es das, was Bertolt Brecht in seinem Gedicht *Vom Schwimmen in Seen und Flüssen* (1919) ausdrückt.

Schwimmen heißt, dem Wasser angehören.

... auch im Winter

Ich sehne mich nach dem Eis ...
Nach dem unermesslichen Schwarz des Sees,
wenn er am kältesten ist.
Dann bedeutet Schwimmen Kälte
und Schmerz und Hochgefühl.

(Jessica Lee)

Was nach einer furchtbaren Erfahrung klingt, ist in Wirklichkeit die Rettung der Autorin aus einer tiefen Depression. Winterschwimmen, wie es Jessica Lee praktiziert, wird mittlerweile in vielen Internet-Foren und Ratgebern beworben sowie von sportmedizinischen Instituten befürwortet. Es soll bei Depressionen helfen, das Immunsystem, die Durchblutung und den Hormonhaushalt anregen, soll aber nicht unbedacht und nur mit langsamer Angewöhnung und in Begleitung praktiziert werden.

Ich muss gestehen, die erste Reaktion auf die Berichte und Erfahrungen im kalten Wasser war ein Frösteln. Doch ein Gespräch mit praktizierenden Eisschwimmern sowie ein Film haben dazu beigetragen, mich eines Besseren zu belehren. Johanna Nordblad brach 2021 den Rekord im Freitauchen unter Eis. Davor hatte sie einen schweren Unfall und große Schmerzen im Bein, das kalte Wasser heilte nicht nur ihre Schmerzen. Die Bilder ihrer Tauchgänge unter Eis sind atemberaubend. Sie haben nichts mit schnellen Atemzügen, hektischen Bewegungen oder zitternden Muskeln zu tun. Es sind Bilder von großer Gelassenheit und Eleganz, mit der sie sich unter der Eisdecke bewegt, als wäre es ihr ureigener Lebensraum. Eine Stille breitet sich aus und erfasst den Beobachter. Die Schwimmerin ist eins mit ihrer Umgebung.

Schwimmen im Winter ist der Versuch, der Kälte zu begegnen — schutzlos und ausgeliefert. Was passiert? Das Wasser erfasst den Körper, die Zeit steht still, alles steht still. Der Atem setzt aus, wenn er wieder einsetzt, hat die Kälte den Körper umhüllt mit einem Mantel aus Intensität. In diesem Mantel beginnt sich der Körper zu bewegen, die Gedanken hingegen halten vollkommen still.

Es ist fast so, als würde der Körper nun alle Aufmerksamkeit auf sich ziehen, das warme Blut nach innen lenken, das kalte Blut nach außen. Es bleibt kein Raum für die vielen Wörter in unserem Kopf. Körper und Geist sind für Sekunden vereint. Wenn sie sich wieder voneinander lösen, wird sich die Welt verändert haben. Der Körper brennt, es gibt keine Unterscheidung mehr, ob durch Kälte oder Wärme. Die Wahrnehmung ist geschärft. Der Moment, wenn man sich aus dem Wasser bewegt, wenn die Luft einen empfängt, ist euphorisch. Ein warmer Tee, trockenes Gewand, und noch immer hält die Intensität der Wahrnehmung an. Vielleicht ist es Adrenalin, vielleicht sind es Glückshormone, die einen durchfluten, der Körper feiert auf seine Art, dass er die Kälte überwunden hat, er lässt uns spüren — dass wir leben.

Heilige Seen

Berge nicht für Bergsteiger – Seen nicht für Schwimmer. Keine Verbotstafeln, keine Erklärungen, diese Tabus gelten, ohne dass jemand sie rechtfertigen muss. In der Hochebene von Tibet gelten der Berg Kailash und der See Manasarovar für Hindus und Buddhisten als heilig. Der See wird auf Tibetisch „Mapham Yutsho" (der „unbesiegte See") genannt. Ein rituelles Bad oder eine Waschung reinigen Körper und Geist, sportliches Schwimmen oder profanes Badevergnügen hingegen beschmutzen den See. Wie ein übergroßer Altar liegt die saphirblaue Wasserfläche in den Bergen Tibets auf über 4 500 Meter Höhe und stellt eines der höchst gelegenen Süßwasservorkommen der Erde dar. Der See liegt im Einzugsgebiet der vier größten Flüsse Asiens, deren Wasser er speist. Das Ursprungsgebiet der lebenswichtigen Wasserströme rein zu erhalten ist in mehrfacher Hinsicht ein heiliges Gebot.

Für viele indigene Kulturen haben Seen sakralen Charakter und zählen zu den Kultstätten. Auch wenn wir Pilger bei einem rituellen Bad belächeln oder für einen Reisebericht fotografieren, können wir dennoch nicht leugnen, dass unser eigener Zugang zu Seen im Gegensatz dazu eindimensional ist. In Mitteleuropa gelingt es uns kaum, die großen Wasserflächen aus der Welt der Tourismusprospekte herauszulösen und sie umfassender wahrzunehmen. Wir verstehen Seen in erster Linie als Ausflugsziel und pittoreskes Panorama mit Badevergnügen. Anders als die Berge bedrohen uns die Seen kaum mit Naturgefahren. Sie nötigen uns keinen Respekt ab. Das Bewusstsein sollte uns jedoch durchdringen, dass Seen mehr darstellen als angenehme Urlaubsdestinationen, Wassersportzentren oder Fischgewässer. Sie sind Teil des Gewässersystems einer Landschaft, ein wesentlicher Teil des Wasserkreislaufs und außerdem Orte von großer Schönheit und Ausstrahlung – Orte der Heilung und Kraftplätze für unsere aufgewühlten Sinne. Seen haben die Gabe der Transformation.

Wir fahren noch einmal an den Grundlsee, seit Tagen reden wir davon, dass bald der letzte warme Herbsttag anbrechen wird. Trotz der gleißenden Sonne hängt ein Abschied in der Luft. Wir erwarten einen Wetterwechsel, der See wird umschlagen. Die ersten braunen Blätter der Buchen schwimmen schon auf dem Wasser wie Zeichen einer fremden Schrift, sie erzählen vom Herbst. Ich möchte noch einmal lange schwimmen, möchte das Wasser mit allen Poren aufnehmen. Offen und weit breitet sich der See vor dem Panorama der Berge aus wie seit Tausenden Jahren. Die Arbeit der Algen und die angereicherten Nährstoffe verdichten seine Farben. Ich schwimme mit langen Zügen, der Atem wird ruhiger. Das Wasser teilt sich vor mir, leistet keinen Widerstand, trägt mich und hält sein Versprechen, die Schwerkraft von mir zu nehmen. Nur ungern löse ich mich aus seiner Berührung. Die Luft ist ein fremdes Medium geworden. Am Ufer wartet mein altes Ich. Noch trage ich die Tropfen am Körper, noch fühlt sich die Haut kühl an, noch bin ich wie neugeboren. In der wärmenden Sonne entfaltet sich ein Gefühl von Zufriedenheit. Die Vorstellung, dass Glück etwas ist, das ich hastig ergreifen muss, hat sich aufgelöst in den Tiefen des Sees.

Das Moor hat den Zauber jener Dinge, die lange zurückreichen und ohne uns auskommen. Das Moor verspricht uns, dass alles bewahrt werden kann und nicht alles zu nichts wird. Das Moor birgt seine Geschichte im Torf.

Aus dem Wasser wächst das Moor

8

Ich gehe ins Moor, um zu vergessen, vielleicht auch deshalb, weil das Moor nichts vergisst. In dem Augenblick, in dem ich durch das Randgehänge aus Faulbaum und jungen Birken gekrochen bin, wo das Moor sich sanft aufwölbt, vergesse ich den Sog des täglichen Lebens. Die Gehölze umschließen das Moor wie eine schützende Hülle, ich hingegen beginne die oberflächlichen Schichten abzublättern, die Termine, die Gespräche und alle Erledigungen, die mich durch die Tage treiben.
Ich richte mich auf – und blicke auf eine ungewohnte Welt: Silberne Regentropfen hängen an den Spitzen der Latschennadeln, das Pfeifengras bildet orange Streiflichter und die Blätter der Heidelbeere glühen rot und durchscheinend. Keine Siedlung ist mehr zu sehen, keine Straße, kein Weg, kein noch so kleiner Heustadl, kein gemähter Halm, keine Spur eines Menschen, nur ein Wildwechsel zieht einen kaum merkbaren Pfad durch das Moor. Eine Urlandschaft breitet sich vor mir aus mit Polstern und Senken, mit sanften Übergängen, mit mosaikartigem Bewuchs, eine weite, offene Landschaft, in sinnliche Farben getaucht. Es sind die Farben verblichener Wandteppiche aus dem Mittelalter, wo Einhörner und Damen in tausend Blumen sitzen. Ein Kunstwerk aus lebendigem Rubinrot, sattem Moosgrün und bleichen Weißtönen. Das Vergessen-Können beginnt mit diesen Farben, die sowohl gedämpft erscheinen als auch intensiv leuchten.
Ich folge dem Wildwechsel, der Boden federt unter meinen Schritten. Das Moor hat keinen festen Grund, es ist auf Wasser gebaut. Wer für wissenschaftliche Zwecke durch ein intaktes Moor geht, darf die Gummistiefel nicht vergessen, denn es wird nass, vor

allem, wenn man auf eine Schlenke, eine wassergefüllte Senke, trifft (und hoffentlich nicht hineinsteigt). Schlenken zeigen uns das Geheimnis der Moore, denn sie offenbaren den Wasserstand. Die Höhe des Wasserspiegels ist normalerweise vor uns verborgen, denn die Pflanzenwelt bildet mit ihren Wurzeln einen dichten Teppich, der den Wasserkörper der Moore bedeckt. In den Schlenken wird dieser sichtbar, durch die Huminsäuren bekommt das Wasser eine dunkle Farbe, die an stark gebrauten Tee erinnert. Schlenken sind die lichtlosen Augen des Moores, sie wirken grundlos, dunkle Löcher, die zum Verschwinden einladen. Eine Einladung, die man nicht annehmen sollte. Daneben erheben sich Bulte, von Moosen gebildete und gewölbte Kuppen, die freundlicher wirken. Gemeinsam gehören sie zum vergessenen Vokabular dieser Landschaft. Gemeinsam bilden sie die lebendige Decke des Moores, darunter liegt sein Gedächtnis, darin hat es uralte Gaben bewahrt.

Im Moor spielt der Tod eine andere Rolle als in anderen Ökosystemen. Das hängt mit dem Wasser zusammen. Indem es die Torferde durchtränkt, verändert es die Prozesse des Absterbens. Säure, Wassergehalt und Sauerstoffmangel lassen die Zersetzung organischer Substanz fast zum Erliegen kommen. Durch die unvollständige Zersetzung der Pflanzenreste entsteht Torf, der über Jahrtausende zu mächtigen Torfschichten anwächst, die über zehn Meter aufweisen können. Wenn mir die Hand abfallen und tief in der dunklen Torferde eingebettet liegen würde, so könnte sie in tausend Jahren noch jemand ausgraben. Mit dem schwarzen Wasser vollgesogen, gegerbt und durch den Torf konserviert, würde meine Hand hier so lange aufbewahrt bleiben, wie das Moor lebt. Im wassergesättigten, sauren Milieu des Torfkörpers gibt es keine Verwesung, keine Bodenlebewesen, die eifrig an meinen Fingern nagen, denn dazu wäre Sauerstoff nötig. Der Stickstoff bleibt im Eiweiß gebunden und wird nicht umgewandelt.

Der erste Haushund und das älteste Boot

Zu den Dingen, die in Mooren konserviert wurden, zählen seltene und seltsame Funde. So wurden beispielsweise 1914 bei Grabungen im Senckenberger Moor bei Frankfurt die Überreste eines Auerochsen und eines kleinen Hundes gefunden. Die Analyse der Pollen an der Fundstelle ergab eine Zeitreise in die letzte Kaltzeit vor mehr als 10 000 Jahren. Beide Tiere mussten wohl ertrunken sein. Der vom Moor bewahrte Fund zeigt eines der ältesten Exemplare des Haushunds, in etwa so groß wie ein Pudel und im Aussehen dem australischen Dingo ähnlich. Nicht nur die ältesten Hundeknochen, auch das älteste jemals gefundene Boot (um 8000 v. Chr. datiert), der „Einbaum von Pesse", wurde in einem Moor in den Niederlanden bei den Bauarbeiten zu einer Autobahn gefunden. Das Moor lässt uns in ein Geschichtsbuch blicken, das bisweilen aus Unglück und Zufall besteht.

Es existieren Moore, die uns noch einen anderen Einblick ermöglichen, denn sie gelten als Orte der Opferungen, Archäologen nennen sie „Schatzkammern". Im 19. Jahrhundert wurden im Thorsberger Moor in Schleswig-Holstein bedeutende kulturgeschichtliche Funde gemacht. Dort lagerten in einer germanischen Opferstätte aus dem ersten Jahrhundert vor Christus Waffen, Masken, Prachtmäntel, Kettenhemden und zahlrei-

che runenbeschriftete Gegenstände, die durch das Moor konserviert wurden. Organisches Material, wie Stoffe oder Bänder, bleibt im Moor entgegen allen Erwartungen intakt, denn es findet keine Zersetzung statt.
Die Zahl der Opfergaben in manchen Mooren ist beeindruckend. Daraus ergeben sich neue Erkenntnisse, wie unsere Vorfahren gelebt haben. Moor-Forscher können die landschaftsgebundene Kulturgeschichte einer langen Menschheitsperiode erzählen, denn die Funde aus den Mooren reichen von der Steinzeit bis in die Neuzeit. „Wir kennen durch sie die Tracht, die Webarten, wissen um die Schnürung der Schuhe, ja sogar die Art, wie man Strümpfe stopfte", berichtet Reinhold Gayl in seinem Buch *Faszination Moor* (2004). Socken aus dem Mittelalter samt Stopfkunst vollständig zu erhalten – das gelingt nur dem Moor. Es speichert auch Kultur.
Die vielen Gaben werfen Fragen auf, denn die Menschen opferten nicht nur nebensächliche, kleine Gegenstände, sondern versenkten auch wertvolle Objekte und Waffen im Moor: Warum?
Archäologen kommen zu dem Schluss, dass Moore Plätze waren, an denen die Menschen versuchten, Kontakt mit dem Übernatürlichen aufzunehmen und mit der Übergabe kostbarer Opfer wurde dieser Bund besiegelt.
Neben alten Opferstätten stießen die Torfstecher auf andere spektakuläre Funde: Moorleichen, die in den tiefen Horizonten unterschiedlich erhalten waren. Als Skelett, als Mumie oder als leere Haut, sogar vollständig konservierte Körper, je nachdem wie tief und durchgehend sie im Moor eingebettet lagen. Die meisten Moorleichen wurden in

Norddeutschland, den Niederlanden, Dänemark und England gefunden. Diese Funde führten zu unzähligen Spekulationen und kontrovers geführten Debatten. Es gibt wenig gesicherte Daten und etliche Fehleinschätzungen. Einer der berühmtesten Irrtümer bezüglich einer Moorleiche war das „Mädchen von Windeby" in Schleswig-Holstein. Um die zierliche Gestalt mit Haarband und Pelzumhang rankten sich zahlreiche Mutmaßungen. Ihre Leiche wurde auf das erste Jahrhundert nach Christus datiert und die Frau als Ehebrecherin gedeutet, die im Moor ihren Tod fand. Heute weiß man, dass es sich um einen Knaben handelt, der auf einem Bett aus Heidekraut und unter einer Decke aus Wollgras lag und nicht im Moor starb, sondern wahrscheinlich dort bestattet wurde. Die spektakulären Geschichten gehören wohl zum Teil den Moorfantasien an. Dennoch bleibt unbestritten, das Moor war schon immer ein Ort des Todes, der Bestattung, der Hinrichtung und im 20. Jahrhundert auch der Zwangsarbeit. Kriegsgefangene, die mit Hacken und Schaufeln den Torf abbauen mussten und dabei manchmal ihr Leben ließen. Das Moor hat auch diese Erinnerungen in seinen Schichten bewahrt.

Das Moor gewährt uns noch einen weiteren Blick in sein Gedächtnis, denn immer schon wehte der Wind darüber hinweg und brachte den Pollen aus der umgebenden Landschaft mit. Dieser senkte sich langsam auf den feuchten Untergrund. Dort blieb er ebenso im Torf erhalten wie die Opfergaben und hat damit das Bild der umgebenden Landschaft für uns bewahrt. Vor allem die Pollen der windblütigen Bäume finden sich in großer Zahl in den einzelnen Schichten des Torfkörpers. Einblicke in die Entwicklungsgeschichte der europäischen Wälder nach der Kaltzeit verdanken wir daher vor allem den Mooren. Die Zeit der Birken und Kiefern, der Hasel oder der Buchen und Hainbuchen wurde im Torf konserviert.

Mit jedem Schritt auf dem weichen, nachgiebigen Moorboden wird mir bewusst, dass ich schwankend und federnd über Wasser gehe. Moore stellen die letzten Inseln ursprünglicher Natur dar, niemals kultiviert, sich selbst überlassen, in vielen Regionen zerstört und danach vergessen. Moore zählen damit zu den letzten Urlandschaften Europas. Die Entstehung der Moore reicht zurück bis zum Ende der letzten Kaltzeit, ihr Gedächtnis beginnt mit dem Rückzug der Gletscher. Dies gilt vor allem für die Moore südlich der Donau. Viel mehr Gemeinsamkeiten lassen sich in ihrer Entstehungsgeschichte nicht finden. Jedes einzelne hat eine individuelle Geschichte und seine Entwicklung folgt den jeweils eigenen Bedingungen. Ihr Vorkommen und ihre Größe sind das Ergebnis des nacheiszeitlichen Wechselspiels aus Geologie und Relief sowie Klima und Wasserhaushalt.

Fachleute definieren verschiedene Typen von Mooren, die nach ihrer hydrologischen Situation oder Nährstoffversorgung unterschieden werden. Moore bieten dem Betrachter immer wieder andere Bilder, sie können einen Talboden einnehmen oder an einem Hang liegen, das Ufer eines Sees bilden oder in eine Almlandschaft eingebettet sein. Allen gemeinsam ist jedoch der Prozess der Torfbildung. Grundlegend lassen sich Hoch- und Niedermoor unterscheiden: Ein Hochmoor weist keine Verbindung mit dem Grundwasser auf, sein Torfkörper speist sich alleine aus dem Regenwasser, das er aufsaugt und speichert. Niedermoore hingegen haben noch eine Verbindung zum Grundwasser und seinen Nähr- und Mineralstoffen.

Vom Eis zum Feuer

Ich stelle mir die nacheiszeitliche Landschaft dramatisch vor: Die großen Eismassen, deren Mächtigkeit in manchen Alpentälern über 2 000 Meter betrug, hinterließen von ihrem Gewicht und ihrer langsamen Fortbewegung ausgeschürfte, dichte Wannen. Schmelzwasser füllte die Wannen, in den Tälern entstanden große Seen. Flüsse rauschten durch die Becken und brachten Schottermassen mit. Doch diese Vorstellung ist viel zu dynamisch, die Prozesse, die ich mir rauschend und vorwärtsdrängend vorstelle, dauerten Jahrtausende und dabei gab es viele Jahre des Stillstandes. Daher blieb das Wasser über eine lange Zeit das bestimmende Element der Landschaftsentwicklung. Im Alpenraum wurden Täler und Hügel durch Eis und Schmelzwasser geformt. Die Landschaft verdankt ihre Erscheinung der formenden Kraft des Wassers. Die Seen blieben nur in den tiefsten Becken bis heute erhalten. Das restliche Land wurde im Übergang zwischen Sumpfgebiet und trockenen Hängen von Vegetation besiedelt. In den flacheren Senken bildeten sich je nach Untergrund kleine Weiher oder tiefere Tümpel. Bruchwälder entstanden, Schilf und Sauergräser wanderten ein. Tümpel und Weiher verlandeten, kleine Seen wurden von Schwingrasen überwachsen und überall waren Moose die ersten Bewohner der Lebensbereiche zwischen Wasser und Land. Die Torfmoose besiedelten diese Übergangszonen und leiteten damit in manchen Gebieten die Bildung von Hochmooren ein.

Die große Zeit der Moore gehört der Vergangenheit an, denn sie wurden in vielen Gebieten Europas dem Fortschritt geopfert. Im Lauf der Siedlungsgeschichte hat der Mensch versucht, das unwirtliche Ödland, diese scheinbar wertlosen Landstriche in Siedlungsräume und Nutzflächen umzuwandeln. Durch systematische Entwässerung wurden die Moore zurückgedrängt, soweit und wo es möglich war. Auf diese Weise haben wir die meisten Moore im Bereich der Dauersiedlungsräume verloren, sie wurden nahezu vollständig zerstört. Die verbliebenen Moorflächen wurden durch massive Entwässerung beeinträchtigt und nur wenige Moorgebiete gelten heute als völlig intakt. Von den ausgedehnten Moorflächen, die einst Deutschland bedeckten, sind nur noch fünf Prozent übriggeblieben. In Österreich zeigen auf aktuellen Daten basierende Schätzungen einen Restbestand von 30 000 Hektar an Mooren in unterschiedlichem hydrologischem Zustand.

Ein zerstörtes Moor wurde seiner ursprünglichen Würde beraubt und lässt sich keiner Vegetationseinheit mehr zuordnen, es ist nicht Wald und nicht Feuchtwiese, weder Sumpfgebiet noch Röhricht. Unzugänglich und widerspenstig besteht es in erster Linie aus Dickicht und wächst in allen Facetten seiner Möglichkeiten zu Gestrüpp und Buschwerk. Wenn das Moor seine alten Wunden schließt, entsteht eine neue Wildnis. Alte Gräben verwachsen mit Schilf, dunkelgrün schimmert an ihrem Grund etwas, das Wasser sein könnte. Am Rand der Gräben nisten Faulbaumbüsche mit weit ausgebreiteten Zweigen, im Hintergrund leuchten helle Birkenstämme und rötliche Föhren. Das Pfeifengras reicht einem bis zur Hüfte und in seinen aufstrebenden Stängeln hängen Wespenspinnen, knapp über dem Zickzackmuster, das ihre Netze so auffällig macht. Kleine Inseln mit Torfmoosen erinnern daran, wo man sich eigentlich befindet — in einem Moor, das zerstört wurde.

Schon Carl von Linné (1707–1778) beklagte: „Es scheint eine großartige Erfindung zu sein, das Moor als Feuerungsmaterial anzuwenden und damit den Wald zu schonen. Ein Wald aber kann in einem Jahrhundert mehrere Male hochwachsen, während ein Moor kaum in mehreren Jahrhunderten sich einmal auffüllt." Nachdem die Wälder übernutzt und der Transport von Kohle über die Eisenbahn noch nicht überall möglich war, bekamen die Moore zunehmende Bedeutung als Rohstoffquelle. Der über Tausende Jahre angewachsene Torfkörper wurde als Brennstoff verwendet. Getrockneter Torf ist brennbar, enthält mehr Kohlenstoff als Holz und hat daher einen höheren Heizwert. Als die Holzreserven zur Neige zu gehen drohten, gingen auch Salinen und die Produzenten von Ziegeln, Glas, Keramik und sogar die Eisenindustrie dazu über, Torf in großem Stil zu nutzen. Gerade im letzten Jahrhundert machte die Moorzerstörung noch einmal „Fortschritte", indem die Moore großflächig für industrielle Zwecke abgetorft wurden. Dafür wurden die verbliebenen großen Moore des Alpenraumes entwässert, abgebaut und in weiterer Folge aufgeforstet oder in Streuwiesen umgewandelt. 90 Prozent der österreichischen Moore gelten als beeinträchtigt und mehr oder weniger entwässert.

In den Chroniken vieler Gemeinden ist wahrscheinlich Ähnliches zu lesen wie in dem Buch von Franz Hollwöger über das Ausseer Land (1956). Er berichtet aus der Salinenwirtschaft zur Zeit von Erzherzog Johann: „Torf war noch immer ein geschätzter Brennstoff und 1820 stand der Torfstich im Ödensee in vollem Betrieb mit 24 Mann und einem Torfmeister, die in den folgenden fünf Jahren durchschnittlich 1300 000 Ziegel jährlich erzeugten. Auf dem Torffeld befanden sich 90 Trockenhütten mit einem Fassungsvermögen von 468000 Ziegeln." Aus heutiger Sichtweise kann dieser Bericht kaum ohne Emotionen gelesen werden, denn er beschreibt mit unhinterfragtem Anspruch auf die Nutzung aller Ressourcen des Landes eine Zerstörung der Moore von industriellem Ausmaß. Die Geschichte der Moore, die mit dem Eis begann, endete oftmals im Feuer.

Die Wasserwelt der Moore

Ich blicke immer noch auf die Schlenke und versuche, in dem dunklen Wasser den Grund zu erahnen – ohne Erfolg. Dafür erkenne ich einen zarten grünen Schimmer auf dem dunklen Torfschlamm. Aus Büchern und Fachvorträgen weiß ich, dass es sich um Zieralgen handelt, die unter dem Mikroskop betrachtet zu den schönsten Einzellern gehören. Grün schimmernde Zellen in der Form von Sternen oder Halbmonden, alle von wunderbarer Symmetrie. Alles im Moor ist anders, das gilt auch für das Wasser. Durch den niederen pH-Wert und das Fehlen von Mineralstoffen bietet es kein Milieu für gängige Wassertiere, sondern beherbergt Spezialisten. Die kleinen Wasserstellen bilden ein eigenes Biotop mit allem, was dazu gehört – mit Räubern und Beute. Für manche Landtiere wird die Schlenke zur Falle, denn Ameisen, Fliegen oder Mücken können sich nicht mehr retten. Auf diese Unfälle warten bereits die „Wasserjäger". Zu ihnen zählt eine große Spinne mit weißer Bänderung, die am Rand der Schlenke lauert und feinste Erschütterungen wahrnimmt. Die Gerandete Jagdspinne ist nur in den Mooren noch häufig anzutreffen. Wer genau beobachtet, sieht sie über das Wasser laufen. Das gelingt ihr auf kleinen Luftblasen, die wie luftgefüllte Schuhe an ihren acht langen und behaarten Beinen sitzen.
Manchmal glänzen kleine Wasserstellen in den Mooren metallisch oder sehen aus, als hätte dort jemand Motoröl abgelassen. Die zarte Haut auf den Wasserstellen, die silbrig glänzt oder in allen Regenbogenfarben schillert, ist das Werk von Bakterien und besteht aus Schwefelverbindungen.
Eine andere Überraschung bietet die Farbe des Wassers im Moor. Je nach Umgebung, Tiefe und Bewuchs kann es die dunkle Farbe der Huminstoffe oder in den von Torfmoosen bewachsenen Stellen ein helles, moosiges Grün oder sogar Türkis aufweisen. Wo das Moorwasser über Holzdämme fließt, zeigt es die Farbe von flüssigem Gold. Das Moor bietet uns Einblicke in eine andere Art von Schönheit, detailreich, farbenprächtig und ungewöhnlich.

Ich gehe weiter durchs Moor, versinke in Betrachtungen – und in einer Schlenke. Eine scheinbar flache Lacke, von hellgrünen Torfmoosen überwuchert, entpuppt sich als tiefes Loch und mein Gummistiefel füllt sich schnell mit Wasser. Es fällt mir nicht leicht, den Fuß mit dem Stiefel wieder herauszuziehen, der Torf entlässt ihn schlussendlich mit einem schmatzenden Geräusch. Der zurückgebliebene Stiefel wäre eine unfreiwillige Opfergabe gewesen und außerdem ein charakteristisches Zeichen unserer Zeit, denn er besteht aus Kunststoff. Eigentlich hätte ich wissen müssen, dass den hellgrünen Moosen nicht zu trauen ist, denn die Farben im Moor sind auch ein Hinweis. Hellgrüne

Torfmoose wachsen vor allem in den Wasserflächen. Wie Rainhold Gayl berichtet: „Wenn diese das Wasser verdrängt haben, warnt nur noch ihre helle Farbe vor der wässrigen Konsistenz dieser Stellen." Rötliche und rotbraune Farbtöne weisen hingegen die Torfmoose der Bulte auf. Ein alter Spruch für Moorwanderer lautet daher: „Rot und braun — kannst du traun; grün und gelb — Gott help!"
Besonders im Winter kann ein Gang über das Moor gefährlich werden, denn die Wasserstellen sehen wie harmlose Mulden aus, wenn sie der Schnee bedeckt. Eine eigenartige Stimmung herrscht zu dieser Jahreszeit in den Mooren, die weltabgeschieden wirken und vollkommen still daliegen. Ihr wellenförmiges Relief wird durch den Schnee noch verstärkt, außerdem begräbt er viele Latschen unter seiner Last, das Moor wirkt dadurch größer, weiter und leerer. Nur einzelne Stämme ragen hervor und stehen wie auf chinesischen Tuschezeichnungen malerisch gebogen und einsam in der Weite des Moores.
Doch nun ist es Herbst und die Schlenken sind deutlich zu sehen. Sie sind nicht die einzigen Wasserstellen im Moor. Aufgelassene Torfstiche, Blänken (Flachwassersenken in Hochmooren), Hochmoorkolke oder Mooraugen (natürlich entstandene Wasserstellen im Zentrum eines Moores) und der Lagg (der Randsumpf eines Hochmoores) weisen nicht nur altertümliche Namen, sondern auch eine eigene Flora und Fauna auf, zu denen viele gefährdete Arten und seltene Spezialisten zählen. Mit dem Verlust dieser Lebensräume verarmt nicht nur die Landschaft und die Artenvielfalt, sondern auch unser Sprachschatz.

Darwins Liebling

Mit einem nassen und einem trockenen Fuß erkunde ich den Rand der Schlenke. Zwischen den Torfmoosen wächst eine zarte Pflanze. Auf den Moospolstern oder manchmal am nackten Torf sitzend breitet sie ihre Blätter aus, die nicht größer sind als der Nagel meines kleinen Fingers und in ihrer Form ein wenig an Kochlöffel erinnern. Inmitten der rötlichen Torfmoose fällt die Pflanze kaum auf. Nur wenn man sich tief hinunterbeugt, sind haarfeine, rötliche Tentakel zu sehen, die ein klebriges Sekret produzieren und den „Sonnentau" bilden. Nicht nur ein schöner Name, sondern auch ein ebensolcher Anblick. Der Rundblättrige Sonnentau wird mancherorts „Himmelstau" oder „Herrgottslöffel" genannt.
In Österreich gibt es drei Sonnentau-Arten, die an der Form ihrer Blätter unterschieden werden (Rundblättriger, Langblättriger und Mittlerer Sonnentau). Alle drei Arten zählen zu den hochspezialisierten Bewohnern der Moore und gelten als ebenso stark gefährdet wie diese. In den Hochmooren finden wir keine große Vielfalt an Blütenpflanzen und jede vorkommende Art erzählt die spannende Geschichte ihrer Spezialisierung und Anpassung an die schwierigen Bedingungen. Die Frage der Nährstoffversorgung des Sonnentaus kann die folgende Geschichte beantworten. In einem Fachartikel (1985) berichtet Hans Franke darüber, wie er sowohl eine Jagdspinne als auch den Sonnentau mit einiger Geduld mit dicken Bremsen füttern konnte. Während die Spinne nach der Gewöhnung an seine Gegenwart die dargebotene Beute plötzlich anspringt, biegen und krümmen sich die Blätter des Sonnentaus langsam, aber stetig und zielgerichtet

über den Körper der Bremse, sodass sämtliche Tentakel, die am Ende ein klebriges Sekret ausscheiden, direkt daran haften können. Der Verdauungsprozess dauert mehrere Tage, danach breitet sich das Blatt wieder aus und unverdaute Chitinreste fallen herab. In der Hoffnung, ihren Durst zu stillen, werden Fliegen, Mücken oder Schmetterlinge von den vermeintlichen Tautropfen angelockt und bleiben an den Tentakeln kleben. So gelingt es dem Sonnentau, sich im nährstoffarmen Milieu der Moore mit dem lebensnotwendigen Stickstoff zu versorgen. Ende Juni reckt er die Blüten auf einem zarten Stängel hoch über die Blätter hinaus, damit seine Bestäuber, kleine Mücken oder Fliegen, nicht von den Tentakeln abgefangen werden. Manchmal frage ich mich, was uns diese Welt voll sorgfältiger Details in ihrer unbezähmbaren Komplexität sagen möchte. Alles ist möglich — mit den Blüten kleine Fliegen anlocken und mit den Blättern große fressen.

Die zarte Pflanze mit dem poetischen Namen gehört jedenfalls zu den schönsten und grausamsten Fotomotiven der Moorpflanzenwelt, je nachdem ob die rötlichen Tentakel nur das Licht oder auch einen Schmetterling einfangen. Bei Spaziergängen über eine Moorlandschaft bemerkte Charles Darwin (1809–1882) Insekten, die an den Blättern klebten. Die Pflanze weckte sein Interesse. Über viele Jahre führte er Experimente durch und fertigte zahlreiche Zeichnungen an. Er hielt und pflegte die Pflanzen, um sie zu studieren. Er fand beispielsweise heraus, dass die Blätter genau unterscheiden konnten, ob die verschiedenen Substanzen, die er ihnen anbot, Stickstoff enthielten oder nicht. Der Sonnentau weiß offenbar zu unterscheiden: Dargebotene Käsekrümel werden

verdaut, während aufgelegte Holzstückchen unbeachtet bleiben. 1875 veröffentlichte der Forscher ein bedeutendes Werk zum Thema der insektenfressenden Pflanzen. Wir können davon ausgehen, dass sich kaum jemand so intensiv mit dem Sonnentau beschäftigt hat wie Charles Darwin. In einer Korrespondenz aus dem Jahr 1860 soll er ausgedrückt haben, dass der Sonnentau ihm wichtiger sei, als der *Ursprung der Arten.* Drosera sei eine wunderbare Pflanze oder vielmehr ein kluges Tier.

Relikte der Eiszeit

Die Landschaft der Moore erinnert an die Tundra, an baumlose Kältesteppen und Urlandschaften. Diese Assoziationen sind durchaus angebracht, denn der eisfreie Raum zwischen der nördlichen und der alpinen Vergletscherung dürfte eine Tundra mit Zwergstrauchvegetation gewesen sein. Am Ende der Kaltzeit folgten die Pflanzen der Tundra den abschmelzenden Eismassen, breiteten sich in der baumlosen Landschaft aus und wurden dann vom Wald verdrängt. Nur das Moor hat die Erinnerung an diese Phase der Vegetationsgeschichte bewahrt und beherbergt heute noch versprengte Reste der nacheiszeitlichen Vegetation: Pflanzen und Tiere, die an die extrem nassen und sommerkühlen Bedingungen angepasst sind.

Zu diesen zählt die Gewöhnliche Moosbeere. Sie fällt erst im Herbst mit ihren roten, kugelrunden Früchten auf, die einsam und wie zufällig ausgestreut auf den Moospolstern liegen. Tatsächlich könnte man fast meinen, diese Beere wächst auf dem Moos. Nur wer genau hinsieht, entdeckt die dünnen Fruchtstiele an den langen niederliegenden Zweigen. Die Beeren weisen im Inneren kleine Luftkammern auf und können somit auf Wasser schwimmen. Die kleinen Blüten stellen mit 18 Tagen einen Rekordwert in der Blühdauer auf. Zur Blütezeit überziehen sie die Moospolster mit ihren rosa Blütenzipfeln, die nickend auf feinen Blütenstielen sitzen. Wenn es nicht so nass wäre, müsste man stundenlang vor ihnen knien. Die lange Blütezeit ist ihrer arktischen Herkunft geschuldet und erhöht die Chance auf eine Bestäubung, denn bei niedrigen Temperaturen fliegen Bienen und Hummeln seltener.

Während die Moosbeere recht häufig in Mooren zu finden ist, zählt die Zwergbirke zu den seltenen Eiszeitrelikten. Sie war in Mitteleuropa in den kalten Klimaperioden viel weiter verbreitet, heute gelten fast alle ihrer Standorte als erloschen. So können in Bayern beispielweise nur noch zehn Vorkommen dokumentiert werden. Auch in Österreich gilt diese Birkenart der Moore als stark gefährdet und in vielen Gebieten als ausgestorben. Jeder neue Fund ist eine kleine Sensation. Daher verstehe ich die Begeisterung des Försters, als er diese seltene Art in seinem Moor im Ausseerland entdeckte. Der erste Fund war ein Zufall bei einer Begehung, danach blieb die 30–50 Zentimeter große Pflanze wieder verschollen. Ihr zarter Wuchs ließ sie mit der Pflanzenwelt der Moore verschmelzen. Erst im Herbst gelang es dem Förster, sie wieder aufzuspüren. Die gelbe Verfärbung der runden Blätter half ihm dabei. Gemeinsam haben wir die einzelnen Stämmchen gezählt, um die weitere Entwicklung genauer zu beobachten. Es lässt sich schwer erklären, wie eine Pflanzenart mit 50 Individuen völlig isoliert in einem Moor überleben konnte. Das nächste Vorkommen liegt eine

Autostunde entfernt. Zwergbirken können ein Alter von 100 Jahren erreichen, doch wie lange können sie ohne Verbindung und genetischen Austausch existieren? Fragen über Fragen stellen sich uns, während wir vor den zarten Birken stehen, deren Blätter sich gerade nicht zwischen gelben und orangeroten Farbtönen entscheiden können.

Wo es heiß werden kann

Die trockenen Kuppen der Moore ragen aus der Mooroberfläche heraus wie Hügel. Ihre Größe kann stark variieren, ihre Oberfläche ist immer von dichten Torfmoospolstern bewachsen, allerdings von anderen Arten als in den nassen Schlenken. Im Inneren der Bulte sackt das Wasser ab, zudem können sie sich im Sommer stark aufheizen. Bulte werden von Pflanzen geprägt, die versuchen, dem Wasser zu entkommen. Zu den typischen Bewohnern zählen Zwergsträucher, die auch in Bergwäldern zu finden sind: Heidelbeere, Preiselbeeren oder Rauschbeeren. Diese lodern im Herbst in rötlichen Farben und bilden deutliche Akzente und natürlich auch Beeren. Im Spätsommer überzieht das Heidekraut die trockenen Bulte mit violetten Blüten, darunter mischt sich manchmal die weißlich-graue Rentierflechte mit ihren reichverzweigten Stämmchen. Torfmoose, Beerensträucher und Gräser leuchten in allen Farben des Sonnenuntergangs.

Die Bulte gleichen im Herbst einem elaborierten Strauß aus Trockenblumen in Farbtönen und Zusammenstellungen, die wir im Blumenladen nicht finden können. Dazwischen, wie zur Beruhigung der Augen überall eingestreut, das dunkle Grün der Latschen. Unveränderlich und ohne Jahreszeiten bilden sie das beständige Gerüst der Moore. Im trockenen Moosdickicht der Bulte finden sie ihren Platz. Über die Latschen in den Hochmooren wird viel diskutiert, sie gehören zur ursprünglichen Vegetation der Randbereiche oder der trockenen Bulte. Wenn sie überhandnehmen und das Moor vollständig überwachsen, deutet das auf eine Störung im Wasserhaushalt hin. Die Grenze zwischen diesen beiden Zuständen verschwimmt. Je größer und trockener die Kuppen des Moores sind, desto eher können Bäume dort keimen. Auf den Bulten wachsen manchmal Birken und Föhren und bei trockenen Bedingungen auch Fichten.

Wer würde heute von sich sagen, „dass die schönste Art einen heißen Julitag hinzubringen, sei, vom Morgen bis zum Abend auf einem Heidehügel mitten im Moor zu liegen", wie Emily Brontë (1818–1848) es in ihrem Roman *Sturmhöhe* beschreibt? Nur die Kreuzotter und die Berg- oder Mooreidechse würden sich dem anschließen, denn die Bulte dienen ihnen als Rast- und Wärmeplatz. Im Moor findet sich häufig die Höllenotter, eine rein schwarze Form der Kreuzotter. Die dunkle Färbung absorbiert mehr Sonnenlicht und erlaubt es den Tieren, sich in den kühlen Mooren besser zu erwärmen. Ich werde die pfauchende Schlange nie vergessen, welche sich auf einer Fichte schlängelte, die ein Mann bei einem Schwendeprojekt auf seine Schulter lud.

Sie war mit ihrem Kopf nahe bei seinem Hals, durch die ruhige Reaktion des Mannes kam es zu keinem Biss. Die Schlange pfauchte nur leise und ließ sich mit dem Baum auch wieder absetzen. Seit wir dieses Projekt vor acht Jahren ohne weitere Vorkommnisse abschließen konnten, gehe ich immer aufmerksam lauschend durch das Moor. Die Schlangen flüchten sofort, doch wenn es kalt ist, können sie sich nicht schnell bewegen und pfauchen, bevor sie sich in äußerster Not durch einen Angriff verteidigen. Die Höllenotter gehört mit ihrem archaischen, dunklen Gewand zum Moor und sie genießt wie ich diesen zeitlosen Ort als Rückzugsgebiet ohne menschlichen Einfluss. Bewege ich mich langsam, so darf ich mich manchmal nähern und den muskulösen Schlangenkörper betrachten, die schuppige schwarze Haut und die rotgoldenen Augen mit den schlitzförmigen Pupillen, die an Darstellungen von Drachen erinnern.

Torfmoos – Bleichmoos – Sphagnum

Ich gehe ins Moor, denn es gibt einiges, was ich vergessen möchte. Den Kummer zum Beispiel über den Tod von nahen Menschen. Kann ich den Kummer vergessen, ohne auch nur einen kleinen Teil meiner lebendigen Erinnerungen opfern zu müssen? Das Moor offenbart mir, dass Leben und Sterben zusammenhängen und die Erinnerung den „Torfmoos-Faden" darstellt, der beide verbindet.

Im Gehen werde ich mir der weichen Moosdecke immer bewusster und betrachte sie genauer. Die einzelnen Exemplare der Moose, so unterschiedlich auch ihre Farben sind, weisen alle eine ähnliche Form auf. Ich weiß, dass ich mich im Reich der Torfmoose befinde. Es gibt sie seit 400 Millionen Jahren, wie keine andere Pflanze beherrschen sie ihr Umfeld. Alles, was sich in diesen wunderschönen Farben rund um mich ausbreitet, ist Torfmoosland.

Diese Moose besitzen die einzigartige Fähigkeit, gleichzeitig abzusterben und weiterzuwachsen. Wie alle Moose haben sie keine Wurzeln. Die obersten Spitzen wachsen auf meterlangen, abgestorbenen Pflanzenteilen, die darunter zusammengepresst und umgekippt in kompakten Schichten gelagert werden und sich allmählich in Torf verwandeln. Damit legen sie in ruhiger Beharrlichkeit Millimeter um Millimeter eine Torfschicht auf die andere, wobei die Unterscheidung zwischen toten und lebenden Torfmoosen keine Rolle spielt. Es gibt diese Unterscheidung nicht. Niemand kann genau sagen, wo das Torfmoosleben beginnt und wo es endet.

In den letzten 10 000 Jahren konnten die Torfkörper auf diese Weise in großer Mächtigkeit emporwachsen. Heute liegen die letzten intakten Moore wie riesige, uralte Schwämme in der Landschaft und saugen den Regen auf, der ihre Lebensgrundlage darstellt. Das Regenwasser halten die Torfmoose zwischen ihren filigran verzweigten

Ästchen und entlang des Stammes, damit kann ihr Gewicht bis um das Dreißigfache zunehmen. Nach einem Regen stehen die Moose prall und dicht nebeneinander, kleine Quirle, Kopf an Kopf. Bei Trockenheit werden sie bleich und sogar weiß, denn die hohlen Zellen füllen sich mit Luft anstelle von Wasser.

Zusätzlich zur Wasserspeicherung besitzt das Torfmoos die Fähigkeit, ein saures Milieu mit niedrigem pH-Wert zu erzeugen. Mithilfe bestimmter Substanzen in der Zellwand können Torfmoose Nährstoffe aus dem Regenwasser filtern und gleichzeitig Wasserstoff-Ionen abgeben. Dadurch wird das Moorwasser fast so sauer wie Essigsäure. Die meisten Pflanzen überleben in diesem Milieu nicht. Somit wird das Torfmoos zum Alleinherrscher und wächst in ausgedehnten Matten mit unterschiedlichen Arten und Farben überall dort, wo das Moor noch intakt ist. Die Torfmoose bilden die heile Haut des Moores. Auch diese alte Bezeichnung für intakte Moore — sie liegen in heiler Haut — gehört zum vergessenen Sprachschatz der Moorwelt. Eine Metapher, die sich einprägt, denn wollen wir nicht alle mit heiler Haut leben?

Die Fähigkeit des Mooses Wasser aufzusaugen, haben sich früher Bootsbauer und Handwerker zunutze gemacht. Ebenso wie die vergessenen Begriffe der Moorwelt sind auch die Werkzeuge für die Verarbeitung von Moosen verloren gegangen. Die Verwendung von Moos lässt sich im Salzkammergut aus schriftlichen Quellen ab der Mitte des 18. Jahrhunderts belegen. Darin werden lokale Moosvorkommen und die Verwendung von Moos zum Abdichten der Fugen von Holzbooten und Holzbauten genannt sowie die spezifische Arbeitstechnik des „Schoppens" beschrieben.

Auch in Norddeutschland ist die historische Nutzung von Torfmoosen belegt. Aufgrund ihrer antibakteriellen Eigenschaften wurden sie als Wundverbände eingesetzt. Über Jahrtausende zählten die Torfmoose außerdem zu den wichtigsten Hilfsmitteln der Frauen, indem sie als Babywindeln sowie für alle hygienischen und saugfähigen Verbände in einem Frauenleben Verwendung fanden. Essenzielle Dinge des Lebens, die nie Erwähnung finden, weil man nicht darüber spricht.

Insgesamt waren die sanften Nutzungen der Moose aus den Mooren vielfältig und vor allem nachhaltig. Moore wurden durch das kleinflächige Pflücken der nachwachsenden Moose nicht zerstört. In lebenden Hochmooren wachsen Torfmoose über den Sommer einige Zentimeter, im Winter allerdings drückt der Schnee die Pflanzenteile wieder stark zusammen. Die Moose können auch nach einem Schnitt oder dem Pflücken wieder nachwachsen. Technische Versuche, diese alten Traditionen wiederzubeleben, werden gerade im Moorzentrum der Universität Greifswald durchgeführt. Torfmoose sollen dabei vor allem den Torf im Gartenbau ersetzen, der den Erdmischungen beigesetzt wird und für die Jungpflanzenanzucht Verwendung findet. Für den Gartenbau werden nämlich immer noch Moore abgebaut und die Mengen an abgebautem Torf, die alleine in der EU mehrere Millionen Kubikmeter im Jahr betragen, sind erschreckend. Wir verbrennen die Moore nicht mehr, wir verbrauchen sie für unsere Gärten.

Zerstörung und Verlust

Ich greife nach den Moosen vor mir auf dem Boden. Sie fühlen sich prall und feucht an, aber auch weich und nachgiebig. Wenn es nicht so nass wäre, würde sich hier ein idealer Lagerplatz anbieten. Ich versuche es mit einer wasserfesten Unterlage. Im Sitzen bin ich dem Moor näher und kann seinen Geruch wahrnehmen. Obwohl ich eigentlich auf einer hohen Decke von abgestorbenen Pflanzen sitze, riecht das Moor nicht nach Fäulnis. Im Gegenteil, es riecht nach Moos und herber Frische. Im Moor ist es still, das regt meine Erinnerungen an und gleichzeitig vergesse ich. Ein Mensch kann sich nie an alles erinnern, er würde aus Überforderung „verrückt" werden und zusammenbrechen. Wir brauchen das Vergessen, um offen für neue Erfahrungen zu sein. Vergessen und Erinnern erscheinen mir dabei wie ein fließender Prozess, wandelbar und weich wie die Decke des Moores. Ich bewahre manche Erinnerungen, die wie die langen Fäden des Torfmooses in die Dunkelheit hineinragen. Schicht um Schicht werden sie überlagert, aber die Verbindung reißt nicht ab.
Das Moor speichert Wasser und mit dem Aufwachsen der Torfmoose auch organische Masse. So wie meine Erinnerungen und Erfahrungen in den komplexen Strukturen meines Gehirns aufbewahrt werden. Die Ströme des Wassers im Moor werden in lebenden Strukturen gesammelt und in diffizilen Prozessen gespeichert. Wird ein Teil der Strukturen gekappt oder die heile Haut angeschnitten, beginnt das Wasser, dort seinen Weg aus dem Moor zu suchen.
Wieder hilft mir die Metapher der Erinnerung, diese Prozesse zu verstehen. Wenn die feinteiligen Strukturen in unserem Gehirn ge- oder zerstört werden, erkranken wir. Zuerst geht das Kurzzeitgedächtnis verloren und danach die länger zurückliegenden Erinnerungen. Die Menschen verblassen, ihre Persönlichkeit schwindet. Auch das harte Vergessen, welches durch Traumata, massive Störungen und harte Brüche gekennzeichnet ist, zerstört unsere Persönlichkeit, indem es Erinnerungen blockiert. Unter dem Vergessen leiden Menschen. Überall dort, wo im Moor harte Brüche, tiefe Gräben, alte Torfstiche oder neue Straßen die lebendigen Prozesse zerstören, leidet das Moor. Denn nur die lebendige Struktur kann Wasser halten und in all den Poren und Zellräumen speichern, die ein intaktes Moor ausmachen. Nur dort wirkt das Moor als Gedächtnis der Landschaft.

Heute erinnern wir uns wieder – Regeneration

Ich komme bei meiner Wanderung an das Ende des Moores, dort, wo ein tiefer Graben seinen mit Regen gefüllten Körper abrupt abschneidet. Im Winter bin ich der Spur eines Wildwechsels bis hierher gefolgt, um feststellen zu müssen, dass ich nicht die Sprungkraft von Rehen besitze. Ich musste umkehren und mir einen anderen Weg ins Moor suchen, zu tief war der Graben durch die zusätzlich erhöhte Schneedecke eingeschnitten, zu steil seine Wände und zu unsicher mein Sprung. Jetzt kann ich den bloßgelegten Torf an den Wänden des Grabens sehen, schwarz glänzende Torferde, und ich kann den Sprung wagen. Die Maulwurfshügel auf der benachbarten Wiese sind ebenfalls

schwarz und verraten das Geheimnis ihres Untergrundes, denn sie liegen auf dem Platz eines alten Moores. Die Wiese liegt heute um einen guten Meter tiefer. Sobald ein Moor entwässert wird, kann die Luft in die oberen Bodenschichten eindringen und damit beginnen Abbauprozesse. Der im Torf gebundene Kohlenstoff schwindet und löst sich im wahrsten Sinn des Wortes in Luft auf. Die meisten Moore wurden, soweit es möglich war, von der benachbarten Landschaft abgeschnitten, um die feuchten Wiesen in fruchtbares Land zu verwandeln, um mit Maschinen wirtschaften zu können und um jeden möglichen Zentimeter des Landes dem zuzuführen, was wir „Kultivierung" nennen. Danach wurden die Reste der Moore vergessen. Heute fangen wir wieder an, uns zu erinnern und suchen nach Wegen, die Gräben zu schließen, um die Moore wieder mit Wasser und Leben zu versorgen.

Ich stehe immer noch am Rand des Grabens, hier liegt der Bruch im Moor, hier liegt es nicht mehr in heiler Haut und das Wasser des Moores rinnt dem Gefälle folgend zu einem benachbarten Bachlauf. Der Wasserspiegel im Moor sinkt, die obersten Schichten trocknen aus, das Moor wächst nicht mehr und speichert nicht mehr. Doch an diesem Graben liegt auch die Chance auf Heilung. Bei einem ersten Projekt zur Regeneration wurde der Graben mit einem Querbauwerk aus Holz aufgestaut. Die Spundwand ist nichts anderes als ein Damm aus Lärchenbrettern, in Nut und Feder geschnitten. Die Bretter müssen so weit in den lehmigen Untergrund versenkt und so passend platziert werden, dass sie den unterirdischen Wasserstrom aufhalten und aufstauen. Der Damm aus Lärchenholz quillt und dichtet ab, ein dunkler Teich breitet sich dahinter aus. Der Damm staut alles, was dem Gefälle folgend durch den Graben rinnen würde. Ich frage mich, wo das Wasser herkommt, denn es hat schon lange nicht geregnet. Die Wasserströme im Moor sind für uns nicht offensichtlich. Nur dort, wo ein Graben, eine Kante oder ein Bruch den Torfkörper zerschneidet, treten sie zutage. Von den Huminsäuren dunkel gefärbt, füllt das Wasser den Stauraum. Bald wachsen dort grüne Torfmoose, es sieht so aus, als würden sie alte Wunden schließen. Das Moor wird diese Veränderung speichern. Irgendwann wird in seinen Schichten abzulesen sein, dass hier einmal ein Graben offen lag.

Gegenwärtig ist es nicht nur der Gedanke an den Naturschutz, der die Regeneration der Moore vorantreibt, sondern auch der Klimaschutz. Hochmoore sind Kohlenstoff-Lager, in ihren Torfschichten liegt er gespeichert. Eine 15 Zentimeter dicke Torfschicht enthält auf gleicher Fläche so viel Kohlenstoff wie ein 100-jähriger Waldbestand. Umgekehrt geben entwässerte Moore den gespeicherten Kohlenstoff rasch ab, denn mit dem Eindringen des Sauerstoffs oxidiert der im Torf gebundene Kohlenstoff und entweicht. Damit gelangen nicht nur riesige Mengen CO_2 in die Atmosphäre, sondern auch das über 300-mal klimaschädlichere Lachgas (N_2O). In Europa stammen fünf Prozent der freigesetzten Treibhausgase aus entwässerten Mooren. Moorschutz bedeutet daher auch Klimaschutz.

Die Torfkörper der Moore sind effektive Wasserspeicher und -filter und spielen eine wichtige Rolle im Wasserhaushalt einer Landschaft. Sie haben einen direkten Einfluss auf das lokale Klima. Wie ein Schwamm halten sie große Mengen an Wasser und geben dieses langsam und gefiltert wieder an die Luft ab, dadurch kühlen sie die Umgebung, reichern die Luft mit Feuchtigkeit an und können sogar regionale Niederschläge erzeugen. Intakte Moore entschärfen Überschwemmungen und Dürreperioden. Andererseits sind Moore von Trockenheit und steigenden Temperaturen spürbar betroffen, die oberen Torfschichten trocknen aus und der Wald rückt in die Moorkerne vor.

Könnte es heute etwas Wichtigeres geben als Klimaschutz und Ausgleich des Wasserhaushalts, der mit einer Förderung der Artenvielfalt einhergeht? Ein bedeutender Schritt in eine zukunftsweisende Entwicklung wäre, dem Schutz der Moore oberste Priorität einzuräumen. Das ist relativ leicht umzusetzen, indem wir auf Torfprodukte verzichten, intakte Moore bewahren und zerstörte Moorlandschaften wiederherstellen. Dafür sind keine hochtechnischen Projekte nötig, kein dramatischer Verzicht, wir müssen nur das Wasser wirken lassen und den Moosen Zeit geben — alles andere regelt sich von selbst und wir können dabei zusehen.
In allen Bundesländern Österreichs, aber auch in der Schweiz und in Deutschland sind Renaturierungsprojekte im Gang. Das sind erfreuliche Nachrichten und zukunftsweisende Initiativen. Das Wasser zieht wieder in die Moore ein. Damit diese Projekte der Öffentlichkeit präsentiert werden können, müssen aufwendige Wegebauten auf Stelzen und Pfählen oder Aussichtswarten die einzelnen Moore zugänglich machen. Ursprünglich gab es kaum Pfade durch Moore. Der schwankende, instabile Grund ließ keinen Wegebau zu. Knüppelwege oder aufgelegte Holzplanken versanken mit der Zeit und mussten ständig erneuert werden. Das Moor ist kein begehbarer Ort. Der Betritt zerstört die sensiblen Moosteppiche, und tiefe Wasserstellen sowie Schlangen stellen Gefahrenquellen dar. Moore sind Inseln des Rückzugs für viele Tierarten und das ist gut so.

Es ist Anfang Oktober und die Wolken hängen tief, mich führt noch ein letzter Arbeitsgang an den Rand eines Moorgebietes. In der Umgebung hat die Sonne schon ihr Werk vollendet und alle Tropfen aufgesaugt, allein im Moor hängt der Regen der vergangenen Nacht noch in den Zweigen der Birken und in den Ästchen der Moose. Nur im Moor halten sich die morgendlichen Nebelstreifen und ziehen in langen Schwaden über die Latschen, es wirkt so, als würden sie nur ungern Abschied nehmen. Ich mache kurz halt am Rand eines alten Torfstichs. Dort haben sich Moose angesiedelt. Es handelt sich um die Gattung der Widertonmoose. Alte Zauberpflanzen, die früher an die Häuser gehängt wurden, wider den Tod. An ihren Sporenkapseln sitzen einzelne Wassertropfen und funkeln in den durchdringenden Strahlen der Sonne, als wären sie von innen erleuchtet. Ich beuge mich tiefer hinunter und für einen Augenblick meine ich zu verstehen, welches uralte Band das Wasser mit dem Moor verbindet. Ein Band aus filigranen Mustern, gewebt in unendlich langsamen Prozessen, bestehend aus Tropfen und Tröpfchen.

Ein letzter Gruß des Moores.

True goodness
is like water.
Tao Te Ching

Die Begabungen des Wassers

9

Wasser ist heilig

Auf dem Vorplatz zum Schrein — der Brunnen.
Die rituelle Waschung vor dem Gebet in der Moschee.
Am Ufer des Flusses der Duft von Räucherstäbchen und
auf dem Wasser — tanzende Blumenketten.
In der Kühle des Domes ein Becken, mit Wasser gefüllt.

Wir können die rituelle Verwendung des Wassers in allen Religionen dieser Welt erfahren. Wir müssen dennoch zugeben, dass die Geste, mit der wir die Hände in das Wasser tauchen, leer geworden ist. Wo finden wir heute den Platz, es zu ehren und seinen Segen zu empfangen? Zwischen zwei Wasserkraftwerken oder dort, wo die Kläranlage den Fluss als Vorfluter verwendet, in der Pumpstation, die das Trinkwasser verteilt oder bei den Plastikflaschen im Regal eines Supermarktes? Wasser — überall heilig, überall genutzt und teilweise so dramatisch verschmutzt, dass sich in den Mägen der Meerestiere das Plastik sammelt.

Auf der Bühne steht eine Frau, vor ihr etwas, das aussieht wie ein Mischpult, in ihrer Hand ein Glas — mit Wasser gefüllt. Der Krug, den die Künstlerin neben das Mischpult gestellt hat, ist geleert. Sie hat das Wasser getrunken. In ihrer Darbietung schien es ein radikaler Akt zu sein, fast so als wäre es das letzte Glas Wasser auf diesem Planeten. In der Einfachheit dieser Geste liegt die Kraft der Aussage — das Wasser zu ehren.
Könnten wir das nicht alle auf unsere eigene Art versuchen?

Wasser ist ein Weltenbauer

Die letzte Wildnis dieses Landes gehört dem Wasser.
Dort fliegt der Reiher auf und löst sich mit schweren Schlägen seiner Flügel aus dem Sumpf.
Dort übertönt der Bach mit seinem Gurgeln den Lärm, den wir sonst überall zu machen pflegen.
Dort wartet das Moos auf die Fluten, die der schmelzende Schnee in das Tal bringt. Dort finden sich die letzten Besonderheiten dieser monotoner werdenden Welt, ein Kelchbecherling zum Beispiel, der dem Land der Bachschlinge eine neue Farbschattierung gibt — zinnoberrot.

Der Österreichische Kelchbecherling wächst auf den abgebrochenen Ästen von Bergahorn und Grauerle, die im feuchten Erdreich entlang der Bäche liegen. Das ist nur ein kleiner Fund und bei Weitem keine Sensation, aber es ist ein Stück der Vielfalt, die sich an den Orten finden lässt, die das Wasser begleiten. Die Spur des Wassers führt in Zwischenräume und Randbereiche, die von den unterschiedlichsten Lebensformen bewohnt werden und sich dem Zugriff des kultivierten Landes entziehen, ungezähmt und wild. Die seltenen Quellschnecken, das firnisglänzende Sichelmoos, der Alpenkamm-

molch oder die Seelaube, die Liste ließe sich seitenlang fortsetzen mit Namen, die uns nichts sagen, weil sie nicht häufig genannt werden — jeder einzelne eine Geschichte des Lebens im und am Wasser. 40 Prozent aller Arten der Erde sind auf Feuchtgebiete angewiesen. Viele davon sind mittlerweile selten, gefährdet oder vom Aussterben bedroht.
Wohin ich mich wende — die Räume, die das Wasser schafft, sind anders als der Fichtenwald und anders als die mehrfach abgeernteten Wiesen oder monotonen Äcker. Sie gehorchen einem älteren Muster, vielfältig, ungeordnet und komplex. Das Wasser ist ein Weltenbauer und ein Meister der Nischen und Übergänge: eine Bucht mit Grauerlen, in allen Stadien des Zerfalls begriffen. Eine Bachschlinge, zeitweise überschwemmt und von den riesigen Blättern der Bach-Pestwurz in einen Dschungel verwandelt. Ein Schilfgürtel, der von Wasservögeln bevölkert wird, die von weit her kommen und klingende Namen tragen. Ein flaches Teichufer, wo Schwärme von Kaulquappen grasen. Ein schmaler Auwaldstreifen mit zerfurchten Baumgestalten, Silberweiden und Pappeln, im Frühling erfüllt vom Getrommel der Spechte und dem Reviergesang unzähliger Vögel. Das Moos auf den Felsen im Bachbett, das sich über Jahre, Jahrzehnte, vielleicht Jahrhunderte geduldig dem Wasserstand angeglichen hat. Die Artenvielfalt der Räume, die dem Wasser folgen, sind das Erbe einstiger ausgedehnter Wasserlandschaften.
Was wir davon bewahren und wie wir das tun, müssen wir der nächsten Generation erklären.

Wasser entflieht und entfließt

> *Wir können es nicht in unseren hohlen Händen halten,
> es zerrinnt wie die Zeit. Selbst das Wasser des Sees
> entschwindet, löst sich in Luft auf. Doch eigentlich zerrinnt
> es nicht, es kreist. Es geht nie verloren, es verwandelt sich.
> Unablässig steigt der Dunst auf und unaufhaltsam strömt es den
> Berg hinab. Wasser besitzt die Flüchtigkeit von allem, was frei ist.*

Wasser kann völlig still sein oder sich kraftvoll bewegen, fest werden oder sich verflüchtigen. Es wird sich immer verwandeln, von einem Zustand zum nächsten wechseln, in andauerndem Übergang begriffen. Wasser bleibt dabei immer Wasser, egal welches Kraftwerk, welche Leitung, welche Wolke oder welches Schneetreiben es auf seinem Weg passiert. Es nimmt jede dargebotene Form an, es kann tropfen oder zerschmettern.

Diese Tatsache zu verstehen ist schwierig, weil wir für stetige Verwandlung keine Wahrnehmung haben. Wir sehen Veränderungen nur an den extremen Enden einer Skala, der dazwischenliegende Weg bleibt uns verborgen. Gerade die unsichtbaren und von uns nicht wahrgenommenen Prozesse beeinflussen das Leben auf diesem Planeten aber am nachhaltigsten: der Wasserkreislauf mit seinen dynamischen

Auswirkungen auf das Klima, die Speicherung des Wassers im Eis und seine Verflüssigung, die unergründlichen Wege in der Erde und im Gestein, sein Aufsteigen in den Pflanzen und der Luft. Dieses komplexe Geschehen nehmen wir als gegeben an und übernehmen für sein Wirken und Gelingen wenig Verantwortung. Dabei beeinflussen wir es andauernd. Wenn wir Blumen gießen, Wasserkraftwerke bauen, ein Abwassersystem einrichten oder den Boden versiegeln, greifen wir in den Wasserhaushalt ein. Wir müssen uns dessen bewusst werden — in allem, was wir tun, kreist das Wasser.

Im Wasser wirkt etwas, das älter und durchdringender ist als alles, was wir sonst kennen. Es bietet uns die Möglichkeit nachzudenken und unsere reduktionistische Vorstellung von der Welt infrage zu stellen. Wenn aus dem Nachdenken Lösungen entstehen, die den Eigenschaften des Wassers gerecht werden, dann gelingen dauerhafte Erfolge. Landschaften werden fruchtbar, Unwetter werden abgemildert, neue Arten siedeln sich an und geschädigte Ökosysteme können sich regenerieren.
Im Wasser zeigt sich unser Umgang mit der Welt, und mit dem Wasser können wir ihn verändern.

Wasser ist elementar und unersetzlich

Wenn die Trockenheit in den Bäumen knistert
und der Staub den Himmel verdüstert,
wenn die Lippen sich rau anfühlen und die Kehle eng,
wenn die Nieren nicht mehr vollständig arbeiten
und unser Blut dicker wird, dann leiden wir Durst.

Das Recht auf Wasser ist ein Menschenrecht. Wasser gilt als Gemeingut, das allen Menschen zugänglich sein muss. Am 28. Juli 2020 wurde das Recht auf Wasser von den Vereinten Nationen völkerrechtlich verankert. Das Wasser entflieht dennoch. Über zwei Milliarden Menschen haben gegenwärtig keinen Zugang zu sauberem Trinkwasser. Das Recht auf Wasser beinhaltet kein Recht auf seinen Kreislauf. Das ist die Realität des Wassers, die eine enorme Ungleichheit zur Folge hat. Der Zugang zu und die Verteilung von Wasser ist von Mangel und Überfluss gekennzeichnet.

Die fundamentale Beziehung zum Wasser, die in vielen Kulturen eine elementare und sakrale Rolle spielt, wird durch ökonomische und politische Bestrebungen unterwandert und zerstört. Wenn Trinkwasser vermarktet wird, wenn Firmen Wasserrechte erwerben und Grundwasser abpumpen, wo es in der Folge knapp wird, gerät das Wasser zur Ware. Der Konflikt um Wasser als Wirtschaftsgut oder Menschenrecht führt zu weitreichenden Fragen, die eine ethische Antwort und Verantwortung erfordern: Wasser ist keine Ware!
Nicht nur der gewinnorientierte Verkauf von Trinkwasser, vor allem auch der verschwenderische Umgang und „unbewusste" Konsum von Wasser verschärft in vielen

Regionen die Wasserknappheit. Das sogenannte virtuelle Wasser bezeichnet die Menge an Wasser, die für die Produktion, den Transport und den Verkauf eines Konsumgutes benötigt wird. Somit hat ein T-Shirt beispielsweise einen Wasserfußabdruck, der mehrere Tausend Liter betragen kann, je nachdem wo das Kleidungsstück hergestellt wurde. Fast alle unsere Lebensmittel und Konsumgüter weisen einen enormen Fußabdruck an verbrauchtem Wasser auf.

Durchschnittlich 130 Liter Trinkwasser werden in Österreich pro Tag und Kopf im Haushalt verbraucht. Zählt man die Lebensmittel und Konsumgüter dazu, kann sich dieser Verbrauch auf circa 4 700 Liter an virtuellem Wasser erhöhen. Uns bleibt keine Wahl, wir müssen trinken, um zu überleben.
Doch was wir wählen können, ist ein bewusster und sorgsamer Umgang mit dem Wasser, das wir zusätzlich konsumieren.

Wasser schafft Beziehungen

Auf der Aluminiumtafel haben sich fingernagelgroße Flechten angesiedelt. An den Rändern sitzen kleinste Tropfen. Die Tafel wird vom Wasser befeuchtet und von Flechten beschrieben. Nach dem Regen sind auf den Stämmen der jungen Buchen dunkle Spuren zu sehen, die in parallelen Linien zum Boden führen. Entlang dieser Linien gleitet das Regenwasser zur Erde wie von einer Hand geleitet, die sanft über den Baumstamm streicht. Wasser erzeugt Nähe.

Durch seine chemischen und physikalischen Eigenschaften verteilt sich das Wasser benetzend auf allen Oberflächen. Wenn sich der Hauch des Bachlaufs mit funkelnden Reifkristallen an die Zweige hängt, der Morgentau alles mit silbernem Tropfenwerk überzieht, fantastische Eisblumen an den Fenstern alter Häuser wachsen oder Schneekristalle filigrane Sterne auf dem dunklen Mantel der Erde bilden, entstehen detailreiche Muster von eigener Schönheit, die immer von Verbindung zeugen und immer in Beziehung stehen.

Wasser nimmt Stoffe auf, gibt Stoffe ab und verändert seine Zusammensetzung in Abhängigkeit von seiner Umgebung. Es transportiert, bewegt, trägt und berührt alles, was in seine Reichweite gelangt. Es durchströmt, erodiert, formt und gestaltet sein Umfeld. Das sind umfangreiche Prozesse, die von Vereinigung und Auflösung geprägt sind. Diese Muster sind in der Struktur des Wassermoleküls begründet. Vor uns verborgen werden andauernd Verbindungen hergestellt: die sich zusammenballenden Tropfen in den dunklen Bauschen der Regenwolken, die Anreicherung des Wassers mit wertvollen Mineral- und Nährstoffen auf seinem Weg durch Gestein und Boden oder das Aufsteigen der Saftströme in den vielschichtigen Gewebestrukturen der Pflanzen. Ein Beziehungsgeflecht, das die Atmosphäre mit den Schichten der Erde verbindet. Pulsierende Ströme als Ausdruck des Lebens.

Aus dieser beziehungsreichen Gegenseitigkeit entstehen intakte Systeme: Der Auwald wird vom Fluss genährt, sein Boden reinigt und filtert das Wasser. Der Morgentau löscht den Durst der Landschaft noch lange in den Tag hinein. Das Moor wächst aus dem Wasser und speichert es in vielschichtigen Strukturen. Diese Muster zu verstehen, zu lenken und zu nutzen ist die wahre Kunst im Umgang mit dem Wasser, indem Beziehungen geschaffen und Gemeinschaften gefördert werden.

„All flourishing is mutual", schreibt Robin Wall Kimmerer (2015).

Wasser sucht immer den Ausgleich

In der Nacht hat es geregnet, die erhitzten Räume
werden von einem kühlen Luftzug durchströmt.
Der feuchte Film auf der warmen Haut löst sich auf.
Es beginnt mit dem Wind und endet mit Regen.

Die Ozeane sind die größten Wärmespeicher der Erde, sie regulieren das Klima, indem sie die gespeicherte Wärme graduell abgeben. Die vom Wasser erwärmte Luft fließt an Orte mit tieferer Temperatur. Umgekehrt kühlen die Ozeane und Gewässer ihre Umgebung, indem Wasser verdunstet und dabei der Luft Wärme entzieht, die für den Wechsel der flüssigen in die gasförmige Phase benötigt wird. In seinem Bestreben des Ausgleichs folgt das Wasser diesem Gesetz.

Daraus wird verständlich, dass Extreme zu stärkeren Ausgleichsbewegungen führen. Steigende Temperaturen können in der Folge orkanartige Stürme oder energiereiche Gewitterzellen erzeugen, außerdem führen sie zur Veränderung der großen Strömungssysteme der Ozeane. Das Geflecht der Bewegungen von Wasser und Luft beginnt sich auf der ganzen Welt zu wandeln. Das Wasser antwortet auf diese Veränderungen rasch, dynamisch und ohne Verzögerung. Anders als die steigende Konzentration an Kohlenstoffdioxid in der Atmosphäre, die wir zwar messen, aber nicht wahrnehmen können, lassen sich die Reaktionen des Wassers direkter erfahren: gestrandete Boote, die auf den ausgetrockneten Flüssen des Amazonas auf Grund laufen, ein Hang, der sich mitsamt den dort wachsenden Bäume in die Tiefe bewegt, eine Frau, die bis zum Hals im Wasser steht — ihr Kind auf den Schultern.

Wo wir die Extreme vorantreiben, in den versiegelten Hitzeinseln der Städte, in den entwässerten Landschaften oder den entwaldeten Bergen, werden die Reaktionen des Wassers und seine Ausgleichsbestrebungen gewaltsamer ausfallen und mit Zer-

störung einhergehen. Im Gegensatz dazu bietet uns das Wasser seine ausgleichenden Wirkungen in positiver Weise an: in Mooren, die ihr Wasser langsam und graduell abgeben, in intakten Wäldern, die Niederschläge speichern und das Grundwasser speisen, in Teichlandschaften oder in Feuchtgebieten, die ihre Umgebung kühlen.
Wir sollten den Weg des Wassers gehen, das ist der Weg des Ausgleichs und nicht der Extreme.

Wasser bietet uns Hoffnung

Hoch über der Terrassentür sitzt ein Frosch im Wilden Wein. Grasgrün und nur von einer braunen Linie gezeichnet, die sich von seinen großen, runden Augen bis zum Bauch zieht. Wir hätten den Frosch nie entdeckt, wenn sein durchdringender Ruf nicht wäre, der sich als fremder Klang von den Geräuschen des Gartens abhebt. Mächtig bläht er seine Schallblase auf und wir wissen nun, dass es sich um einen männlichen Laubfrosch handelt. Der Frosch und sein Ruf sind neu hier, er konnte einziehen, weil vor etlichen Jahren im Zug eines Naturschutzprojektes Teiche in der Umgebung geschaffen wurden, die sein Überleben ermöglichen.
Sein lautstarkes Dasein, sein ungewöhnlicher Platz über unseren Köpfen und seine leuchtend grüne Farbe verleihen dem Sommertag eine exotische Note.
Das Wasser hat ihn zu uns geführt. Er ist ein drei Zentimeter großer, grasgrüner Hoffnungsschimmer.

In diesem Sommer hat die Europäische Union ein neues Gesetz zur Wiederherstellung geschädigter Ökosysteme beschlossen. Momentan gelten 81 Prozent der Lebensräume europaweit als degradiert und befinden sich in einem schlechten Zustand. Allen voran die Feuchtgebiete. Ihre Struktur ist verarmt, die Artenaustattung ungenügend, die Funktionen reduziert, Eingriffe im Umfeld ziehen Beeinträchtigungen nach sich und invasive Arten wandern ein. Damit wir die vorgegebenen Ziele erreichen, müssen wir uns wieder mit dem Wasser verbünden. Ich sehe die Vision, sehe die Widerstände, sehe den mühsamen Weg der Umsetzung, aber dahinter erscheinen Bilder von Landschaften, in denen das Wasser sich entfalten kann: in regenerierten Mooren, entlang neuer Bögen an den Ufern der Flüsse, am schattigen Lauf der Bäche, in kleinen Teichen oder großen Feuchtgebieten. Das Wasser ermöglicht Erneuerung, wo immer es eingeladen wird, seine Wirkung zu entfalten, und wir dürfen nie vergessen: Es ist Grundlage allen Lebens.

Seit Tagen ruft der Laubfrosch nun regelmäßig. Er wechselt den Ort und hält sich öfter neben dem kleinen Teich auf. Nur zwei Quadratmeter groß, bietet er ihm dennoch das wichtigste Gut an: Wasser.

Wasser berührt uns

*Der Regen hat mich bis auf die Haut durchnässt.
Der warme Strahl der Dusche löst die klamme
Kälte aus den Gliedern. Erfrischend gleitet das Wasser
die Kehle hinunter. Seidig umfängt mich der See.
Die Wellen, das Fließen, der Klang — Wasser rührt mich an.*

Das Wasser ist in uns. Jeder Atemzug trägt seine Spuren, jedes Gericht seine aufbauende Kraft, jeder Gang durch die Landschaft offenbart es, pulsierend, strömend und in ständigem osmotischem Austausch begriffen. In den Gewässern wird es sichtbar, in den fließenden Strukturen der Bäche und Flüsse, in den ruhenden Tiefen der Seen, den kleinen Becken der Teiche.

„We have a blue mind", schreibt der Autor des gleichnamigen Buches, J. Nichols Wallace. Ein Geisteszustand, der sich als meditativ, friedlich und zufrieden charakterisieren lässt. Ein Zustand, der vor allem in der Nähe von Wasser in all seinen Erscheinungsformen auftritt. Der Klang des Wassers soll nach neuesten Forschungen einen ähnlichen Effekt haben wie Meditation, er verändert die Hirnströme und Entspannung setzt ein. Viele Menschen verwenden Wassergeräusche, um einschlafen zu können oder sich zu beruhigen. Nicht nur die Geräusche, auch die visuellen Eindrücke von Wasser haben einen positiven Einfluss auf Stress und Anspannung. Es sind die Muster des Wassers, die unsere Aufmerksamkeit gerade mit der richtigen Intensität fesseln. Muster, die jeweils aus einzigartigen Details bestehen, sich jedoch in einem regelmäßigen Rhythmus wiederholen. Die Kombination aus Muster und Rhythmus bewirken, dass wir nicht ermüden. Für jeden hält das Wasser Eindrücke bereit. Seine fließende Qualität bereichert unsere Imagination, es verwischen die Grenzen und die harten Linien, eine ununterbrochene Auflösung geht vor sich. Der Zustand intensiver Konzentration und restlosen Aufgehens in einer Tätigkeit wird nicht umsonst mit dem Wort „flow" bezeichnet. Der Geist beginnt zu fließen — ein Moment der Selbstvergessenheit.

Vielfältige Sinneseindrücke sind allerdings nur in naturnahen Wasserlandschaften möglich. Tosende Wasserfälle, ein schwingender Bachlauf, tiefe Seen oder stille Teiche bieten intensive Naturerlebnisse. Diese Eindrücke sind nicht austauschbar, nicht zu ersetzen. Wir können den Sprühnebel eines Wasserfalls in einem Film nicht auf der Haut spüren und den See in einem Buch nicht durschwimmen.
Nur wenn wir eintauchen, kann uns das Wasser tragen.

Wasser lehrt uns zu sein

Das Wasser ist fremd und das Wasser ist dein,
von hier und doch nicht von hier.
Eine Weile bist du der Brunnenstein
und es spiegelt die Dinge in dir.

Rainer Maria Rilke (1875–1926)

Das Wasser lässt mich teilnehmen an der Welt. In der Beobachtung seiner Erscheinungsformen entsteht die Aufforderung, sich seinen Prozessen anzuvertrauen.

Wo die Quelle sprudelt, spüre ich keinerlei Anstrengung, erkenne keinen Kraftaufwand, sehe keine Angst vor Verausgabung.

Wenn ich dem Rinnsal folge, führt es mich über schlammigen Grund, es nützt jede Ritze, um sein Ziel zu erreichen, kein Weg ist ihm zu gering.

Der Bach vertieft mein Lauschen, bis ich an seinem Grund angelangt bin. Dort tönen die Steine.

Im stürzenden Fall erkenne ich eine Kraft, die darin liegt alles loszulassen. Wie von selbst verwandelt sich das Wasser in sprühende Gischt.

Am Fluss werde ich leichter, werfe Ballast ab, lasse meine Erwartungen an den Ufern zurück, verliere meine Gestalt und finde mich ohne Form wieder.

Am Ende des Tages beherbergt die Lacke vor meinem Haus den Abendhimmel und lädt mich ein, meine Perspektive zu wechseln, nur im Knien kann ich sein Licht erblicken.

Der Tau zeigt mir die Wiese in anderem Licht: Er unterscheidet nicht, bevorzugt keinen Grashalm, benetzt alles ohne Unterschied — und glänzt in jeder Perle.

Am Ufer des Teiches komme ich zur Ruhe, Gelassenheit schimmert zwischen den Blättern der Seerosen, wo die Molche grasen und die Schnecken schwimmen.

Im Sommer ruft mich der See. Dort finde ich Gegenwart.

Der letzte Gang des Jahres führt mich ins Moor, dort spüre ich eine Sanftheit, die in den Moosen, in den molligen Schichten des Torfes wohnt und alles Sterbende beherbergt.

Be water my friend.

Bruce Lee (1940–1973)

Danke!

Der Dank steht immer am Schluss eines Buches, obwohl die Gesamtheit der Unterstützungen ein Projekt von Anfang an begleiten, tragen und überhaupt erst ermöglichen. Ich sage Danke an alle, die mich ermutigt haben, ins Wasser zu springen.

Unermüdlich und mit schier grenzenloser Geduld hat mein Mann Thomas Seiler an meinen Sorgen und Nöten beim Schreiben teilgenommen. Seine Beschäftigung mit meinen Texten führte immer dazu, dass sich Knoten lösten, neuer Schwung einkehrte und so manches Adjektiv verschwand. Mein Sohn hat mich in Gedanken begleitet, stellvertretend für die Generation, die vom Wasser und seiner ungleichen Verteilung und Qualität in Zukunft vermehrt betroffen sein wird.

Bedanken möchte ich mich bei meinen Eltern, dem Kreis meiner Freundinnen und Freunde und meinen Tieren, die mich bestärken auf diesem Weg, der allein begangen, aber nur gemeinsam bewältigt werden kann.

Allen kritischen Leserinnen und Lesern von Teilen meiner Texte danke ich für ihre fachlichen Anmerkungen: Eva Berger, Kerstin Böck, Marianne Skacel, Daniel Kreiner und Christian Schröck.

Für die beigesteuerten Fotos von meinem Bruder Helfrid Hochegger, von Kurt Krimberger, Werner Krupitz, Stefan Brameshuber und Daniel Kreiner möchte ich meine Wertschätzung ausdrücken.

Für ihre Begeisterung, ihr Fachwissen und die Zeit, die ich mit ihnen verbringen durfte, bekunde ich meinen langjährigen Kolleginnen und Kollegen aus dem Naturschutz großen Dank. Ihre Anregungen und viele wertvolle Informationen sind in dieses Buch – wie das Wasser – eingeflossen.

Bedanken möchte ich mich außerdem und das nicht zuletzt bei meinem Verlag und seiner Leitung, Michaela Schachner und Gerald Klonner, für die Heimat, die sie meinen Texten bieten. Danke auch meiner Lektorin Martina Schneider für ihre geduldige Arbeit an meinem Text und Michael Punz für die inspirierende Gestaltung desselben.

Bad Mitterndorf, Jänner 2024

Die Autorin

Karin Hochegger war jahrelang als Sachverständige für Naturschutz tätig. Derzeit leitet sie die Bezirksstelle Liezen des Naturschutzbundes und arbeitet an Renaturierungsprojekten von Mooren und Feuchtgebieten im Ausseerland und im Ennstal.

Verwendete und weiterführende Literatur

1. Wasser — Bedingung allen Lebens

AUDEN, Wystan Hugh: First Things First. In: The Complete Works of W. H. Auden: Prose, Volume III: 1949–1955, Princeton University Press, Princeton 2008

ALEXANDERSSON, Olof: Lebendes Wasser, über Viktor Schauberger und eine neue Technik unsere Umwelt zu retten. Ennsthaler Verlag, Steyr 1998

BOCCALETTI, Giulio, Water, a Biography. Pantheon Books, New York 2021

BRECHT, Bertolt: Gesammelte Werke in acht Bänden: Band 4 Gedichte. Suhrkamp Verlag, Frankfurt am Main 1967

EISELEY, Loren: The Flow of the River. In: The American Scholar, Vol. 22, No. 4, pp. 451–458, The Phi Beta Kappa Society, Washington 1953

FUNKE, Cornelia: Tintenherz. Dressler Verlag, Hamburg 2003

GOOLEY, Tristan: How to read Water. Hodder & Stoughton, London 2016

MUIR, John: John of the Mountains: The Unpublished Journals of John Muir. University of Wisconsin Press, Wisconsin 1979

RETI, Ladislado (Hrsg.): Leonardo Künstler Forscher Magier. Fischer Verlag GmbH. Frankfurt am Main 1974

RITZER, Uwe: Zwischen Dürre und Flut. Penguin Verlag, München 2023

SHEPARD, Nan: Der lebende Berg. Matthes & Seitz, Berlin 2020

TORMA, Franziska: Wasser., Reclam Verlag, Stuttgart 2020

https://cloudatlas.wmo.int/en/cumulus-humilis.html 24.01.2024
https://www.weltderphysik.de/gebiet/erde/atmosphaere/klimaforschung/wolken/ 24.01.2024
https://www.quarks.de/umwelt/faq-so-viel-wasser-gibt-es-auf-der-erde/ 24.01.2024

2. Quelle und Ursprung

DIE ZEIT: Leise verschwindet das Eis. Die Zeit Nr. 44, 27.10.2002

GOETHE, Johann Wolfgang von: Italienische Reise. Reclam Verlag, Ditzingen 2020

HASEKE, Harald et al.: LIFE-Ausseerland: Dokumentation Quellwoche 2016. ÖBf AG, Forstbetrieb Inneres Salzkammergut, Bad Goisern 2016

HUTTER, Claus P.: Quellen, Bäche, Flüsse und andere Fließgewässer. Weitbrecht Verlag in Thienemanns Verlag, Stuttgart 1996

NATIONALPARK KALKALPEN (Hrsg.): Karstquellen im Nationalpark Kalkalpen. Band 17, Schriftenreihe Nationalpark Kalkalpen, Molln 2017

SEEBACHER, Robert: Der Sagtümpel bei Tauplitz (Steiermark) – Renaturierung einer Riesenkarstquelle, In: Die Höhle, 69. Jg./Heft 1–4/2018

WENGER, R., Lalou, J., Hapka, R.: Quellen der Schweiz – Naturschauplätze im Wasserschloss Europas. Haupt Verlag, Bern 2021

VÖLKL, Gerhard: Karsthydrologie und Höhlenforschung (20–22), Zoologisch-Botanische Datenbank/Digitale Literatur 1979

ZOLLHÖFER, Jens Martin: Quellen, die unbekannten Biotope. Erfassen, bewerten, schützen. Bristol-Schriftenreihe Band 6, Bristol Stiftung, Forschungsstelle für Natur- und Umweltschutz, Zürich 1997

KREINER, Daniel (Red.): Quellen – Schriften des Nationalparks Gesäuse, Band 7, Nationalpark Gesäuse GmbH (Hrsg.), Weng 2012

PAULSSON, M., Liechti, K. (Hrsg.): Im Wasserschloss Europas – Perspektiven und Herausforderungen, UNESCO-Welterbe Schweizer Alpen Jungfrau-Aletsch, Naters 2013

RACINE, T. M. F., Reimer, P. J., Spötl, C.: Multi-centennial mass balance of perennial ice deposits in Alpine caves mirrors the evolution of glaciers during the Late Holocene. Sci Rep 12 (11374) 2022: https://www.uibk.ac.at/de/newsroom/2022/klimawandel-bedroht-eishohlen-in-osterreich/ 24.01.2024

HÜGLI, Regina Swiss Photographer and Artist: https://www.reginahuegli.com/ 20.01.2024
Neptun Staatspreis für Wasser 2023, Regina Hügli: „Auf des Wassers Scheide – Lichtzeichnungen der europäischen Hauptwasserscheide“

https://www.neptun-staatspreis.at/projekte/regina-huegli-auf-des-wassers-scheide-lichtzeichnungen-der-europaeischen-hauptwasserscheide/ 24.01.2024

Nein zum Ausbau des Kraftwerks Kaunertal:
https://www.wwf.at/kaunertal/ sowie https://www.lebenswertes-kaunertal.org/ 24.01.2024

Das Projekt Ausbau Kraftwerk Kaunertal (AK):
https://www.tiwag.at/unternehmen/unsere-kraftwerke/ausbauvorhaben/ausbau-kaunertal/ 24.01.2024
https://austria-forum.org/af/Kunst_und_Kultur/B%C3%BCcher/Heilige_Quellen 24.01.2024
https://www.unicef.de/informieren/aktuelles/blog/-/weltwassertag-2023-zehn-fakten-ueber-wasser/275338 24.01.2024

3. Aqua viva – Rinnsal, Bach und Wasserfall

BRAMESHUBER, Stefan, GFRERER, Verena: Erhebung und Maßnahmen für den Steinkrebs im LIFE+ Projekt „Naturwald, Moore und Lebensraumverbund im Ausseerland“ Steiermark, Austria. Forum Flusskrebse, Heft 27/2017

BRAMESHUBER, Stefan, GFRERER, Verena: Steinkrebse (Austropotamobius torrentium), Schrank (1803) im Bundesland Salzburg. Salzburgs Fischerei Heft 2/2018

BRAMESHUBER, Stefan, GFRERER, Verena: LIFE+ Projekt Ausseerland II: Erhebungen und Maßnahmen für den Steinkrebs (Austropotamobius torrentium) im Rahmen von LIFE+ und ELER. Mitteilungen des Naturwissenschaftlichen Vereines für Steiermark, Band 150: 75–89, Graz 2021

BUNDESMINISTERIUM für Land- und Forstwirtschaft, Umwelt und Wasserwirtschaft, Sektion IV (Hrsg.): Leitfaden zur hydromorphologischen Zustandserhebung von Fließgewässern, Wien 2015

DILLARD, Annie: Pilger am Tinker Creek, Naturkunden Nr. 28 Judith Schlansky (Hrsg.) bei Matthes & Seitz, Berlin 2016

JUNGWIRTH, M., Haidvogl, G., Moog, O., Muhar, S., Schmutz, S.: Angewandte Fischökologie an Fließgewässern. Facultas Verlag, Wien 2003

KREINER, Daniel, ZECHNER, Lisbeth: Der Johnsbach, Schriften des Nationalparks Gesäuse, Band 3, Nationalpark Gesäuse GmbH (Hrsg.), Weng 2008

KREINER, Daniel, MARINGER, Alexander: Natura 2000 – Europaschutzgebiete, Der GEO-TAG im Hartelsgraben, Schriften des Nationalparks Gesäuse, Band 13, Nationalpark Gesäuse GmbH (Hrsg.), Weng 2017

LEOPOLD, Aldo: A Sand County Almanac and Sketches Here and There. Oxford University Press, New York 1949

MOOSLECHNER, Walter: Geheimnisvolle Liechtensteinklamm, St. Johann im Pongau. Verlag Anton Pustet, Salzburg 2013

MOOSLECHNER, Walter: Gebirgswasser, Schnee und Eis. Verlag Anton Pustet, Salzburg 2019

NATURSCHUTZBUND STEIERMARK: Europaschutzgebiet Feistritzklamm – Herberstein, Naturvielfalt einer oststeirischen Landschaft. Naturschutzbund Steiermark (Hrsg.) Graz 2004

PFARL, Peter, MAYERHOFFER, Wolfgang: Die Traun. Verlag Anton Pustet, Salzburg 2019

POINTINGER, Matthias: Toplitzbach-Renaturierung Zwischenbericht – 1. Rückbauphase abgeschlossen – Forstbetrieb Bad Aussee/ ÖBf AG. In: Österreichs Fischerei – 56/2003: 295–296

RODEWALD, Raimund, BAUR, Bruno (Red.): Wasserfälle – Ökologische und soziokulturelle Leistungen eines bedrohten Naturmonumentes. Bristol Stiftung, Haupt Verlag, Bern 2015

REMSCHAK, C., OLIFIERS, M., MEISCH, C., GERECKE, R.: Zur Wirbellosenfauna der Quellen und Bäche im Wildnisgebiet Dürrenstein. In: Silva Fera – 5/2016: 49–70

RILKE, Rainer Maria: Die erste Duineser Elegie, In: Rainer Maria Rilke, Band 1–2, Gedichtzyklen. Inselverlag, Frankfurt am Main 1982

RUDOLF-MIKLAU, F., HÜBL, J., SCHATTAUER, G., RAUCH, H.P., KOGELNIG, A., HABERSACK, H., SCHULEV-STEINDL, E.: Wildholz – Praxisleitfaden. Schriftenreihe 1, Handbuch 2, 1–32, Int. Forschungsges. Interpraevent, Klagenfurt 2011

SCHILLER, Friedrich: Der Taucher. In: Goethe Schiller Balladen. Insel Taschenbuch, Frankfurt am Main 1992

https://www.waldwissen.net/de/lebensraum-wald/naturschutz/gewaesser/oekologische-funktionen-kleiner-fliessgewaesser 24.01.2024
https://www.lbv.de/naturschutz/lebensraeume-schuetzen/baeche/ 24.01.2024
https://www.kalkalpen.at/de/Fliessgewaesser 24.01.2024
https://lanius.at/Wordpress/projekte/laufende-projekte-2/steinkrebs/ 24.01.2024
https://www.bundesforste.at/fileadmin/news_import/Bundesforste-Folder_Aktiv_fuer_Steinkrebs_Amphibien_2017.pdf 24.01.2024

ELER Projekt „Monitoring und Management von Steinkrebsbeständen Ausseerland“ 2018–2020
Projektträger: ARGE Naturschutz Ausseerland und Ennstal (2018–2020):
https://www.artenreich.at/referenzen/natur-artenschutz/ 24.01.2024
https://oe1.orf.at/programm/20190819/561302/Gefaehrdete-Scherenritter-in-heimischen-Gewaessern 24.01.2024
https://de.wiktionary.org/wiki/Wasserfalleffekt 24.01.2024

SUIKINKUTSU
https://de.wikipedia.org/wiki/Suikinkutsu 24.01.2024

TSUKUBAI
https://de.wikipedia.org/wiki/Tsukubai 24.01.2024

4. Jeder Fluss ist eine Reise

BOLKART, Pia (2010): Nachhaltiges Flussgebietsmanagement an der steirischen Enns, Masterarbeit, Universität für Bodenkultur, Institut für Hydrobiologie und Gewässermanagement, Wien

CELAN, Paul: Stimmen. In: Sprachgitter. S. Fischer Verlag, Frankfurt am Main 1959

DICKINSON, Emily: Hope is the Thing with Feathers. In: The Complete Poems of Emily Dickinson Back Bay Books, Boston 1976

FINGERNAGEL, W., PREGARTBAUER, M.: Lebensader Leitha. Eine Flussbiografie, Verlag Anton Pustet, Salzburg 2023

GEPP, J., POSTL, W.: Schwarze Sulm, ein Flussjuwel Österreichs. Naturschutzbund Steiermark (Hrsg.), Eigenverlag, Graz 2015

GÜNTSCHL, Ernst: 100 Jahre Ennsregulierung. Festschrift. Verlag Natur und Technik, Wien 1960

HASITSCHKA, J., HÖBINGER, T., KREINER, D.: Gesäuse Landschaft im Wandel. Nationalpark Gesäuse GmbH (Hrsg.), Weng 2014

HOHENSINNER, S., MUHAR, S., JUNGWIRTH, M., POHL, G.: Leitlinie Enns. Universität für Bodenkultur Wien, Institut für Hydrobiologie und Gewässermanagement, Wien 2008

HORNICH, Rudolf: Hochwasserschutz Grimmingbach/Enns Gemeinde Pürgg-Trautenfels. Amt der Steiermärkischen Landesregierung, Bundeswasserbauverwaltung, (Hrsg.), Graz 2005

KREINER, Daniel, MARINGER, Alexander (Red.): Enns und Moor. Schriften des Nationalparks Gesäuse, Band 10, Nationalpark Gesäuse GmbH (Hrsg.), Weng 2013

LAING, Olivia: To the River: A Journey beneath the Surface. Canongate Books. Edinburgh 2017

LUMPE, H., LUMPE J.: Im Land der steirischen Enns. Eigenverlag, Liezen 1990

MUHAR, Susanne, MUHAR, Andreas, EGGER, Gregory, SIEGRIST, Dominik (Hrsg.): Flüsse der Alpen. Vielfalt in Natur und Kultur. Bristol Stiftung, Haupt Verlag, Bern 2019

REICHHOLF, Josef H.: Flussnatur: Ein faszinierender Lebensraum im Wandel. Oekom Verlag, München 2021

RUMIZ, Paolo: Die Seele eines Flusses. Auf dem Po durch ein unbekanntes Italien. Folio Verlag, Wien 2018

SCHMIDSBERGER, J., SCHMIDSBERGER, C.: Salzkammergut. Der Weg des Wassers. Karl-Verlag, Berndorf 2022

SCHMUTZ, Stefan et al.: Der Huchen stirbt aus – was tun? In: Zeitschrift des Österr. Fischereiverbandes, Sonderausgabe, Wien 2023

SMITH, Laurence C.: Weltgeschichte der Flüsse: Wie mächtige Ströme Reiche schufen, Kulturen zerstörten und unsere Zivilisation prägen. Siedler Verlag, München 2022

SOVINC, A.: Protection study of the Vjosa River Valley based on IUCN protected area standards. IUCN, Belgrad 2021

VERBAND DER WASSERGENOSSENSCHAFTEN (Hrsg.): Meliorationen im Enns- und Paltental. Eigenverlag, Liezen 1985

ZAHNER, Volker: Biberdämme und ihre Wirkung. In: Anliegen Natur. Zeitschrift für Naturschutz und angewandte Landschaftsökologie, Heft 40(2), Bayerische Akademie für Naturschutz und Landschaftspflege (ANL), Laufen an der Salzach 2018

https://www.wwf.at/das-schuetzen-wir/fluesse/ 24.01.2024
https://damremoval.eu/ 24.01.2024
https://siwi.org/stockholm-water-prize/laureates/2023-professor-andrea-rinaldo 24.01.2024
https://life-iris.at/ 24.01.2024
https://www.fluessevollerleben.at/aktuelle-bedrohung-karte/ 24.01.2024
https://de.wikipedia.org/wiki/Flussheiligtum 24.01.2024
https://naturschutzbund.at/newsreader-3/items/auenstrategie-oesterreich-2030.html 24.01.2024
https://info.bml.gv.at/service/publikationen/wasser/Auenstrategie-fuer-Oesterreich.html 24.01.2024
https://www.thebeaverbelievers.com/ 24.01.2024

5. Von kleinsten Gewässern, Tauperlen und Wassertröpfchen — dem Marginalen Beachtung schenken

HAIKU in englischer Übersetzung: This dewdrop world — Is a dewdrop world, And yet, and yet . . .
Die deutsche Übersetzung erfolgte durch die Autorin.

KOSSER, Ursula, BERGIUS, Susanne: Die Wunderwelt der Pfützen. Eine Hommage an das kleinste Gewässer der Erde. Oekom Verlag, München 2023

MATZ, Gilbert, WEBER, Denise: Amphibien und Reptilien. BLV Verlagsgesellschaft, München 1983

MACKENZIE, Lewis: The Autumn Wind: A Selection from the Poems of Issa, Kodansha USA Publishing, LLC, New York 1984

MEUSERS, R.: Die schönsten Pfützen der Welt. Spiegel, Netzwelt, Hamburg 2015

PREUSSLER, Otfried: Der Räuber Hotzenplotz. Thienemann Verlag, Stuttgart 1974

SOLCEROVA, A., VAN EMMERIK, T., HILGERSOM, K., VAN DE VEN, F., VAN DE GIESEN, N.: Uchimizu: A Cool(ing) Tradition to Locally Decrease Air Temperature. In: Water, 10 (6), 2018

STORL, Wolf-Dieter: Borreliose natürlich heilen: Ethnomedizinisches Wissen, ganzheitliche Behandlung und praktische Anwendungen. AT Verlag, Aarau 2007

https://www.theguardian.com/technology/2016/jan/06/the-internet-cant-stop-watching-this-livestream-of-people-trying-to-cross-a-puddle 24.01.2024
Pfützenfotografie: https://www.chriscarrfineart.com/about-chris-carr/ 24.01.2024
https://www.umweltberatung.at/bodenversiegelung-und-flaechenverbrauch 24.01.2024
https://www.birdlife.at/blog/aktuelles-zur-vogelwelt-1/post/bauanleitung-fur-lehmlacken-52 24.01.2024

UCHIMIZU:
https://uchimizu.jp/en/ 24.01.2024
https://asienspiegel.ch/2018/08/uchimizu-japans-traditionelle-kuehlmethode 24.01.2024
https://www.hibiyakadan.com/lifestyle/z_0079/ 24.01.2024

6. Stille Wasser — Tümpel, Teich und Weiher

BASHO, M.: The Complete Haiku of Matsuo Basho, University of California Press, Oakland 2022
https://www.bopsecrets.org/gateway/passages/basho-frog.htm 24.01.2024
Verwendet wurde die Übersetzung von R. H. Blyth.

BAUER, Christian: Waldviertler Teiche. Denisia 33, Kataloge des oberösterreichischen Landesmuseums Neue Serie 163: 157–166, Linz 2014

BERGER, Eva: Historische Gärten Österreichs. Band 1–3, Böhlau Verlag, Wien 2004

BUSTA, Christine: Das andere Schaf. Stiasny Verlag, Graz und Wien 1959

GOETHE, Johann Wolfgang von: Fragment über die Natur, In: Bröckers, Mathias: Newtons Gespenst und Goethes Polaroid. Westend, Frankfurt am Main 2019

HENNEBO, Dieter: Gartendenkmalpflege. Verlag Eugen Ulmer, Stuttgart 1985

HILL, M. J., H. M., Greaves, et al.: Pond ecology and conservation: research priorities and knowledge gaps. Ecosphere 12(12), Wiley Periodicals LLC on behalf of The Ecological Society of America, 2021

KABISCH, K., HEMMERLING, J.: Tümpel, Teich und Weiher. Landbuchverlag, Hannover 1982

KRAVČÍK, Michael: Wasserparadigma (2007): http://www.waterparadigm.org/download/Water_for_the_Recovery_of_the_Climate_A_New_Water_Paradigm.pdf

KREMER, Bruno P.: Stille Wasser. Leben zwischen Regenpfütze und Salzsee. Wissenschaftliche Buchgesellschaft, Darmstadt 2019

MEHTA, L., OWEIS, T., RINGLER, C., SCHREINER, B., VARGHESE, S.: Water for Food Security, Nutrition and Social Justice, Routledge, London 2020

METHA, Lyla: The Politics and Poetics of Water: The Naturalisation of Scarcity in Western India. Orient Longman, New Dehli 2005

SCHOBER, Michaela: Der Eisenstädter Schlosspark. Die Entstehung des englischen Landschaftsgartens und seine Entwicklung bis Anfang des 20. Jahrhunderts. Burgenländische Heimatblätter 63/2, Eisenstadt 2001

SCKELL, Friedrich Ludwig von: Beitraege zur bildenden Gartenkunst für angehende Gartenkünstler und Gartenliebhaber, Bei Joseph Lindauer, München 1818

SRIVASTAVA, S., MEHTA, L. and NAESS, L. O.: Increased Attention to Water is Key to Adaptation. Nature Climate Change, Nature, vol. 12(2), 2022, S. 113–114

TAKEI, Jiro, KEANE, Marc: Sakuteiki oder Die Kunst des Japanischen Gartens. Verlag Eugen Ulmer, Stuttgart 2005

WEERASINGHE K. D. N., Navarathne C. M. K: History of Hydraulic Civilization and Irrigation Systems Development in Sri Lanka. Institut Français de Pondichéry, Pondichéry 2021

WITHANACHCHI, C.: Technology and techniques applied in ancient Sri Lanka in constructing dams. Ancient Ceylon – Department of Archaeology, 23. 43–58, Sri Lanka 2012

WINIECKI, M., DREGGER, L.: Wasser: Das fehlende Puzzlestück zur Lösung des Klimawandels. Ein globaler Aktionsplan (2015): http://www.huffingtonpost.ca/maude-barlow/world-water-day_b_6911660.html 24.01.2024

https://www.pflanzenforschung.de/de/pflanzenwissen/journal/entengruetze-eine-nutzpflanze-der-zukunft-ein-unscheinb-10187 24.01.2024
https://www.donau-uni.ac.at/de/aktuelles/news/2021/natur-wirtschaft-und-kultur-in-suedboehmens-teichlandschaft.html 24.01.2024
kurier.at, 22.10.21: Habsburg-Lothringen: Erbe des Waldviertels und der Familie 24.01.2024
https://noe.orf.at, 18.10.21: Wege zur Rettung der Waldviertler Teiche 24.01.2024
https://www.ywt.org.uk/wolds-dew-ponds/restoration 24.01.2024
https://tarunbharatsangh.in/ 24.01.2024
https://infolanka.lk/en_US/irrigation-system/ 24.01.2024
https://www.oekosystem-erde.de/naturwunder-erde/html/feuchtgebiete.html 24.01.2024
https://www.zukunftleben.de/natur-schuetzen/feuchtgebiete/ 24.01.2024
https://info.bml.gv.at/themen/wasser/wasser-eu-international/europaeische-und-internationale-wasserwirtschaft/feuchtgebiete/ definition.html 24.01.2024
https://www.tamera.org/de/wasserretentionslandschaft/ 24.01.2024
https://www.schwammstadt.at/ 24.01.2024
https://permakulturblog.de/keyline-design/ 24.01.2024
https://www.wasser-retention.de/massnahmen/swales 24.01.2024
https://www.baysf.de/de/medienraum/pressemitteilungen/nachricht/detail/kleine-tuempel-mit-grosser-wirkung-fuer-den-artenschutz-forstbetrieb-ebrach-legt-feuchtbiotope-an.html 24.01.2024

7. Königin See (nach Rainer Maria Rilke)

BURGENLÄNDISCHES LANDESMUSEUM: Katalog Neue Folge 38, Eisenstadt 1995

BRECHT, Bertolt: Vom Schwimmen in Seen und Flüssen. In: Bertolt Brecht: Hundert Gedichte. Frankfurt am Main 1998, S 28 f.

BSTIELER, Stephan: Der Schwemmkanal zwischen Kammer- und Toplitzsee. In: Magazin für Denkmalpflege in Österreich, Ausgabe 1, Wien 2020

DEAKIN, Roger: Logbuch eines Schwimmers. Naturkunden Nr. 21, Matthes & Seitz, Berlin 2015

DRABBLE, M., FREUD, E., MACINTOSH, S.: At the Pond. Swimming at the Hampstead Ladies Pond. Daunt Books, London 2019

GOOLEY, Tristan: How to read Water. Hodder & Stoughton, London 2016

KÖTTNER-BENIGNI, K.: Das Projekt einer Brücke über den Neusiedlersee, In: Burgenländische Heimatblätter, Band 69, Eisenstadt 2007

LEE, Jessica J.: Mein Jahr im Wasser. Tagebuch einer Schwimmerin. Berlin Verlag, München 2017

LOBITZER, Harald: Geologische Spaziergänge, Ausseerland – Salzkammergut, Geologische Bundesanstalt und Kammerhofmuseum (Hrsg.), Wien 2011

LAND SALZBURG (Hrsg.): Die großen Seen Salzburgs, Abteilung 7., Wasser – Gewässerschutz, Salzburg 2019

SOMMER, Susanne: Seiten einer Seejungfrau, Gedichte. Verlag Berger, Wien 2022

RILKE, Rainer Maria: Königin See, In: Sammlung Wegwarten – Lieder dem Volk geschenkt, 1895

STEIERMÄRKISCHE LANDESREGIERUNG (Hrsg.): 1. Steirischer Seenbericht, Amt der Stmk. Landesregierung, Graz 2008

STEGMAIER, Fabian: Das Projekt Seebrücke „Brückenkampf" am Neusiedler See, Diplomarbeit, Universität Wien 2013

TSUI, Bonnie: Why we swim. Algonquin Books, North Carolina 2020

ZICK, D., GASSNER, H., JAGSCH, A., PATZNER, R.: Auswirkung und Populationsentwicklung des eingeschleppten Flussbarsches (Perca fluviatilis) im Grundlsee (Steiermark). In: Österreichs Fischerei, Jahrgang 59, 2006, S. 20–27

https://www.boat-engines.eu/die-geschichte-des-schwimmens-ein-ueberblick-1/ 24.01.2024
https://um.baden-wuerttemberg.de/de/umwelt-natur/wasser/gewaesseroekologie/stehende-gewaesser 24.01.2024
https://genius.com/Henry-david-thoreau-the-ponds-annotated 24.01.2024

8. Aus dem Wasser wächst das Moor

AYRES, P. G.: Isaac Bayley Balfour, Sphagnum moss, and the Great War (1914–1918). Archives of natural history 42.1: S. 1–9, Edinburgh University Press, Edinburgh 2015

BRONTË, Emily: Sturmhöhe. Anaconda Verlag, Köln 2009

FRANKE, H. (1985): Erlebnis im Moor – Listspinne und Sonnentau fressen Beute aus der Hand. Zeitschrift für Ökologie, Natur- und Umweltschutz, ÖKOL 7/3 (1985). Linz 1985, S. 21–23

GAYL, Rainhold: Faszination Moor. Lebensraum und Kultur. öbv&hbt Verlag, Wien 2004

GIGON, Andreas: Symbiosen in unseren Wiesen, Wäldern und Mooren: 60 Typen positiver Beziehungen und ihre Bedeutung für den Menschen. Haupt Verlag, Bern 2021

HOLLWÖGER, Franz: Das Ausseer Land, Geschichte der Gemeinden Bad Aussee, Altaussee, Grundlsee. Selbstverlag der Kurverwaltung Bad Aussee, Bad Aussee 1956

JONES, F. M.: The most wonderful plant in the world with some unpublished correspondence of Charles Darwin. Natural History 23, 1923, S. 589–596.

KAIN, Günther, IDAM, Fritz: Torfmoos (Sphagnum) – historisches Erfahrungswissen und neue Einsatzmöglichkeiten für ein Naturprodukt. Ernst & Sohn Verlag für Architektur und technische Wissenschaften GmbH & Co. KG, Berlin 2019

KRISAI, Robert: Wie das Land zu Mooren kam. Natur&Land 87. JG, Heft 1/2, Naturschutzbund Österreich, Salzburg 2001

LEINIGER, Kurt: Moore, Naturparadiese im Dreiländereck Oberösterreich, Salzburg, Bayern. Verlag Anton Pustet, Salzburg 2021

MAIER, R., PUNZ, W.: Beiträge zur Ökophysiologie von Betula nana auf einem Hochmoor im Lungau (Salzburg), Verhandlungen der Zool.Bot. Ges. Österreich 123, 1985, S. 151–174

MARZELL, Heinrich: Zauberpflanzen – Hexentränke. Brauchtum und Aberglaube. Franckh'sche Verlagsbuchhandlung, Stuttgart 1964

MATZ, Harald, GEPP, Johannes: Moorreiche Steiermark. 389 Moore der Steiermark. Naturschutzbund Steiermark & Institut für Naturschutz und Landschaftsökologie in der Steiermark (Hrsg.), Eigenverlag, Graz 2008

PLOTZ, Olaf: Moore sind Inseln. Edition Katzenvilla, Kellinghusen 1988

REICH, Jürgen: Ein stiller Schatz. Moore in Mecklenburg-Vorpommern. Hinstorff Verlag, Rostock 2007

SUCCOW, Michael: Deutschlands Moore: Ihr Schicksal in unserer Kulturlandschaft. Natur+Text Verlag, Rangsdorf 2022

TANNEBERGER, V., SCHROEDER, V.: Das Moor: Über eine faszinierende Welt zwischen Wasser und Land – und warum sie für unser Klima so wichtig ist. dtv Verlagsgesellschaft, München 2023

THOMPSON, Ken: Darwin's Most Wonderful Plants. Profile Books, Great Britain 2019

WÄCHTER, J. H.: Torfmoose in Ostwestfalen im Spiegel ihrer Nutzung. Berichte des Naturwissenschaftlichen Verein für Bielefeld und Umgegend, Bielefeld 2008

ZAILER, V.: Die Entstehungsgeschichte der Moore im Flussgebiet der Enns. Sonderabdruck aus der Zeitschrift für Moorkultur und Torfverwertung 1910

https://info.bml.gv.at/service/publikationen/wasser/moorstrategie-oesterreich-2030.html 24.01.2024
https://www.boell.de/de/mooratlas 24.01.2024
Tod im Moor | National Geographic 24.01.2024
http://darwin-online.org.uk/EditorialIntroductions/Freeman_InsectivorousPlants.html 24.01.2024
https://www.wissenschaft.de/allgemein/der-opferkult-der-moor-menschen/ 24.01.2024
https://www.idam.at/simple-smart-buildings/baustoffe-und-baukonstruktionen-f%C3%BCr-ssb/torf-moos-sphagnum/ 24.01.2024
https://www.succow-stiftung.de/ 24.01.2024
https://www.greifswaldmoor.de/pencil.html 24.01.2024
Insectivorous plants | Darwin Correspondence Project (darwinproject.ac.uk) 24.01.2024

9. Die Begabungen des Wassers

KIMMERER, Robin Wall (2015): Braiding Sweetgrass. Indigenous Wisdom, Scientific Knowledge and the Teachings of Plants. Milkweed Editions, Minneapolis

LEE, Shannon: Be Water, My Friend: Die Lehren des Bruce Lee. Der Weg zu mentaler Stärke und innerer Ruhe. Piper Paperback, Berlin 2022

LE GUIN, Ursula K.: Tao Te Ching. A Book about the Way and the Power of the Way. Shambala, Boulder 2019

LOWENHAUPT TSING, Anna: The Mushroom at the End of the World. Princeton University Press, Princeton 2015

RILKE, Rainer Maria: Wir hören seit lange die Brunnen mit. In: Betz, O. (2001): Du hast Engel um Dich, Vier-Türme-Verlag, Münsterschwarzach 1922

SCHEFFLER, Rike: Lava. Rituale. kookbooks, Berlin 2023

SCHEFFLER, Rike – Live Performance: „A Glas of Water"
https://rikescheffler.tumblr.com/post/182963631339/aaand-more-new-stuff-a-glas-of-water-a-solo 24.01.2024

WALLACE, Nichols, J. (2018): Blue Mind: The Surprising Science That Shows How Being Near, In, On, or Under Water Can Make You Happier, Healthier, More Connected, and Better at What You Do. Back Bay Books, Abacus, London

https://brennstoff.com/documents/792/Brennstoff_28_WASSER_2.pdf 24.01.2024
https://www.oekosystem-erde.de/naturwunder-erde/html/feuchtgebiete.html 24.01.2024

VIRTUELLER WASSERVERBRAUCH:
https://www.wu.ac.at/fileadmin/wu/d/i/nachhaltigkeit/06_Third_Mission/WAYS_2_SUSTAIN/Themenhefte/Virtueller_Wasserverbrauch_2021.pdf 24.01.2024
https://info.bml.gv.at/themen/wasser/nutzung-wasser/wasserversorgung/virtuelles-wasser-wasserfussabdruck.html 24.01.2024
https://www.wwf.de/themen-projekte/fluesse-seen/wasserverbrauch/wasser-fussabdruck 24.01.2024

Bildnachweis und Bildtexte

Alle Fotos bis auf die angeführten Ausnahmen stammen von Karin Hochegger.
Sie entstanden auf Exkursionen und Streifzügen und stellen Momentaufnahmen dar.

S. 6/7 Karsttümpel mit bewachsenem Totholz beim Ödensee (Bad Mitterndorf)

S. 9 Untertalbach in den Schladminger Tauern

S. 10 Mündung des Salzabaches in die Enns bei St. Martin am Grimming

S. 13 Verwirbelungen in der Riedlbachtraun (Bad Mitterndorf)

S. 14 Eisbruch am Grundlsee

S. 16 Spinnennetz mit Tauperlen im Kainischmoor (Bad Mitterndorf)

S. 18/19 Wolkenberge über dem Salza-Stausee (Bad Mitterndorf)

S. 22 Foto: Helfrid Hochegger: Regen auf einem Lotusteich (Kyoto)

S. 25 Sukzession am Boden des ausgetrockneten Zicksees (St. Andrä am Zicksee)

S. 26 Aufgestauter Torfstich im Rödschitzmoor (Bad Mitterndorf)

S. 28/29 Schwefelquelle am Hallbach (Bad Mitterndorf)

S. 31 Schneeschmelze im Waldgebiet Almgraben (Bad Mitterndorf)

S. 32 Kleiner Wasserfall am Hartelsgrabenbach (Nationalpark Gesäuse)

S. 34 Schwefelquelle am Hallbach (Bad Mitterndorf)

S. 36/37 Quellgebiet am Almgraben (Bad Mitterndorf)

S. 39 Karstquelle Strumern bei Mühlreith (Bad Mitterndorf)

S. 40 Blick auf den Dachsteingletscher

S. 43 Überlauf der Sagtümpelquelle (Tauplitz)

S. 45 Traunursprung (Kammersee)

S. 46 Seitengraben der Gullinger Waldschlucht (Aigen)

S. 47/48 Ein Rinnsal unter Eis

S. 51 Ein Rinnsal im Waldgebiet Almgraben (Bad Mitterndorf)

S. 52 Gullingbach (Aigen)

S. 54/55 Hartelsgrabenbach (Nationalpark Gesäuse)

S. 57 Hartelsgrabenbach (Nationalpark Gesäuse)

S. 60 Grimmingbach (Tauplitz)

S. 63 Köcherfliegenlarve Almgrabenbach (Bad Mitterndorf)

S. 65 Foto: Stefan Brameshuber: Steinkrebs

S. 69 Kleiner Wasserfall am Hartelsgrabenbach (Nationalpark Gesäuse)

S. 70/71 Zimitzbach-Wasserfall (Grundlsee)

S. 72 Feuersalamander (Wörschachklamm)

S. 74 Wasserfall am Grimmingbach (Tauplitz)

S. 76/77 Wasserfall am Toplitzsee

S. 80/81 Gefrorener Wasserfall am Grimmingbach (Tauplitz)

S. 82/83 Gersdorfer Altarm (Gröbming)

S. 85 Die Grimming, Oberlauf (Tauplitz)

S. 87 Die Grimming, Gnanitztal (Tauplitz)

S. 88 Die Grimming, Mittellauf (Tauplitz)

S. 91 Die Grimming bei Pürgg

S. 92 Schwarze Sulm, geplante Ausleitungsstrecke mit nur 35 Prozent Restwasser (Bad Schwanberg)

S. 94/95 Foto: Daniel Kreiner: Eisenbahnbrücke über den Ennskaskaden (Nationalpark Gesäuse)

S. 97 Untergrimminger Kataraktstufe, Naturdenkmal (Stainach-Pürgg)

S. 99 Hochwasserschutz an der Grimming (Stainach-Pürgg)

S. 101 Foto: Kurt Krimberger: Eisvogel

S. 103 Gersdorfer Altarm (Gröbming)

S. 108 Beginn der Kataraktstrecke der Enns unterhalb der Lauferbauerbrücke (Admont)

S. 111 Biberbau, Klammleitenbach am Tannermoor (Liebenau)

S. 112/113 Foto: Daniel Kreiner: Revitalisierter Mündungsbereich der Salza (Mitterberg-St. Martin)

S. 114 Revitalisierter Mündungsbereich der Salza (Mitterberg-St. Martin)

S. 117 Alpensalamander

S. 118/119 Blick in eine Pfütze (Bad Mitterndorf)

S. 121 Holunderblüten in der Pfütze (Bad Mitterndorf)

S. 122 Abendstimmung im Spiegel der Pfütze (Bad Mitterndorf)

S. 126, 127 Große Pfütze auf einem ehemaligen Industriegelände (Bad Mitterndorf)

S. 128 Gelbbauchunke

S. 131 Schlitzblättrige Karde mit „Venusbecken"

S. 132 Frauenmantel mit Guttationstropfen und Tautropfen

S. 136/137 Libelle am Teichrand

S. 139 Quellteich Pfandlbrunn (Bad Mitterndorf)

S. 141 Verlandungsbereich Rubner Teich (Liebenau)

S. 142 Kleiner Teich mit Algenbewuchs (Bad Mitterndorf)

S. 144 Wirtslacke beim Salza-Stausee (Bad Mitterndorf)

S. 146/147 Ablaichende Grasfrösche in einem neu angelegten Teich (Bad Mitterndorf)

S. 149 Flutmulde an der Mitterndorfer Salza (Bad Mitterndorf)

S. 151 Teichlandschaft im mittleren Ennstal (Lassing)

S. 154 Herzerlteich im Naturschutzgebiet Scheibenmoos (Altaussee)

S. 157 Rubner Teich (Liebenau)

S. 159 Schlosspark Hellbrunn, Wasserspiele (Salzburg)

S. 161 Herbststimmung an einem Teich mit Stockente, Schlosspark Hellbrunn (Salzburg)

S. 162 Japanischer Garten im Wilhemsburger Inselpark (Hamburg)

S. 166, 167 Quellteich Pfandlbrunn (Bad Mitterndorf)

S. 169 Karsttümpel beim Ödensee (Bad Mitterndorf)

S. 170, 171 Eis am Toplitzsee

S. 173 Grundlsee

S. 174 Kleiner Karsee am Steirischen Dachsteinplateau

S. 176 Eis am Toplitzsee

S. 178, 179 Links oben: Altausseer See, alle anderen Grundlsee

S. 183 Toplitzsee

S. 184 Neusiedler See

S. 189 Ringelnatter am Ufer des Grundlsees

S. 191 Seerosenblätter am Spechtensee (Stainach)

S. 194/195 Seerosenblätter am Sommersbergsee (Bad Aussee)

S. 197 Steirersee (Totes Gebirge)

S. 200/201 Winterschwimmen im Grundlsee

S. 204/205 Renaturierter Torfstich, Rödschitzmoor (Bad Mitterndorf)

S. 207 Rödschitzmoor (Bad Mitterndorf)

S. 209 Torfmoose und Schlenken, Ödenseemoor (Bad Mitterndorf)

S. 212 Alter Torfstich im Kainischmoor (Bad Mitterndorf)

S. 214/215 Renaturierter Torfstich, Rödschitzmoor (Bad Mitterndorf)

S. 217 Mittlerer Sonnentau, Ödenseemoor (Bad Mitterndorf)

S. 219 Zwergbirke im Moorkomplex am Moosberg (Altausee)

S. 220 Foto: Werner Krupitz: Höllenotter

S. 221 Verschiedene Torfmoose, Kainischmoor (Bad Mitterndorf)

S. 222 Torfmoosteppich, Ödenseemoor (Bad Mitterndorf)

S. 225 Renaturierter Torfstich, Rödschitzmoor (Bad Mitterndorf)

S. 228, 229 Widertonmoos mit Sporenkapseln, Rödschitzmoor (Bad Mitterndorf)

S. 230/231 Nebelstimmung am Altausseer See

S. 233 Überschwemmungsbereich der Riedlbachtraun (Bad Mitterndorf)

S. 234 Österreichischer Kelchbecherling im Ufergeholz des Almgrabenbachs (Bad Mitterndorf)

S. 240 Laubfrosch-Teich (Bad Mitterndorf)

S. 243 Felsen am Zimitzbach (Grundlsee)

S. 244/245 Bergsee am Steirischen Dachsteinplateau

S. 247 Autorinnenfoto
© Katharina Orlowska